中国地质调查项目
国家重点研发计划 联合资助
国家科技重大专项
国家自然科学基金

西藏冈底斯成矿带西段斑岩-浅成低温热液型铜金多金属成矿作用与找矿预测

STUDY ON THE PORPHYRY - EPITHERMAL COPPER - GOLD - POLYMETALLIC MINERALIZATION AND PROSPECTING PREDICTION IN THE WESTERN GANDISE METALLOGENIC BELT XIZANG

刘　洪	黄瀚霄	张　志	李光明	
欧阳渊	张林奎	吴建阳	黄　勇	
曹华文	张腾蛟	张景华	李　富	等编著
代作文	李洪梁	兰双双	梁　维	
向安平	王艺云	吕梦鸿	柳　潇	
周　锦	石洪召	余　槐	张洪铭	

中国地质大学出版社

图书在版编目(CIP)数据

西藏冈底斯成矿带西段斑岩-浅成低温热液型铜金多金属成矿作用与找矿预测/刘洪等编著.—武汉：中国地质大学出版社,2024.10.—ISBN 978-7-5625-5993-1

Ⅰ.P618.41

中国国家版本馆CIP数据核字第2024NV9901号

西藏冈底斯成矿带西段斑岩-浅成低温热液型铜金多金属成矿作用与找矿预测		刘 洪 等编著
责任编辑:唐然坤	选题策划:叶友志 唐然坤	责任校对:何渊语
出版发行:中国地质大学出版社(武汉市洪山区鲁磨路388号)		邮编:430074
电 话:(027)67883511	传 真:(027)67883580	E-mail:cbb@cug.edu.cn
经 销:全国新华书店		http://cugp.cug.edu.cn
开本:880mm×1230mm 1/16		字数:301千字 印张:9.5
版次:2024年10月第1版		印次:2024年10月第1次印刷
印刷:湖北新华印务有限公司		
ISBN 978-7-5625-5993-1		定价:148.00元

如有印装质量问题请与印刷厂联系调换

前言

西藏冈底斯成矿带位于雅鲁藏布江与班公湖-怒江两大缝合带之间，呈近东西向狭长分布。得益于"公益引领、商业助推、基金支撑、整装勘查、快速突破"的找矿新机制，该成矿带在找矿领域取得了显著进展，成功发现与评价了驱龙、甲玛、斯弄多等多个大型—超大型矿床，探明铜资源量突破6000万t，现已成为我国世界级铜多金属勘查开发基地。

斑岩型和浅成低温热液型矿床是冈底斯成矿带铜资源的主要来源，一直是成矿理论研究与勘查实践的核心关注点。然而，冈底斯斑岩型铜矿床呈现出明显的地域性特征，主要分布在昂仁县至工布江达一带，即冈底斯岩浆弧的中、东段，而昂仁县以西的地区，即与中、东段有相似地质背景下的冈底斯岩浆弧西段却鲜有发现，这种分布差异机制仍是科学界关注的焦点问题。近年来，众多研究者在冈底斯成矿带西段新发现了鲁尔玛、拔拉扎、达若、红山和罗布真等多个斑岩型及浅成低温热液型铜金多金属矿床（点），这不仅为冈底斯西段在斑岩型和浅成低温热液型铜金多金属矿勘探方面的巨大潜力提供了有力证据，也为深入研究冈底斯西段斑岩-浅成低温热液型铜金多金属成矿作用的复杂机制提供了机会。

本书依托中国地质调查项目"冈底斯-藏南成矿带战略性矿产调查"（DD20240069）、"西南地区区域地球化学调查"（DD20230247）、"长江上游水土流失区生态地质调查与综合评价"（DD20221776）、"西藏山南-狮泉河地区战略性矿产调查"（DD20240014），国家重点研发计划项目"全球战略性矿产成矿规律和预警决策支持技术"（2021YFC2901803）、"北喜马拉雅锂等稀有金属找矿预测与勘查示范"（2021YFC2901903）、"藏南地区锑金矿床找矿预测与勘查示范"（2023YFC2906805）、"高纯石英原料矿床成矿规律与成矿预测研究"（2024YFC2910102），国家科技重大专项"荣木错拉铜多金属矿集区矿床定位预测与增储示范"（2024ZD1003205），国家自然科学基金重大研究计划项目"特提斯构造域地质构造编图及区域对比研究"（92055314）等地质调查和科研项目完成。本书聚焦新发现的典型矿床，深入研究了典型矿床的特征、蚀变、流体、形成时代及成因，并总结了成因机制、成矿规律及系列，同时，归纳了找矿标志及地球物理、地球化学、遥感信息，建立了冈底斯西段斑岩铜矿成因模式，构建了综合找矿模型，并利用随机森林算法进行了找矿预测。

本书共分为7章。第1章绪论，简要介绍了研究意义、研究区概况及国内外研究现状，由刘洪、李光明等执笔。第2章区域地质背景，以雅鲁藏布特提斯洋和班公湖-怒江特提斯洋演化为主线，系统介绍了研究区的地质背景、区域地层、区域构造、区域岩浆岩、区域地球物理、区域地球化学和区域矿产资源分布情况，由刘洪、黄瀚霄、吴建阳、曹华文等执笔。第3章典型矿床分析，以鲁尔玛、拔拉扎、达若、红山和罗布真等典型矿床为对象，分析了矿床成因、控矿元素和找矿标志，由刘洪、黄瀚霄、张志、张林奎、黄勇和代作文等执笔。第4章成矿作用及矿床时空分布规律，以雅鲁藏布特提斯洋和班公湖-怒江特提斯洋演化为主线，分析了研究区斑岩-浅成低温热液型铜金多金属成矿作用的时空分布规律，由黄瀚霄、张志、刘洪、梁维、王艺云、兰双双和吕梦鸿等执笔。第5章区域综合找矿信息分析，从地质-地球物理信息、地质-地球化学信息和地质-遥感异常信息3个方面，分析了研究区的找矿信息和找矿潜力，由欧阳渊、刘洪、张腾蛟、张景华、李富、余槐、张洪铭、李洪梁等执笔。第6章找矿预测与远景区优选，由刘洪、欧阳渊、石洪召等执笔。第7章结论，由刘洪执笔。向安平、陈敏华、柳潇、周锦负责了部分数据处理及插图绘制和文字校对工作。

本书在编写过程中得到中国地质调查局徐学义研究员,中国地质调查局成都地质调查中心李文昌教授、王立全研究员、张建龙研究员、王永华教授级高级工程师、侯林研究员、周清研究员、耿全如研究员、焦彦杰教授级高级工程师、刘波教授级高级工程师、李华教授级高级工程师、付建刚副研究员、李应栩副研究员、董磊高级工程师、康建威高级工程师、关俊雷高级工程师、刘函高级工程师、张士贞高级工程师、刘葵工程师,中国地质调查局军民融合地质调查中心张伟教授级高级工程师,中国地质大学(武汉)高顺宝副教授、程鑫副教授,中国地质科学院地质研究所杨志明研究员,成都理工大学何政伟教授、赵银兵教授,四川省冶金地质勘查院周维德教授、袁剑飞高级工程师,四川省地质矿产勘查局第九地质大队陈小平高级工程师,西藏自治区地质矿产勘查开发局区域地质调查大队尼玛次仁高级工程师,泸州职业技术学院解惠教授等专家的悉心指导和大力支持,在此表示衷心的感谢!同时也衷心感谢多年来参加中国地质调查局青藏高原地质矿产大调查项目的众多科技人员对本书研究数据的支持。最后,也向为项目涉及实施和本书顺利出版提供帮助的领导与学者表示衷心的感谢!

限于工作程度和作者水平,书中疏漏之处在所难免,敬请广大读者批评指正!

笔　者
2024 年 6 月

目 录

1 绪 论 ……………………………………………………………………………………………… (1)
　1.1 研究意义 …………………………………………………………………………………… (1)
　1.2 研究区范围及自然地理条件 ……………………………………………………………… (4)
　1.3 国内外研究现状 …………………………………………………………………………… (8)
　　1.3.1 冈底斯成矿带西段地质工作研究现状 ……………………………………………… (8)
　　1.3.2 斑岩型铜金多金属矿床研究现状 …………………………………………………… (9)
　　1.3.3 找矿预测研究现状 …………………………………………………………………… (9)
2 区域地质背景 …………………………………………………………………………………… (11)
　2.1 区域地质格架及演化 ……………………………………………………………………… (11)
　　2.1.1 区域地质格架 ………………………………………………………………………… (11)
　　2.1.2 区域地质演化 ………………………………………………………………………… (11)
　2.2 区域地层 …………………………………………………………………………………… (15)
　2.3 区域构造 …………………………………………………………………………………… (18)
　2.4 区域岩浆岩 ………………………………………………………………………………… (18)
　2.5 区域地球物理、地球化学特征 …………………………………………………………… (20)
　　2.5.1 区域地球物理特征 …………………………………………………………………… (20)
　　2.5.2 区域地球化学特征 …………………………………………………………………… (21)
　2.6 区域矿产资源分布 ………………………………………………………………………… (23)
3 典型矿床分析 …………………………………………………………………………………… (25)
　3.1 鲁尔玛晚三叠世斑岩型铜（金）矿点 …………………………………………………… (25)
　　3.1.1 矿床地质特征 ………………………………………………………………………… (25)
　　3.1.2 地球物理异常特征 …………………………………………………………………… (27)
　　3.1.3 地球化学异常特征 …………………………………………………………………… (38)
　　3.1.4 遥感异常特征 ………………………………………………………………………… (38)
　　3.1.5 成因研究 ……………………………………………………………………………… (41)
　　3.1.6 控矿因素与找矿标志 ………………………………………………………………… (56)
　　3.1.7 找矿潜力与下一步勘查方向 ………………………………………………………… (57)
　3.2 拔拉扎晚白垩世斑岩-矽卡岩型铜钼矿床 ……………………………………………… (57)
　　3.2.1 矿床地质特征 ………………………………………………………………………… (57)

3.2.2　矿床成因研究 …………………………………………………………………………… (59)
　　3.2.3　控矿因素与找矿标志 ………………………………………………………………… (60)
3.3　达若古新世斑岩(次火山岩)型铜多金属矿点 ………………………………………………… (61)
　　3.3.1　矿床地质特征 …………………………………………………………………………… (62)
　　3.3.2　含矿斑岩成因 …………………………………………………………………………… (64)
　　3.3.3　矿床成因 ………………………………………………………………………………… (74)
　　3.3.4　地球化学、地球物理异常特征 ………………………………………………………… (77)
　　3.3.5　控矿因素与找矿标志 …………………………………………………………………… (77)
3.4　红山-罗布真渐新世—中新世斑岩—浅成低温热液成矿系统 ……………………………… (78)
　　3.4.1　矿床地质特征 …………………………………………………………………………… (79)
　　3.4.2　矿床成因分析 …………………………………………………………………………… (83)
　　3.4.3　物化遥特征 ……………………………………………………………………………… (88)
　　3.4.4　控矿因素与找矿标志 …………………………………………………………………… (88)
3.5　朱诺中新世斑岩型铜金矿床 ……………………………………………………………………… (88)
　　3.5.1　矿床地质特征 …………………………………………………………………………… (88)
　　3.5.2　矿床成因分析 …………………………………………………………………………… (89)
　　3.5.3　控矿因素与找矿标志 …………………………………………………………………… (91)

4　成矿作用及矿床时空分布规律 ………………………………………………………………………… (93)
4.1　矿床时空分布特征 ………………………………………………………………………………… (93)
4.2　区域成矿作用的时空分布 ………………………………………………………………………… (95)
4.3　晚三叠世—中新世洋陆演化与斑岩成矿作用 ………………………………………………… (97)
4.4　区域控矿因素与找矿标志 ………………………………………………………………………… (97)
　　4.4.1　控制因素 ………………………………………………………………………………… (97)
　　4.4.2　找矿标志 ………………………………………………………………………………… (98)

5　区域综合找矿信息分析 ………………………………………………………………………………… (100)
5.1　地质-地球物理找矿信息 ………………………………………………………………………… (100)
　　5.1.1　多尺度重力异常特征 …………………………………………………………………… (100)
　　5.1.2　区域航磁异常的多阶小波分析 ………………………………………………………… (101)
　　5.1.3　重磁综合异常特征与区域矿床预测 …………………………………………………… (104)
5.2　地质-地球化学找矿信息 ………………………………………………………………………… (104)
　　5.2.1　地球化学多元统计分析 ………………………………………………………………… (105)
　　5.2.2　地球化学找矿信息 ……………………………………………………………………… (107)
5.3　地质-遥感异常找矿信息 ………………………………………………………………………… (110)
　　5.3.1　遥感线环构造的地质分析 ……………………………………………………………… (110)
　　5.3.2　斑岩型铜矿带蚀变遥感异常分析 ……………………………………………………… (111)
　　5.3.3　斑岩型铜矿与地貌特征分析 …………………………………………………………… (114)

6　找矿预测与远景区优选 ………………………………………………………………………………… (116)
6.1　欠采样-随机森林模型 …………………………………………………………………………… (116)

  6.1.1 随机森林 ………………………………………………………………………… (116)
  6.1.2 欠采样 …………………………………………………………………………… (117)
  6.1.3 欠采样-随机森林模型 …………………………………………………………… (118)
  6.1.4 预测模型的评价指标 …………………………………………………………… (118)
 6.2 找矿预测结果与评价 ………………………………………………………………… (120)
  6.2.1 预测指标选取 …………………………………………………………………… (120)
  6.2.2 模型预测 ………………………………………………………………………… (121)
  6.2.3 后验概率 ………………………………………………………………………… (122)
 6.3 远景区圈定与优选 …………………………………………………………………… (125)
 6.4 下一步找矿方向 ……………………………………………………………………… (125)
  6.4.1 斑岩型铜矿床勘查 ……………………………………………………………… (125)
  6.4.2 浅成低温热液型矿床勘查 ……………………………………………………… (127)

7 结 论 ………………………………………………………………………………………… (129)
 7.1 主要研究成果及创新认识 …………………………………………………………… (129)
 7.2 存在的问题和展望 …………………………………………………………………… (130)

参考文献 ……………………………………………………………………………………… (132)

1 绪 论

1.1 研究意义

铜矿和金矿资源是国家发展的重要战略资源,因此寻找和勘查新的铜金矿床、增加国内铜金矿资源储量是当前地质工作的一个重要任务。斑岩型和浅成低温热液型矿床是全球铜、金资源的主要来源,具有重要的经济价值。这两类矿床之间通常存在紧密的时空关系(Sillitoe,2010;倪培等,2020)。斑岩型铜矿床是世界最为重要的铜矿床类型,它以储量大、品位低、易开采和热液蚀变面积广为特征(Hou and Cook,2009),占世界铜资源总储量的一半以上,在中国铜矿中也具有举足轻重的地位。

目前,青藏高原铜矿资源潜力超6000万t,已成为我国铜资源储量最大的基地(Mao et al.,2014;潘桂棠等,2020;李光明等,2021;耿全如等,2021)。找矿勘查实践和矿床理论研究显示,青藏高原已发现3条巨型斑岩型铜矿带,分别为班公湖-怒江铜矿带(唐菊兴等,2012;宋扬等,2014;Ouyang et al.,2017;Tang et al.,2021a,2021b)、玉龙铜矿带(唐菊兴等,2006)和冈底斯铜矿带(李光明等,2004)(图1-1a),同时在这些铜矿带中还有寻找浅成低温热液型矿床的潜力。

西藏冈底斯成矿带位于印度河-雅鲁藏布缝合带(YZS)和狮泉河-纳木错缝合带(SNS)之间,是长约2500km、南北宽150~300km,面积达$45 \times 10^4 km^2$的巨型构造-岩浆带(潘桂棠等,2006),也是我国西部的重要成矿区带之一。该成矿带自晚古生代以来经历了特提斯多岛弧盆系统演化过程再到印度-欧亚大陆碰撞与青藏高原隆升的多阶段复杂的构造演化过程(侯增谦等,2006a)。不同的构造演化阶段同时伴有强烈的多金属成矿作用。据不完全统计,冈底斯成矿带目前已发现600余个矿床(点),涉及铜、金、铅、锌、铁等多个矿种。冈底斯斑岩铜矿带位于冈底斯成矿带南带,之前发现的斑岩矿床东起工布江达夏玛日铜矿,西至昂仁朱诺铜矿,东西长近600km,发现有甲玛、驱龙、厅宫和雄村等多个超大型斑岩型铜矿床(图1-1b)。斑岩型矿床在空间上受平行于主碰撞造山带的东西向逆冲断裂和横跨拉萨地体的正断层系控制,具有东西成带、南北成串的分布特征。本书所称的"冈底斯成矿带西段"指西藏昂仁至狮泉河一带(东经80°—88°),印度河-雅鲁藏布缝合带和狮泉河-纳木错缝合带之间的广大区域(图1-1b、图1-2)。

冈底斯斑岩型铜矿的成矿时代主要集中在中侏罗世(177~169Ma)(曲晓明等,2007;Tafti et al.,2009;Huang et al.,2012;黄勇等,2013;郎兴海等,2019)、始新世(54~45Ma)(Zhao et al.,2014;秦克章等,2008;Yang et al.,2016b)和渐新世—中新世(25~12Ma)(李金祥等,2001;Zheng et al.,2007;Hu et al.,2015;闫国强等,2018)等。中侏罗世斑岩型铜矿床以雄村斑岩铜金矿床为代表,成矿的中酸性岩体具岛弧岩浆岩的特征,起源于地幔的部分熔融,是雅鲁藏布特提斯洋向北部拉萨地体俯冲的产物。始新世斑岩型铜矿床以吉如斑岩铜矿为代表,成矿花岗岩来源于交代地幔部分熔融,形成于印度-亚欧大陆的碰撞过程。渐新世—中新世斑岩型铜矿床是冈底斯成矿带最重要的类型,典型矿床有驱龙斑岩型铜矿和朱诺斑岩型铜矿等。成矿斑岩具埃达克质岩浆岩的特征,与印度-欧亚大陆碰撞隆升后的地壳伸展作用有关。

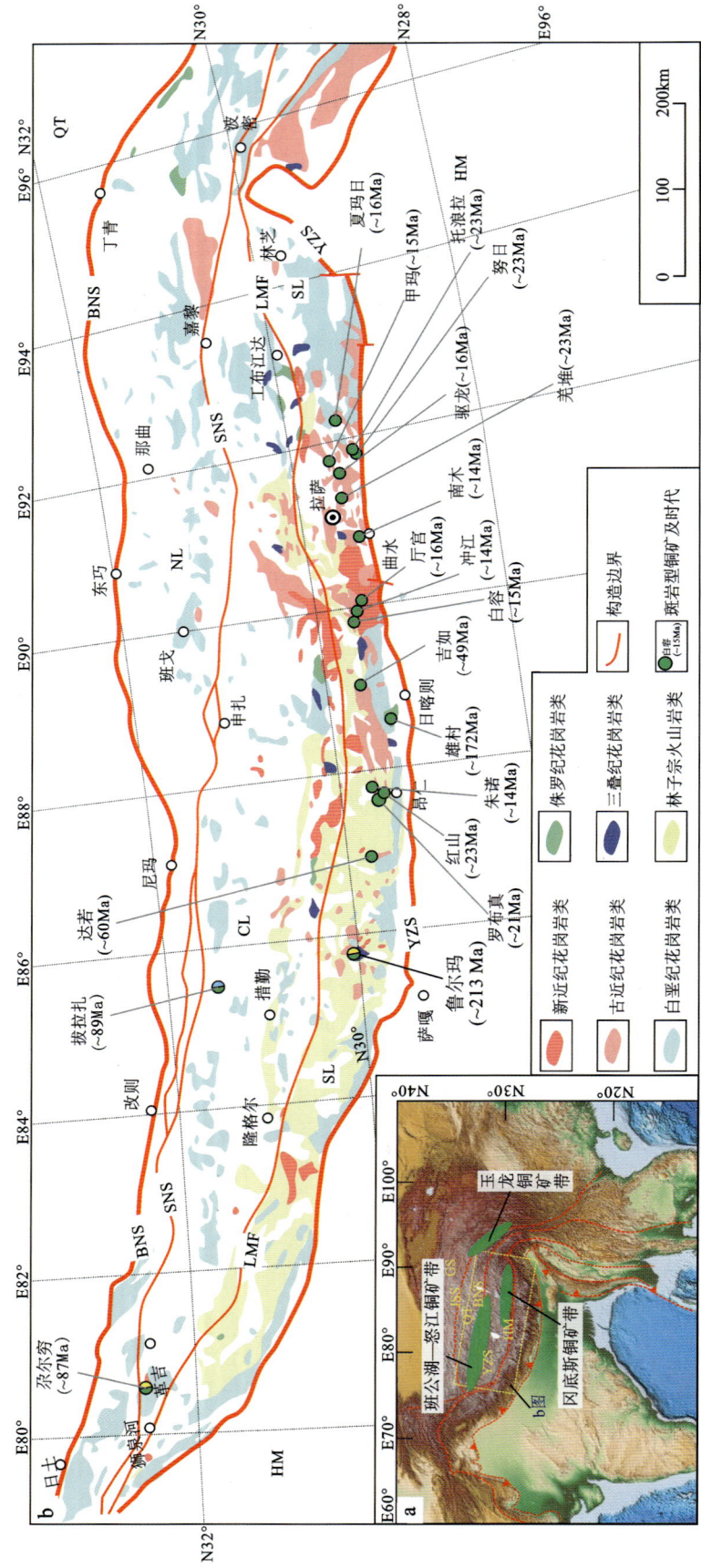

图 1-1 冈底斯成矿带地质图（图a据刘洪等，2019a；Ouyang et al.，2017；图b据刘洪等，2019b）

GS.甘孜-松潘盆地；JSS.金沙江缝合带；QT.羌塘地块；BNS.班公湖-怒江缝合带；LS.拉萨地块；YZS.印度河-雅鲁藏布江缝合带；HM.喜马拉雅地块；NL.北拉萨地块；SNS.狮泉河-纳木错缝合带；CL.中拉萨地块；LMF.洛巴堆-米拉山断裂带；SL.南拉萨地块

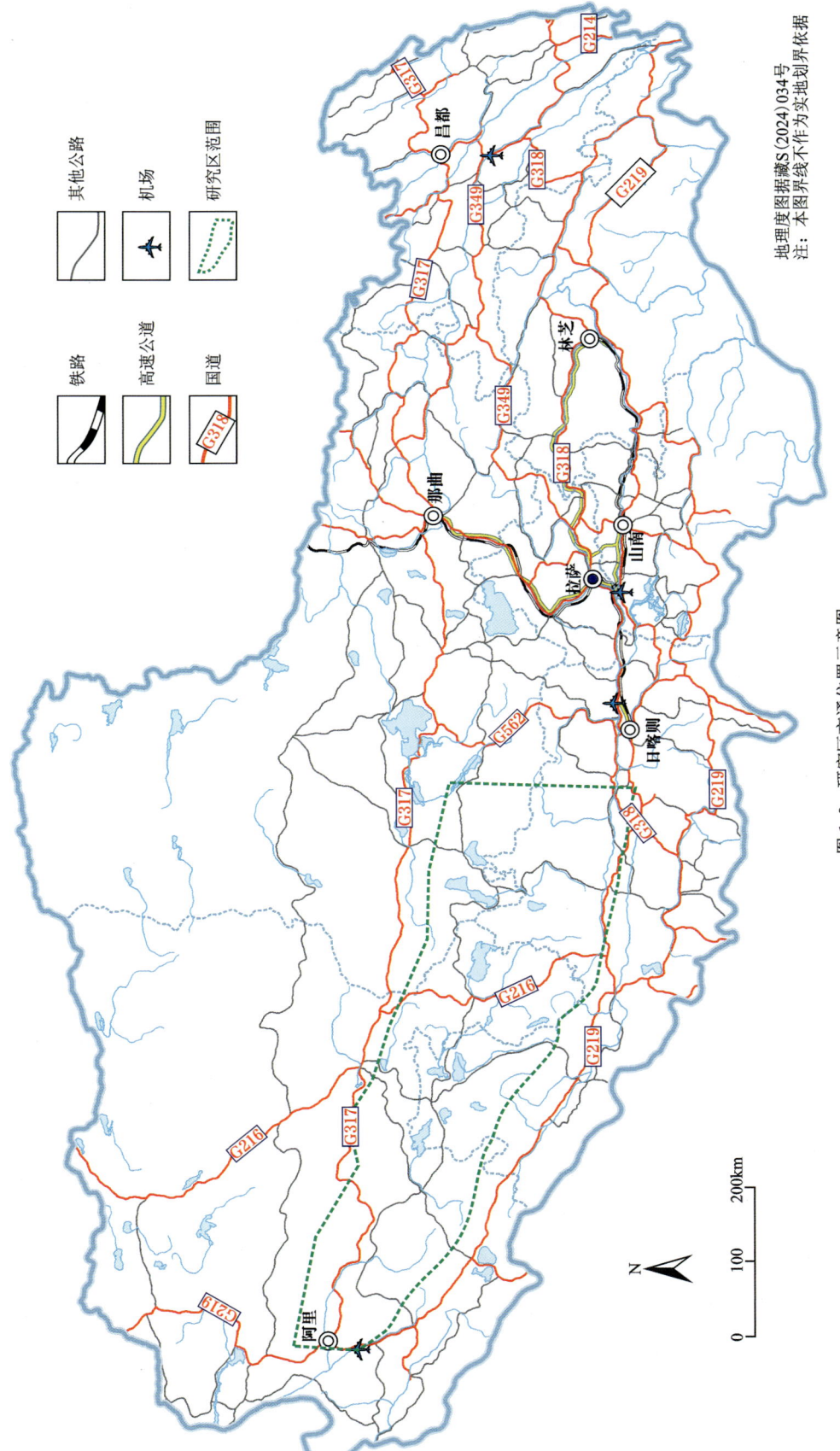

图1-2 研究区交通位置示意图

冈底斯成矿带从东至西的斑岩型铜矿床的地质特征存在相似之处,但在构造系统、岩浆系统、热液蚀变方面却存在较为明显的差别。东边以驱龙为代表的斑岩型铜矿床多位于压性构造内,含矿岩体为同期次多阶段不断侵入演化,钾硅酸盐化蚀变范围较大,成矿斑岩都是下地壳加水熔融形成的,具高氧逸度;西边以朱诺为代表的斑岩型铜矿床受张性断层控制,岩浆岩规模较小,缺少大面积产出的同时期岩体,钾硅酸盐化蚀变范围较小,成矿斑岩虽起源于新生下地壳,但明显带有古老下地壳的烙印,其氧逸度相对较低。

大量学者(Wang et al.,2015,2016;Yang et al.,2016a,2016b;侯增谦等,2020)研究认为,印度大陆的俯冲是一个与冈底斯带斜交的俯冲,印度大陆在冈底斯带西段向北的俯冲距离较远,而在冈底斯东段向北的俯冲距离较近。在冈底斯东段,中新世的印度板片是陡俯冲,板片断离事件形成了板片窗,软流圈物质通过板片窗上涌诱发岩石圈地幔熔融,并和拉萨地体之下早期俯冲交代形成的新生下地壳相互作用,促使了渐新世—中新世富矿岩浆的产生。不同于东段,印度大陆在冈底斯西段的俯冲为缓俯冲,北向俯冲距离远,因而整体垫托在西冈底斯底部,缺乏开放的地幔窗,因而不容易形成碰撞后伸展背景下的斑岩型矿床。冈底斯斑岩铜矿带以新生地壳为特征,但昂仁县以西地区却显示出古老成熟地壳的特征,仅日土到盐湖地区具有新生地壳的特征。因此,昂仁县东西两侧地壳组成和岩浆岩化学性质、规模的差异,加上西段较低的地质工作程度,使得"昂仁县以西是否存在斑岩型铜矿床"这一问题存在争议。

近些年,在冈底斯成矿带西段发现了措勤县打加错附近的鲁尔玛晚三叠世斑岩型铜(金)矿点、昂仁县达若古新世斑岩型铜矿点、昂仁县罗布真-红山斑岩-浅成低温热液型铜金(银)成矿系统和尼玛县拔拉扎晚白垩世斑岩-矽卡岩型铜(钼)矿床等一系列与晚三叠世—渐新世中酸性斑岩体有关的铜多金属矿床,证实冈底斯成矿带向西还具有比较好的铜铁多金属找矿潜力。目前对这些新发现的斑岩型或浅成低温热液型矿床(点)的成因机制、成矿规律,以及找矿标志等仍缺乏系统的认识,同时区内还未构建综合成岩成矿规律和地质-物探-化探-遥感信息的斑岩型铜矿找矿模型,也未开展过中小比例尺的找矿预测工作,这严重制约了冈底斯西段的斑岩型矿床找矿工作。因此,中国地质调查局成都地质调查中心依托中国地质调查项目、国家重点研发计划项目和国家自然科学基金重大研究计划项目,在该地区开展了大量的调查和研究工作,取得了本书的认识。

笔者总结梳理了冈底斯成矿带西段的成矿地质背景,以新发现的鲁尔玛、拔拉扎、达若、罗布真和红山等铜金多金属矿为研究对象,系统分析了典型矿床的矿床地质特征和矿床成因,建立了成矿模式和找矿模型;以构造演化为线,总结了矿床时空分布规律和成矿作用,构建了地质、物探、化探、遥感综合找矿模型,利用随机森林算法及综合找矿模型对研究区开展了找矿预测,并圈定了找矿远景区,为下一步勘查工作提供指导,为冈底斯斑岩铜矿带往西的延伸研究提供了依据。

1.2 研究区范围及自然地理条件

研究区位于西藏中西部(东经80°00′—87°00′,北纬29°10′—30°10′),东西长约800km,南北宽约150km,面积约10万km²,涉及日喀则市、那曲市及阿里地区等。

研究区交通相对落后,G219、G317、G318构成了基本公路网,乡县间仅有简易公路相通。气候类型为高原亚寒带半干旱季风型气候和高原寒带干旱气候。季节变化不明显,仅有冬夏两季之分,冬长夏短,年降水量在50~200mm(图1-3)。日照充足,昼夜温差大,6—9月平均气温为5~15℃(图1-4)。中部地势高,南、北两侧地势低,中部冈底斯山脉平均海拔约5500m,有大量海拔6000m以上的雪山(图1-5)。水系以冈底斯山脉为分水岭,北部水系汇聚到扎日南木错、当惹雍措、格仁错等高原湖泊中,南部水系集中流入到雅鲁藏布江。该地区人烟稀少,人类主要集中在雅鲁藏布江河谷生活,并以粗放型牧业为主。

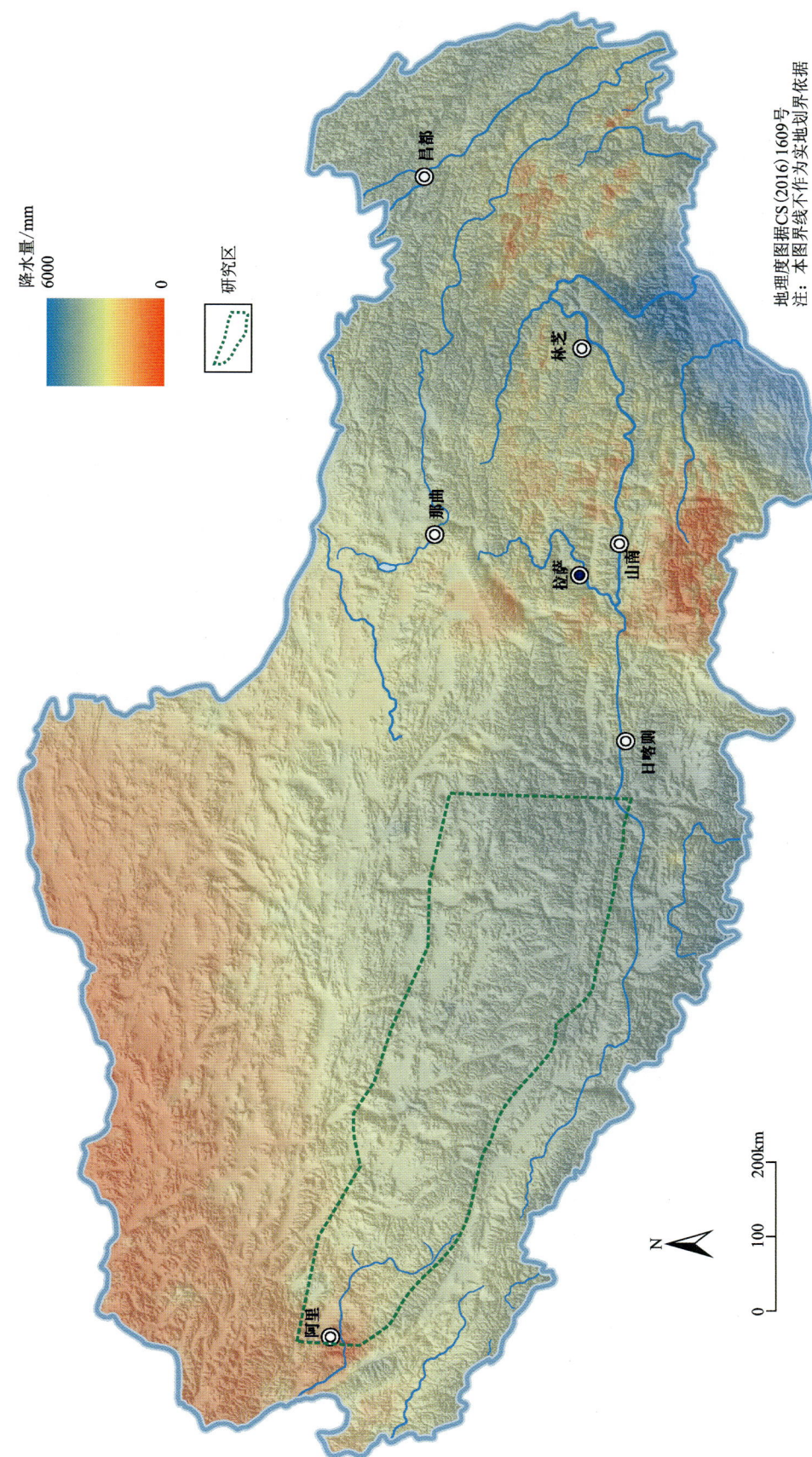

图 1-3 研究区多年平均降水量图

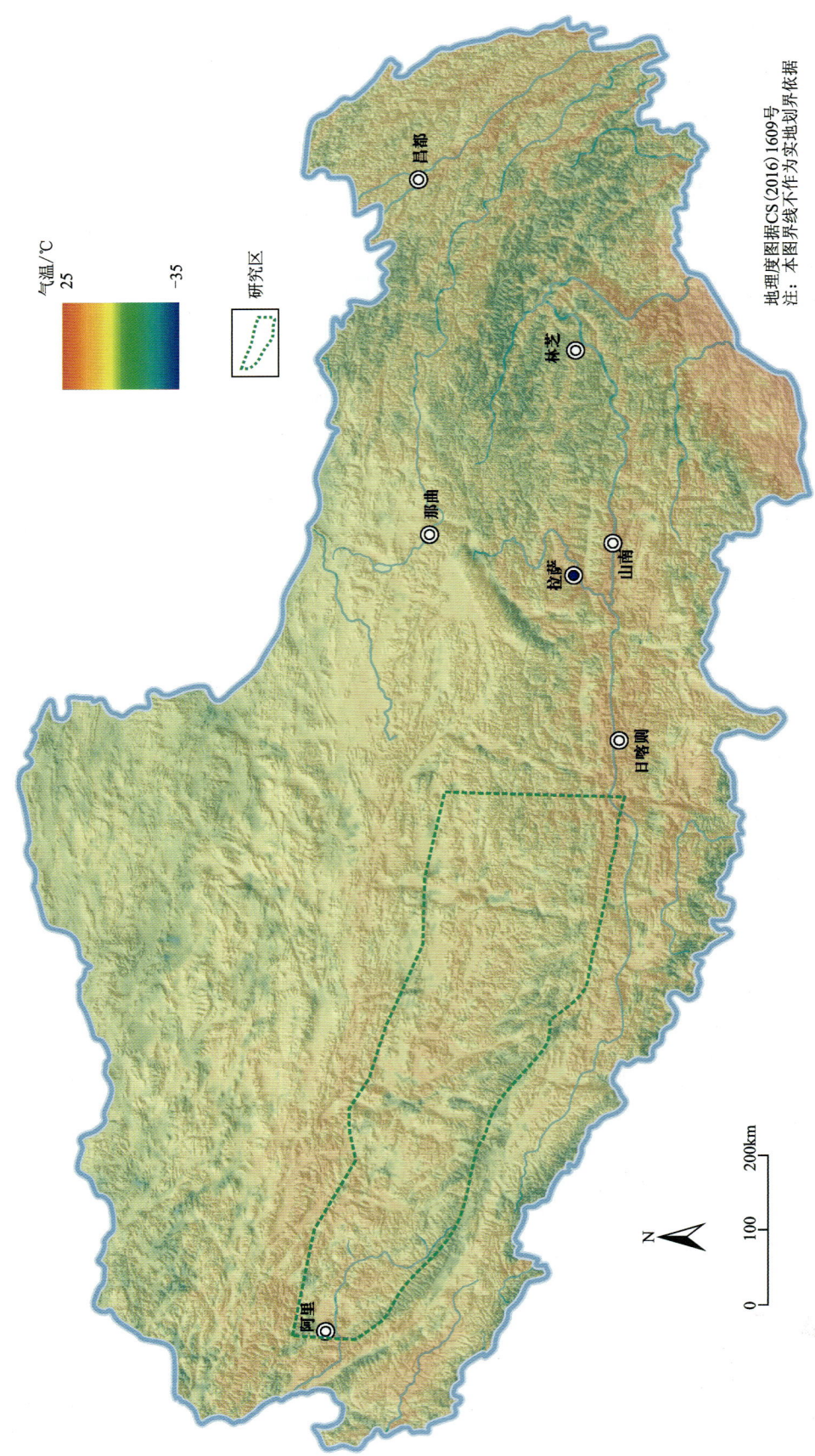

图1-4 研究区多年平均气温图

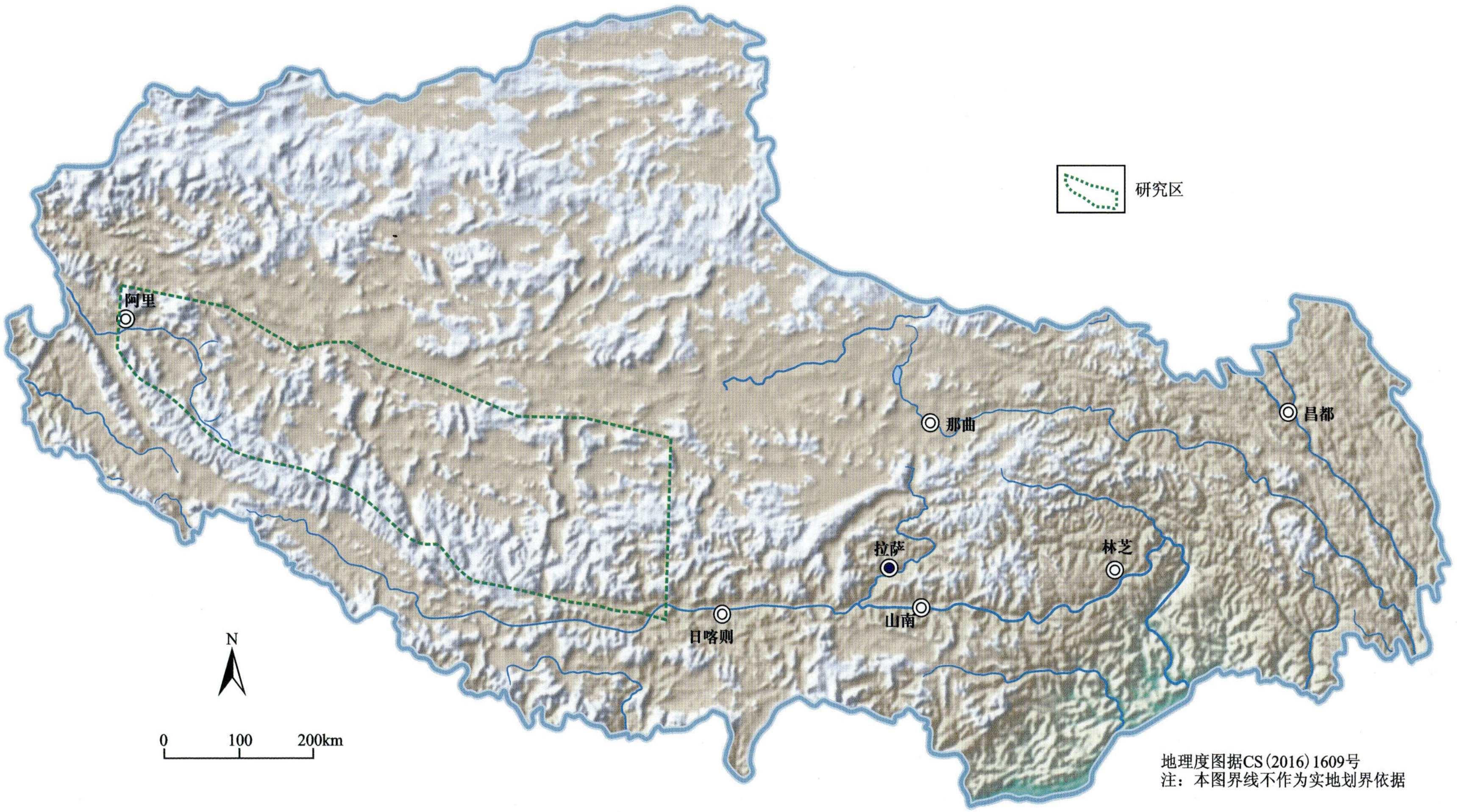
研究区
阿里
日喀则
拉萨
山南
林芝
那曲
昌都
N
0 100 200km
地理度图据CS (2016) 1609号
注：本图界线不作为实地划界依据

图 1-5 研究区地势图

1.3 国内外研究现状

1.3.1 冈底斯成矿带西段地质工作研究现状

冈底斯成矿带西段地质工作程度非常低,地质工作始于20世纪50年代中后期,中国科学院、中国地质科学院、中国地质调查局成都地质调查中心、中国地质大学(武汉)、成都理工大学和西藏自治区地质矿产勘查开发局等单位在藏北、日喀则等地零星开展了中小比例尺砂金、铜、铬、铁、铅、锌等矿点的踏勘工作。至20世纪90年代末,1:100万区域地质调查、1:50万区域化探、1:50万航空磁测等工作基本覆盖全区。21世纪初至今,中国地质调查局组织实施了"十五"新一轮国土资源大调查和青藏高原专项工作,完成了全区的1:25万区域地质调查工作,部分区域已经完成1:5万区域地质调查或区域矿产调查和1:25万区域化探工作(高顺宝,2015),使研究区内的地质矿产工作程度得到了较大的提高。

一般研究认为,拉萨地块同时受制于印度河-雅鲁藏布缝合带和班公湖-怒江缝合带的演化(潘桂棠等,2001,2006;李光明等,2002;侯增谦等,2006a;耿全如等,2011;莫宣学,2011;唐菊兴等,2012)。雅鲁藏布特提斯洋最初被认为是在早侏罗世开始北向俯冲消减,但近年来在拉萨地块南缘发现的晚三叠世岩浆弧(潘桂棠等,2006)表明此时期它已处于岛弧环境(刘洪等,2019a)。松多地区温木朗沟蛇绿岩、雄村、罗布莎早石炭世辉长岩,二叠纪松多大洋型榴辉岩,朗县早石炭世片麻状花岗岩和纳久晚泥盆世OIB型辉长岩的发现,表明中拉萨与南拉萨地块之间存在古特提斯洋(解超明等,2019a,2019b;吴兴源等,2013;Isabella et al.,2002;段梦龙等,2019;Dai et al.,2012;张雨轩等,2018;陈松永等,2007;董宇超等,2019)。古特提斯洋同时制约拉萨地块的构造演化。雄来组角度不整合于唐加-松多蛇绿混杂带之上,表明中、南拉萨地块在早侏罗世以前完成了碰撞拼接(李光明等,2020)。锆石Hf同位素揭示出拉萨地体具有前寒武纪结晶基底(张立雪等,2013;朱弟成等,2012)。在南拉萨地块,昂仁县以东地区以新生地壳为特征,而以西地区的岩浆中却明显有古老地壳物质的印记。拉萨地体地壳性质不均一,被认为是受雅鲁藏布特提斯洋、松多古特提斯洋、班公湖-怒江特提斯洋的不同方向和不同角度的俯冲作用所致(朱弟成等,2012;耿全如等,2011;潘桂棠等,2006)。

近年来,对昂仁县以西的岩浆岩研究也取得了巨大的进展。在南拉萨地块打加错发现晚三叠世闪长岩,表明晚三叠世岩浆活动从工布江达一直向西延伸(刘洪等,2019a)。目前,该时期的岩浆岩成因仍然存在"雅鲁藏布特提斯洋北向俯冲"(刘洪等,2019a)和"班公湖-怒江特提斯洋南向俯冲"(宋绍玮等,2014)等多种观点。中拉萨地块也发现大量的古新世强过铝质花岗岩,该岩浆岩被认为是念青唐古拉岩浆岩带西延的部分,是印度-亚洲大陆碰撞过程中的岩浆响应(段志明等,2015;高顺宝等,2012;黄瀚霄等,2012)。此外,在尼玛到革吉一带发现大量的晚白垩世早期岩浆岩,该时期岩浆岩被认为是羌塘和拉萨地体碰撞后伸展拆沉的产物,或是新特提斯弧后伸展的产物(雷鸣等,2015;Liu et al.,2018;Wang et al.,2014)。

由于公益性和商业性勘查资金的大量投入,在昂仁县以西发现了朱诺、尼雄、日阿、帮布勒、查个勒等一系列矿床(点)(郑有业等,2006;黄瀚霄等,2012,2018;赵晓燕等,2013;费凡等,2015;赵亚云等,2018)。朱诺目前是研究区内规模最大的斑岩型铜金矿床,近年来的研究证实了含矿斑岩中有古老地壳物质的加入(Huang et al.,2017)。朱诺南部约60km处新发现了渐新世—中新世的红山-罗布真斑岩-浅成低温热液成矿系统(黄瀚霄等,2019),同时在昂仁县阿木雄乡新发现夏垅角砾岩筒型铅锌矿床,这些矿床成矿时代与东部努日铜钨多金属斑岩型矿床成矿时代相当(闫国强等,2018)。昂仁县如萨乡查个勒铅锌多金属矿床的发现,使念青唐古拉铜铅银成矿带规模向西延伸了200km。自斯弄多、纳如松多浅成低温热液型铅锌银矿被发现后,昂仁县以西又新发现了产于林子宗群火山岩中的达若、机曲、拉宗和诺仓等铜金矿床(点),同时又在则弄群火山岩中发现住浪等铜矿点,显示了巨大的找矿潜力(高顺宝,2015)。值得注意的是,打加错新发现的晚三叠世鲁尔玛斑岩型铜(金)矿点和在尼玛县发现的晚白垩世拔拉扎斑岩型铜钼矿点的成因完全迥异于传统的冈底斯斑岩型铜矿(余红霞等,2011;黄瀚霄等,2013;刘洪等,2019a)。

1.3.2 斑岩型铜金多金属矿床研究现状

"斑岩型铜矿床"最早由 Emmons(1918)提出,强调斑状花岗岩和铜矿化之间的空间关系。随后,Lowell 和 Guilbert(1970)及 Hollister(1978)分别提出"二长岩模型"和"闪长岩模型",从三维空间上反映了斑岩及围岩中的矿化蚀变分带特征,建立了斑岩铜矿典型蚀变矿化模型。Sillitoe(1972)首次利用板块构造理论解释了斑岩铜矿床的成因。通过斑岩铜矿床板块成因模式和斑岩铜矿蚀变矿化模型来指导矿产勘查,在世界各地发现许多储量巨大的斑岩铜矿床,如阿根廷 Aguarica、智利 Escoondida、印度尼西亚 Garasberg Erstsberg、菲律宾 Lebanto 等。

从世界已知斑岩型铜矿空间分布看,目前已经确定环太平洋成矿带、特提斯-喜马拉雅成矿带和古亚洲成矿带 3 个全球性的斑岩铜矿成矿带(侯增谦,2004;Sillitoe,2010)。大量研究者认为,俯冲带斑岩铜矿形成于构造转换过程中,与压性环境下的短暂张性作用有关,而板块平板俯冲有利于形成斑岩铜矿床(Sillitoe,2010)。与此同时,大陆碰撞造山带和陆内环境也发现大量的斑岩型矿床,如中国东部和西藏冈底斯。这些斑岩型矿床被认为与大陆碰撞的地壳增厚、岩石圈拆沉及伸展减薄有关,并由此建立了大陆环境斑岩型矿床成矿模型(芮宗瑶等,2006;侯增谦等,2007;侯增谦和杨志明,2009)。

Sillitoe 在 20 世纪 70 年代注意到斑岩型铜矿床和外围的浅成低温热液型、矽卡岩型等矿床的联系,首次提出"四位一体"的斑岩成矿体系(Sillitoe,2010;Sillitoe and Hedenquist,2003)。随后,斑岩成矿体系不断地补充完善。目前,一个理想完整的斑岩成矿体系被认为是由侵入岩中的斑岩型矿床,外围的矽卡岩型矿床、交代碳酸盐岩型多金属矿床、卡林型金矿床,以及浅成低温热液型矿床等共同组成的(Sillitoe,2010)。"岩浆-热液晚期三阶段演化模型"和"斑岩-浅成低温热液二分模型"等观点以岩浆-热液体系的角度来解释斑岩成矿体系的成因。"岩浆-热液晚期三阶段演化模型"强调不同矿床类型是同一岩浆-热液系统下不同期次流体演化的结果(Hedenquist et al.,1998,2017)。

成矿斑岩的岩浆源区至今仍是研究热点之一。俯冲带斑岩型矿床含矿斑岩的源区主要存在"俯冲带洋壳的部分熔融"和"洋壳脱水交代的软流圈地幔部分熔融"两种主流观点(Sillitoe,2010)。而对于碰撞环境下斑岩矿床的岩浆源区存在较大的争议,有"残留洋壳的部分熔融""受俯冲流体/熔体交代的上地幔部分熔融""玄武质岩浆底侵致使加厚下地壳部分熔融"以及"软流圈物质上涌诱发新生下地壳物质熔融"等多种观点(侯增谦等,2004,2005,2007;芮宗瑶等,2006)。

俯冲带斑岩型矿床的铜金等成矿物质一般被认为来自于俯冲洋壳或俯冲流体交代的地幔(Sillitoe,2010)。大陆环境下斑岩型矿床的成矿物质来源却存在争议,主要为成矿物质来自"地幔"或者是"地壳"的争论(杨志明等,2011;侯增谦,2004)。

1.3.3 找矿预测研究现状

找矿预测是根据找矿预测理论、成矿信息等对未来可能的成矿远景区、找矿靶区和矿床资源潜力所做出的推断与评价,是在不确定条件下识别和发现矿产资源最优决策的工作(成秋明,2006;赵鹏大,2007;刘洪等,2014a,2014b;吴火星等,2020)。

20 世纪 80 年代以来,随着 GIS 等高新技术的发展与崛起,基于大数据挖掘的预测模型被应用于中小比例尺的找矿预测,国内外学者创建并提出了许多区域矿产预测理论方法。国内主要有赵鹏大

(2007)提出的"三段式"数字找矿与定量预测评价矿产预测理论方法,朱裕生等提出的"GIS矿产预测方法技术"(朱裕生等,1997;朱裕生,2006),王世称等提出的"综合信息预测方法技术"(王世称等,1992,1999;王世称,2000)等。国外包括美国学者辛格尔提出的"三步式"评价方法等。近年来,在找矿预测领域引入GIS技术、大数据信息挖掘,使得找矿预测方法、概念方法和矿产资源勘查数据库快速发展,空间数据挖掘具有了坚实的基础。

国际上,早期找矿预测依据地质经验进行定性评价。20世纪中叶,阿莱斯、格里菲斯等开始尝试单变量资源评价。至20世纪70年代末,国际上确定了区域价值估计法、体积估计法、丰度估计法、矿床模型法、德尔菲法和综合方法6种标准的矿产资源定量评价方法。20世纪80年代,多元统计方法被广泛应用于找矿预测中,主要包括判别回归法、因子分析法、特征分析法和逻辑信息法等,标志着定量评价进入实用阶段。近年来,地球信息科学的诞生和发展推动了找矿预测方法的创新,形成了诸如美国的"三步式"矿产资源评价、俄罗斯的"预测普查组合法"等一系列矿产资源勘查评价新方法(朱裕生,2006)。

我国从20世纪60年代开始探索研究找矿预测方法。经过几十年发展,找矿预测方法经历了由单一信息的定性预测逐渐转为多源信息的定性与定量相结合的综合方法。预测方法主要有统计分析预测法、理论模型预测法、综合信息找矿预测法等(王世称等,1999)。与此同时,成矿理论也获得了迅速发展,代表性的成矿理论有成矿系列理论、成矿系统理论、地质异常理论等(赵鹏大和池顺都,1991;翟裕生,1999)。目前,结合计算机技术和大数据信息挖掘,这些理论为找矿预测发展指明了方向。

对于勘查程度高的地区,更适用全面利用地质-物探-化探-遥感多元找矿信息的数据驱动方法(刘洪等,2014b,2015;欧阳渊等,2016a)。但在大范围小比例尺找矿预测中,样本数据集中、成矿样本数据少、类别不平衡,会对算法学习过程产生干扰,造成分类结果不理想(Wan et al.,2012)。矿产资源定位预测的核心是矿产分布与控矿地质因素之间的非线性关系(陈进等,2020;张振杰等,2021)。分形理论/多重分形理论、神经网络、奇异性理论、模糊数学理论、灰色系统理论等方法广泛应用到找矿预测模型中,并取得了较好的效果(王定成等,2003;万丽等,2006;孙祥等,2008)。

大数据及机器学习技术是从数据中学习某种规律或者模型,并用来解决实际问题(Naeini and Prindle,2018),在解决各行各业的复杂非线性关系问题方面已经显现出巨大的优势(黄发明等,2020;Hardeep et al.,2022)。近年来,机器深度学习技术因强大的特征表示能力,已被诸多学者引入找矿预测领域(张士红和白克炎,2020);同时,它善于处理非线性和高维数据,也被广泛运用到医学、生态学、生物学、计算机科学、农学、工程学、遥感科学和自然地理学等多个领域(Milanovic et al.,2020;Langroodi et al.,2021;Andreoletti et al.,2021)。矿产预测进入定量化阶段以来,机器学习及相关数据挖掘的方法也被广泛使用,并已成为矿产预测重要的研究方向(向杰等,2019;欧阳渊,2020;张振杰等,2021;秦耀祖等,2021)。

然而,依靠传统的逻辑假设或统计分析很难适应小比例尺地物化遥信息的预测数据集具有高维和极不平衡的特点。当遇到这类数据不平衡的问题时,应用以总体分类精度为学习目标的传统分类算法会不可避免地过多关注多数类样本,而使得少数类样本的分类性能低下。同时,传统的机器学习方法不能给出预测变量与响应变量的简单表达式,导致找矿预测学解释上的困难性。随机森林算法(Random Forests,简称RF)是一个广泛用于各种应用领域的一种集成学习(Ensemble Learning)方法,由已故美国科学院院士Leo Breiman(Leo,2001)和Adele Cutler在2001年提出。随机森林算法由于其天然的并行特性、良好的模型可解释性而被广泛研究和应用(方匡南等,2011),已应用于二维、三维找矿预测中(陈进等,2020)。不同于一般的"黑箱"模型,随机森林算法可以给出变量的重要性排序以及变量间的偏依赖关系,从而识别重要的预测因子并进行解释(Prasad et al.,2006;Cutler et al.,2007)。这种方法已开始运用到矿产资源预测中(蔡惠慧等,2019;张野等,2020;李苍柏等,2020)。本研究选取机器学习算法之一的随机森林算法,探索随机森林算法在找矿预测中的有效性。

2 区域地质背景

2.1 区域地质格架及演化

2.1.1 区域地质格架

青藏高原(TP)形成于新生代印度次大陆向欧亚大陆的碰撞,因其较高的海拔、巨大的体量和极端的自然环境等鲜明特点,被誉为"世界屋脊"和"地球第三极"(图 2-1)。青藏高原是由冈瓦纳大陆北部边缘 4 个不同的地块拼合而形成的,包括甘孜-松潘地块(GS)、羌塘地块(QT)、拉萨地块(LS)和喜马拉雅地块(HM)(图 1-1,图 2-1),并被金沙江缝合带(JSS)、班公湖-怒江缝合带(BNS)、印度河-雅鲁藏布缝合带(YZS)分割(图 2-1)。拉萨地块又称冈底斯地块、冈底斯-念青唐古拉地块和拉达克-冈底斯弧盆系,是青藏高原南部的一个重要组成部分,从北到南依次又被狮泉河-纳木错缝合带(SNS)和洛巴堆-米拉山断裂带(LMF)分割为北拉萨地块(NL)(含那曲-洛隆弧前盆地和昂龙冈日-班戈-腾冲岩浆弧带)、中拉萨地块(CL)(含措勤-申扎岛弧和隆格尔-工布江达复合岛弧)、南拉萨地块(SL)(含拉达克-南冈底斯-下察隅岩浆弧和日喀则弧前盆地带)。本书的研究区主要包括中拉萨地块和南拉萨地块两个单元(图 2-2)。

1. 中拉萨地块

中拉萨地块(CL)位于狮泉河-纳木错缝合带与洛巴堆-米拉山断裂带之间,呈东西向带状展布,北部为措勤-申扎岛弧,南部为隆格尔-工布江达复合岛弧。区内古生代—新生代地层均有出露,其中大面积分布晚古生代—古近纪的火山-沉积地层。中酸性侵入岩以白垩纪为主,其次为侏罗纪和古近纪。

2. 南拉萨地块

南拉萨地块(SL)位于洛巴堆-米拉山断裂带与印度河-雅鲁藏布缝合带之间,呈东西向带状展布,整体为拉达克-南冈底斯-下察隅岩浆弧,南部萨嘎—日喀则一带为日喀则弧前盆地带。出露地层以石炭系—二叠系、上侏罗统—第四系为主,普遍缺失三叠系—中下侏罗统。岩浆岩大面积分布。火山岩浆活动时代以白垩纪、古近纪为主,其次为侏罗纪、新近纪。构造主线呈近东西向分布,除构造单元的分界断裂外,南拉萨地块内部还发育有谢通门-尼木韧性剪切带、大竹卡-羊八井断裂等重要的控岩控矿构造。南拉萨地块南部的萨嘎—日喀则一带为一个近东西向的大型复式向斜(日喀则弧前盆地带)。日喀则弧前盆地南侧由于受蛇绿混杂岩向北的逆掩构造作用的影响,褶皱、断裂构造极为发育。

2.1.2 区域地质演化

拉萨地块自冈瓦纳大陆北缘分解而出,其陆壳基底形成于古元古代—太古宙,主要经历了晚古生代—中生代的特提斯多岛弧盆系构造演化和新生代的陆内会聚两个构造发展阶段(图 2-3)。

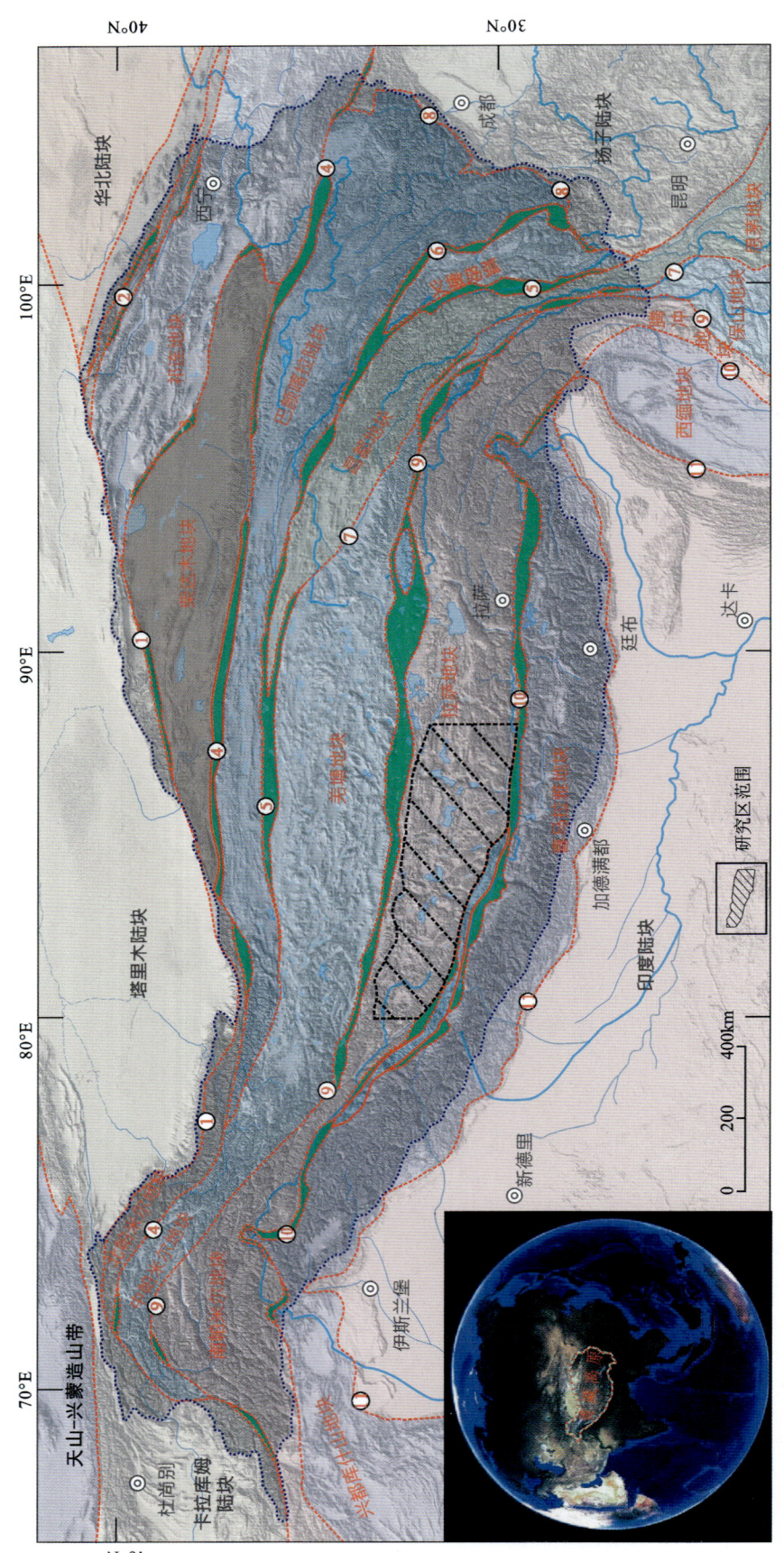

图 2-1 青藏高原大地构造分区图

①西昆仑-阿尔金缝合带；②祁连山缝合带；③柴北缘缝合带；④东昆仑缝合带；⑤金沙江缝合带；⑥甘孜-理塘缝合带；⑦澜沧江缝合带；⑧龙门山-盐源逆冲带；⑨班公湖-怒江缝合带；⑩印度河-雅鲁藏布缝合带；⑪喜马拉雅主边界逆冲断裂带

2 区域地质背景

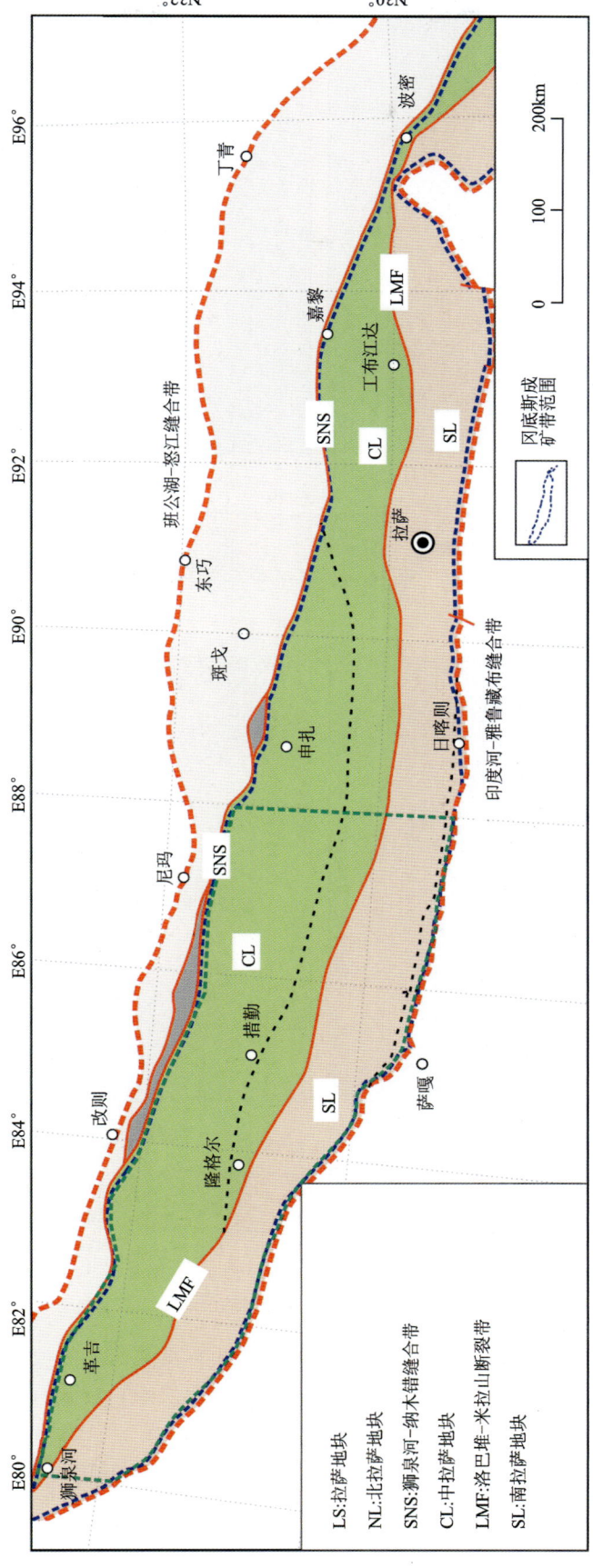

图 2-2 研究区大地构造位置 (据中国地质调查局成都地质调查中心, 2019a)

LS: 拉萨地块
NL: 北拉萨地块
SNS: 狮泉河-纳木错缝合带
CL: 中拉萨地块
LMF: 洛巴堆-米拉山断裂带
SL: 南拉萨地块

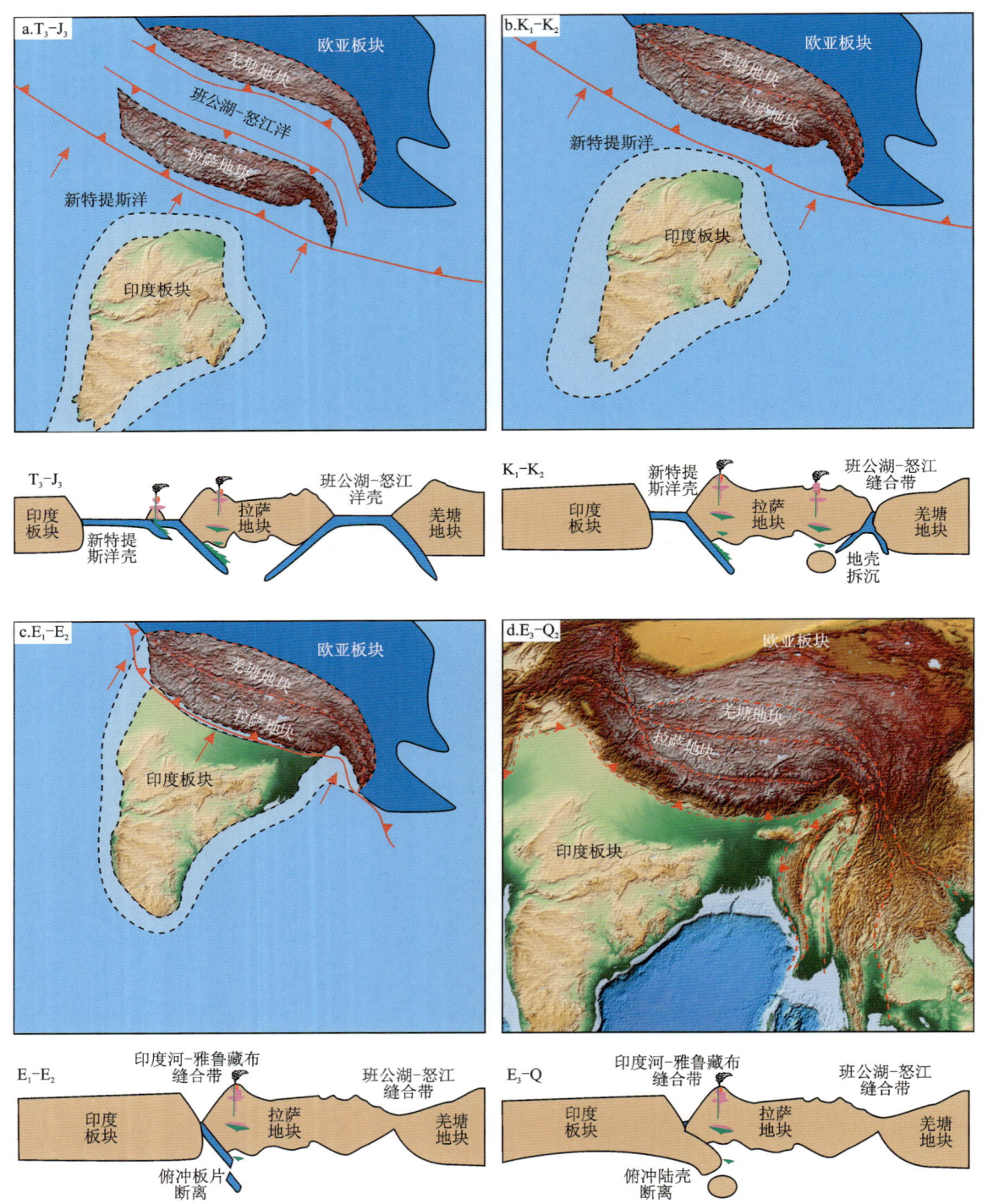

图 2-3　冈底斯成矿带西段构造演化示意图

念青唐古拉群被认为是拉萨地块的前寒武纪基底,该群由深变质岩系组成,主要暴露在纳木错东部和普朗—波密一带。在整个显生宙,拉萨地块经历了关键的演化阶段,包括晚古生代—中生代特提斯洋的打开和关闭以及印度大陆和欧亚大陆之间的新生代碰撞。石炭纪—二叠纪,拉萨地块以海相陆相碎屑岩碳酸盐岩地层为特征。值得注意的是,地层之间在沉积特征、火山活动、变形和变质作用方面存在一些差异。晚二叠世,拉萨地块从冈瓦纳大陆北部分离出来,雅鲁藏布特提斯洋打开。班公湖-怒江特提斯洋洋盆在三叠纪打开,扩展于早侏罗世,并于中侏罗世开始向南北双向俯冲消减。晚三叠世,雅鲁藏布特提斯洋开始向北低角度俯冲至拉萨地块之下,在隆格尔-念青唐古拉复合古岛弧带南侧增生形成火山岩浆弧,冈底斯地区呈现出多岛弧盆系格局。晚白垩世,班公湖-怒江特提斯洋消亡,羌塘地块与拉萨地块发生弧-陆(弧)碰撞。侏罗纪—白垩纪,由于雅鲁藏布特提斯洋和班公湖-怒江特提斯洋的俯冲,形成了一系列火山-岩浆弧带(图1-1b)。在晚白垩世末—古新世初,印度次大陆与亚洲大陆碰撞,雅鲁藏布特提斯洋消亡,盆山构造转换完成,形成了广泛的林子宗火山岩,并伴随着显著的岩浆侵入作用(Mo et al.,2008;潘桂棠等,2001;Xu et al.,2015;高顺宝,2015)。始新世—中新世时期,青藏高原进入强烈的陆内会聚时期,地壳发生大幅度缩短和增厚,青藏高原开始隆升。中新世—上新世时期,冈底斯地区发生大规模伸展作用,形成一系列垂直于碰撞造山带的裂谷盆地。

2.2 区域地层

拉萨地块具有古老的前寒武纪变质基底,南、北两侧为新生地壳。前寒武纪结晶基底主要由角闪岩相和绿片岩相变质岩组成,其上被石炭纪—二叠纪变质沉积岩和白垩纪火山沉积地层覆盖。石炭纪至二叠纪地层在沉积、火山活动、变形及变质作用等方面有一定差异性。新生地壳以古生代—新生代的海相与海陆交互相地层和火山沉积地层为主。依据沉积类型、海陆分布和构造格局等因素,将研究区地层划分为日喀则地层分区(SGT)、隆格尔-南木林地层分区(LN)和措勤-申扎地层分区(CS)(图2-4)。不同地层分区的地层组合特征见表2-1。

1. 日喀则地层分区

日喀则地层分区(SGT)呈北西西向展布于南拉萨地块南部,西起萨嘎县,东至仁布县。出露地层主要有下白垩统冲堆组深海沉积地层、上白垩统日喀则群弧前盆地复理石碎屑岩系和古近系—中新统错江顶群弧前盆地滨浅海相沉积等。

2. 隆格尔-南木林地层分区

隆格尔-南木林地层分区(LN)呈北西西向展布于南拉萨地块西部和中拉萨地块南部。结晶基底由前震旦系念青唐古拉岩群构成。地层分布有石炭系—二叠系砂岩、砾岩、页岩和板岩夹灰岩,谢通门—日喀则地区的侏罗系、分区东南部和西部的白垩系、古近系林子宗群中酸性火山岩及印度河-雅鲁藏布缝合带北侧呈带状分布的渐新统大竹卡组陆相磨拉石地层。

措勤-申扎地层分区(CS)呈北西西向分布于永珠-嘉黎缝合带与隆格尔-措麦断裂之间。区内最老的地层是前震旦系念青唐古拉岩群,该岩群是拉萨地块的结晶基底。奥陶系分布在申扎县,岩性以生物碎屑灰岩、泥晶灰岩、结晶灰岩为主;志留系—泥盆系沿狮泉河-纳木错断裂南侧断续分布;石炭系和二叠系在措勤-申扎地层分区中分布最为广泛,两者呈断层接触,岩性为砂岩、砾岩、板岩夹灰岩;三叠系和侏罗系分布局限,且有缺失;白垩系在区内中部大面积呈片分布,早期为开阔海近滨—前滨沉积的砂岩、砾岩地层,中期为大规模海侵期的灰岩地层,晚期则演化为一套以陆相沉积为主的前陆盆地磨拉石沉积地层;古近系林子宗群分布在雄巴—昂孜错一线以南;新近系分布在沿达果—新吉一线,早期为陆相火山喷发沉积的一套钾玄系列-过碱性火山岩地层,晚期为一套山间盆地型河流及泛滥平原沉积的砾岩、粗砂岩、粉砂质泥岩地层。

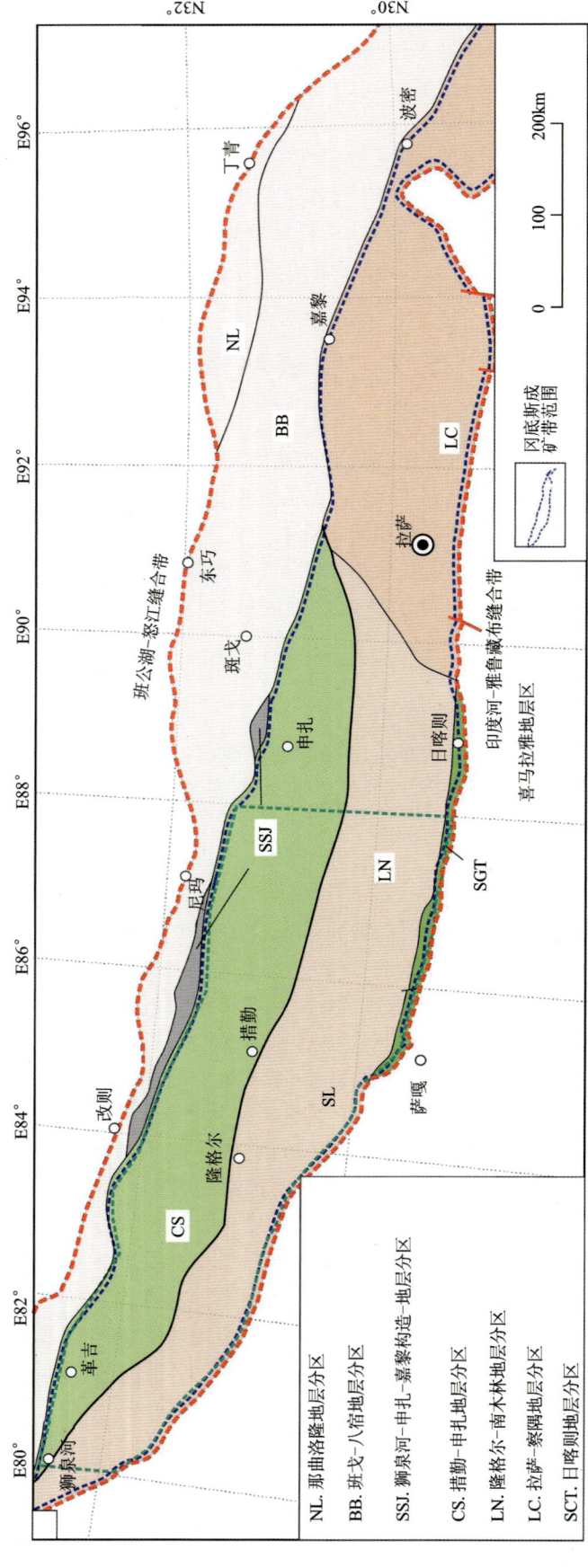

图 2-4 研究区地层分区图（据中国地质调查局成都地质调查中心，2019a）

NL. 那曲洛隆地层分区
BB. 班戈-八宿地层分区
SSJ. 狮泉河-申扎-嘉黎构造-地层分区
CS. 措勤-申扎地层分区
LN. 隆格尔-拉萨-察隅地层分区
LC. 拉萨-察隅地层分区
SCT. 日喀则地层分区

2 区域地质背景

表 2-1　主要地层及建造表（据中国地质调查局成都地质调查中心，2019a）

地层				代号	冈底斯-腾冲地层区		
					日喀则地层分区	隆格尔-南木林地层分区	措勤-申扎地层分区
显生宇	新生界	第四系	全新统	Qh^{Ma}	冲积、洪积、湖积		
			更新统 上	Qp_{2-3}			
			中				
			下	Qp_1			
		新近系	上新统	N_2		乌郁群	
			中新统	N_1	错顶江群	大竹卡组	芒乡组 旦增竹康组	鱼鳞山组、芒乡组布嘎寺组
		古近系	渐新统	E_3			日贡拉组
			始新统	E_2		秋乌组	
			古新统	E_1			林子宗群
	中生界	白垩系	上统	K_2	日喀则群	设兴组	竞柱山组
			下统	K_1	冲堆组	桑日群	塔克那组 麻木下组 林布宗组	捷嘎组
		侏罗系	上统	J_3			则弄群
			中统	J_2		旦师庭组	接奴群
			下统	J_1			
		三叠系	上统	T_3			多布日群
			中统	T_2			
			下统	T_1			
	古生界	二叠系	上统	P_3		敌布错组	坚扎弄组 木纠错组
			中统	P_2		下拉组	
			下统	P_1		昂杰组	
		石炭系	上统	C_2	？？？	拉嘎组	
			下统	C_1		永珠组	
		泥盆系	上统	D_3			查果罗玛组
			中统	D_2			
			下统	D_1			达尔东组
		志留系	顶统	S_4			扎弄俄玛组
			上统	S_3			
			中统	S_2			德吾卡下组
			下统	S_1			
		奥陶系	上统	O_3			中扎组 刚木桑组
			中统	O_2			柯尔多生
			下统	O_1			扎杠组
		寒武系		ϵ			
元古宇	新元古界	震旦系		Z			
	中元古界				念青唐古拉岩群		
	古元古界						

2.3 区域构造

中生代,拉萨地块由特提斯弧盆系统演化转入全新的陆内会聚构造发展阶段。在陆内会聚作用过程的早期,主要表现为强烈的陆内挤压,引起区内大规模的地壳增厚与缩短,各构造岩块间发生广泛的逆冲推覆和走滑剪切作用,在拉萨地块南缘形成了一系列的近东西向缝合带和脆韧性剪切带,并派生出北东向、北西向和北东东向、北西西向多组断裂构造系统。主要断裂带包括班公湖-怒江缝合带、狮泉河-纳木错缝合带、隆格尔-措麦断裂带、洛巴堆-米拉山断裂带、打加南-江当乡断裂带、印度河-雅鲁藏布缝合带等(图 2-5)。

2.4 区域岩浆岩

拉萨地块自古生代以来经历了多旋回的构造岩浆演化,具有时代跨度大、分布范围广、成因类型多样的特点(图 2-5)。中酸性侵入岩主要呈复式岩基、岩株状产出,基性侵入岩则主要呈岩脉、岩墙状产出,其时代最早时限可推至晚二叠世;火山岩主要发育在白垩纪—古近纪,其他时代火山岩规模较小。根据火山岩浆活动在构造演化过程中所处的阶段及成因,可以分为拉张、俯冲、同碰撞、碰撞后等期次。

中拉萨地块南部隆格尔-工布江达复合岛弧拉张期的火山岩呈夹层赋存于晚石炭世—中二叠世的沉积地层中,主要为一套基性火山岩。狮泉河-纳木错缝合带拉张期的火山岩浆活动主要为蛇绿混杂岩,其中永珠蛇绿混杂岩规模最大,成岩时代为晚三叠世—中侏罗世,源于富集型的地幔源区,形成于消减带上的弧间裂谷盆地环境。

俯冲期火山岩浆活动与松多特提斯洋、雅鲁藏布特提斯洋北向俯冲和班公湖-怒江特提斯洋南向俯冲有关。与松多特提斯洋俯冲有关的岩浆岩主要分布在洛巴堆-米拉山断裂以北,成岩时代为二叠纪—早侏罗世,具有岛弧岩浆特征,来源于古老下地壳。与雅鲁藏布特提斯洋向北俯冲作用有关的火山侵入岩分布在南拉萨地块。火山岩分布在距离印度河-雅鲁藏布缝合带北部30~40km内,多以地层夹层形式产出,形成于侏罗纪—白垩纪;而侵入岩呈复式岩基和岩株状产出,形成时代从晚三叠世跨度到晚白垩世,其中以白垩纪侵入岩为主(高顺宝,2015)。与班公湖-怒江特提斯洋南俯冲相关的火山岩主要分布在拉萨地块中、北部,以则弄群和一系列花岗岩为代表,主要形成于早侏罗世—早白垩世。火山岩表现为地层的夹层。侵入岩呈复式岩基、岩株状产出,普遍具有I型花岗岩特征。

印度-欧亚大陆在古近纪开始碰撞,在拉萨地块形成以林子宗群为代表的碰撞期火山岩和一系列花岗岩基。林子宗群火山岩规模最大,向北规模逐渐减小,早期火山岩表现出陆缘弧火山岩地球化学特征,在晚期过渡到碰撞—后碰撞火山岩特征。侵入岩在研究区内分布最广,向北逐渐减少,主要为中酸性岩石。侵入岩以I型花岗岩为主,并向S型花岗岩演化,表明侵入岩形成环境已逐渐向同碰撞环境转变。拉萨地块和羌塘地块碰撞型火山岩规模远小于印度-欧亚大陆碰撞形成的火山岩。该期火山岩以晚白垩世竞柱山组火山岩为代表。拉萨地块与羌塘地体碰撞作用形成的侵入岩活动发生于早白垩世末—晚白垩世,部分岩石显示埃达克岩特征,是加厚下地壳发生拆离和部分熔融所致(高顺宝,2015)。中拉萨地块南部的布久和宁中等侏罗纪岩浆岩具有强过铝质S型花岗岩的特征,其形成可能与松多特提斯洋闭合有关。

碰撞后的火山岩浆活动规模相对较小,从南向北逐渐减少。火山岩以乌郁群、鱼鳞山组火山岩为代表,均为中酸性火山岩。侵入岩呈岩基、岩株、岩脉等多种形式产出,以中酸性岩石为主。岩石具有埃达克岩的地球化学特征,来源于增厚镁铁质下地壳部分熔融,或是滞留洋壳部分熔融。

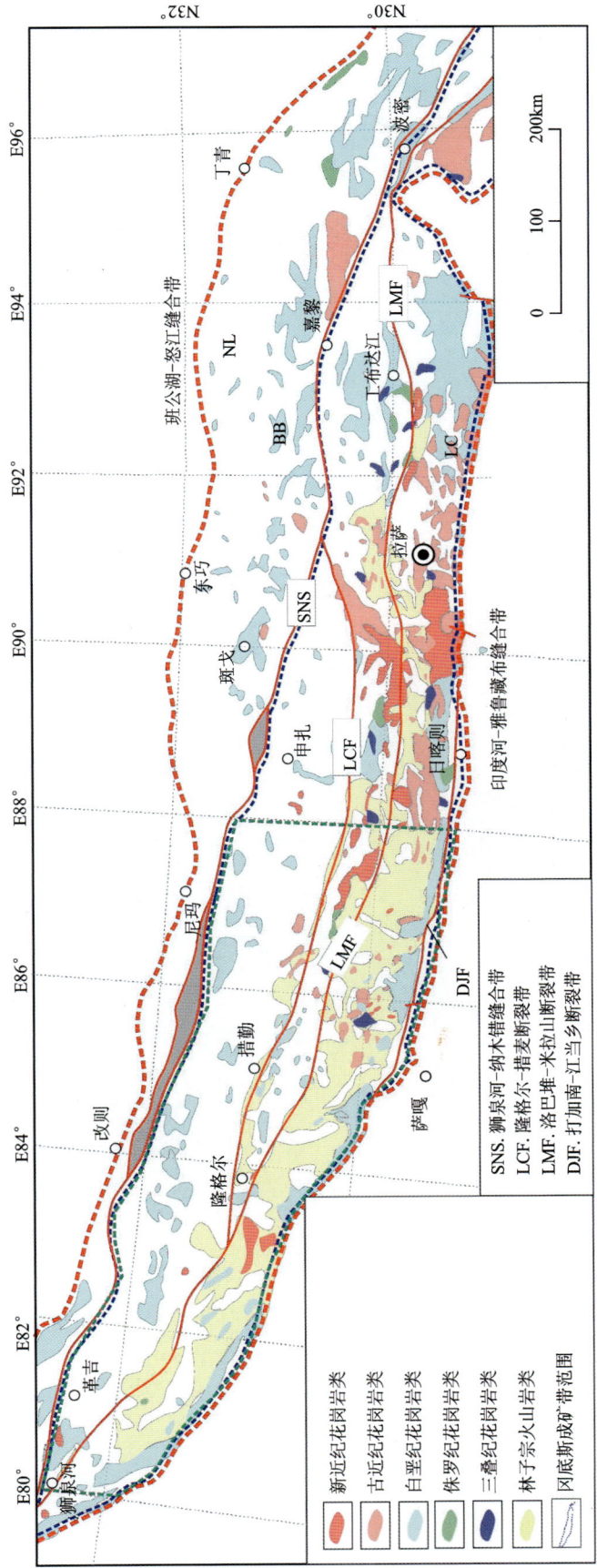

图 2-5 研究区构造-岩浆简图

总体来说,冈底斯成矿带中部古生代末期—中生代初期的火山岩浆活动与松多古特提斯洋构造演化有关;古新世及以前,冈底斯成矿带南部的火山岩浆活动与雅鲁藏布特提斯洋盆向北俯冲和印度-欧亚大陆碰撞作用有关,而北部火山岩浆活动则与班公湖-怒江特提斯洋向南俯冲及碰撞有关。中新世的火山岩浆活动主要与印度-欧亚大陆碰撞后的持续作用有关。

2.5 区域地球物理、地球化学特征

2.5.1 区域地球物理特征

1. 卫星重力异常特征

冈底斯成矿带西段卫星重力异常阴影图利用美国加州大学(https://topex.ucsd.edu/)公开数据编制。卫星重力异常阴影图内布格重力异常值在 $-570\times10^{-5}\sim-180\times10^{-5}\,\mathrm{m/s^2}$ 之间,比青藏高原外围低 $200\times10^{-5}\,\mathrm{m/s^2}$ 左右,反映了区内巨厚的地壳特征(图2-6)。卫星重力异常特征为北西—东西向展布,总体为中部低,南北两侧高。

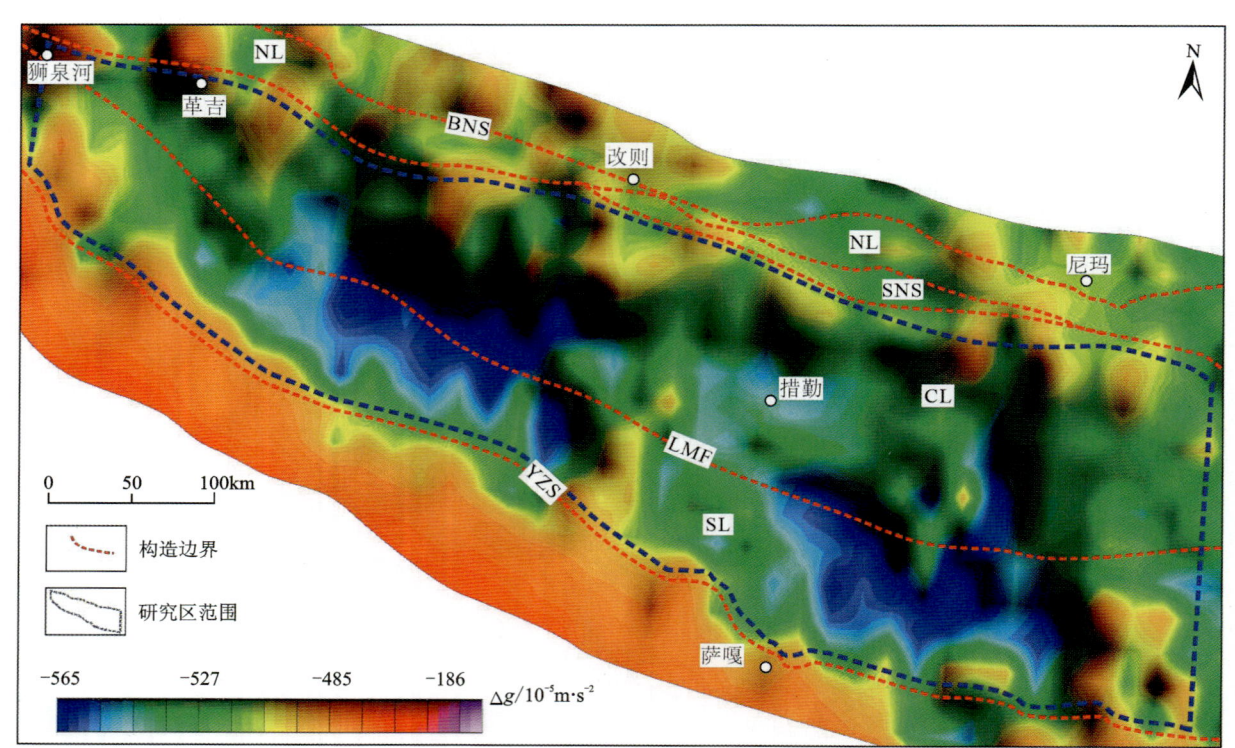

图2-6 冈底斯成矿带西段卫星重力异常阴影图

BNS.班公湖-怒江缝合带;NL.北拉萨地块;SNS.狮泉河-纳木错缝合带;CL.中拉萨地块;LMF.洛巴堆-米拉山断裂带;SL.南拉萨地块;YZS.印度河-雅鲁藏布缝合带

2. 航磁异常特征

冈底斯成矿带西段航磁 ΔT 化极异常阴影图(图2-7)利用中国自然资源航空物探遥感中心公开的航磁数据编制。航磁 ΔT 化极异常阴影图总体呈现北西向成带、南东向分块、正负异常相间的特征,磁异常强度为 $-300\sim600\,\mathrm{nT}$。

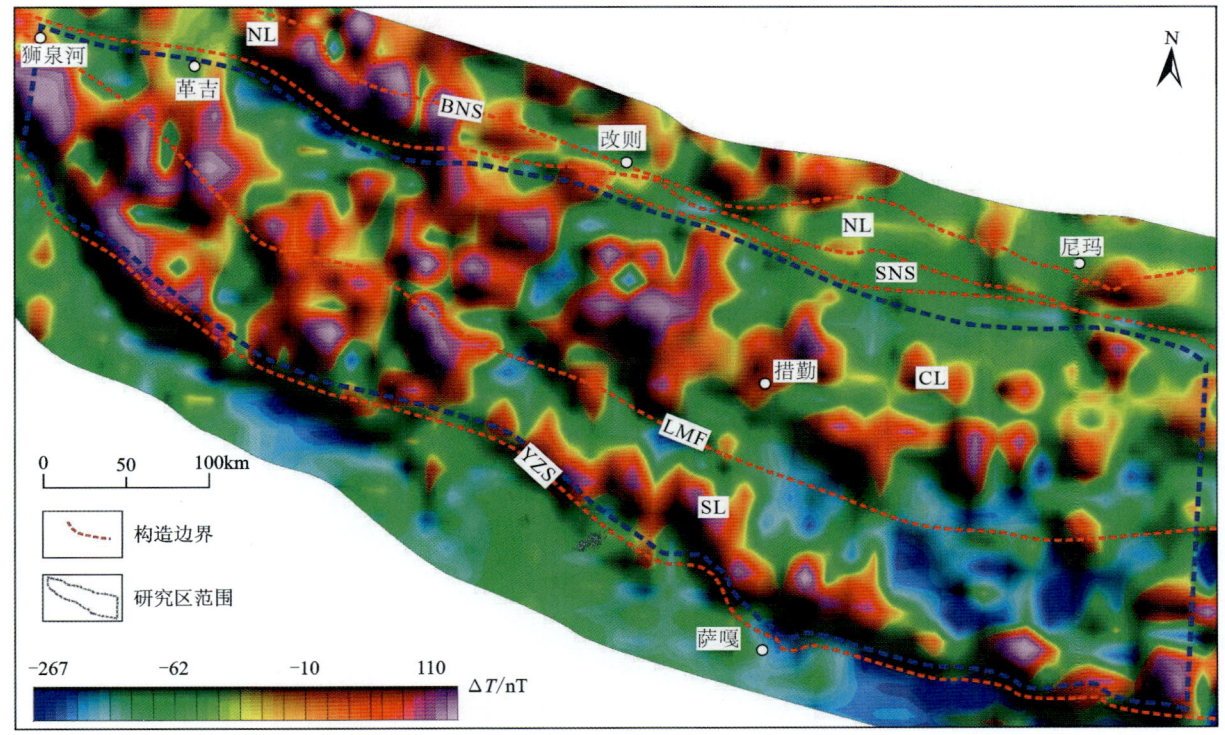

图 2-7 冈底斯成矿带西段航磁 ΔT 化极异常阴影图

BNS.班公湖-怒江缝合带；NL.北拉萨地块；SNS.狮泉河-纳木错缝合带；CL.中拉萨地块；LMF.洛巴堆-米拉山断裂带；SL.南拉萨地块；YZS.印度河-雅鲁藏布缝合带

3. 重磁异常特征

前人研究已证实，由冈瓦纳大陆北缘分裂块体和亚洲大陆南部边缘分裂块体共同建造了青藏高原巨厚的物质组成。前人通过不同的地球物理探测手段对青藏高原的壳幔结构、莫霍面深度等进行过较多的探测和探讨（高锐和吴功建，1995；赵文津等，2006），结果差异较大。本次参考青藏高原重力编图成果（张省举和董义国，2010），得到冈底斯成矿带及其邻区莫霍面深度（图2-8），区内莫霍面深度一般在65～73km之间，反映了青藏高原整体巨大的地壳厚度变化。区内莫霍面总体形态呈近东西向展布，其北部形态较南部变化更为平缓。其中，拉萨地块是全区莫霍面最深的地区，也是全球莫霍面最深的地区，由冈底斯幔凹带和念青唐古拉山幔凹区所组成，最深处位于羊八井以西，深度达74km，莫霍面起伏较小，反映了印度板块向欧亚板块俯冲对青藏高原腹地的地壳厚度只有整体影响，而局部影响较弱。

从布格异常特征和地壳厚度方面分析，冈底斯山脉和念青唐古拉山脉原为一条山脉，受构造运动作用，被那曲-当雄断裂错动，念青唐古拉山脉北移，两者一分为二。南部喜马拉雅山脉及喜马拉雅北麓广大区域，莫霍面由北往南急速变浅。由于印度板块向北运动斜插到青藏高原底部，所以该区的莫霍面变化幅度较大，其真实形态可能是莫霍面断错，断距达20余千米，也可能是莫霍面呈叠瓦状或斜坡状展布。

2.5.2 区域地球化学特征

区域地球化学异常的分布受到大地构造格架控制，整体上与区域近东西向构造线一致。

中拉萨地块北部地球化学元素组合为 Au-Cu-Pb-Zn-Ag，异常呈近东西向分布，且主要富集在晚白垩世—古新世岩体内。中拉萨地块南部地球化学元素组合为 Pb-Zn-Ag（Cu、Au、Fe、Sb）。该地球化学分区内分布一系列铅锌多金属矿床，包括查个勒等铅锌矿。南拉萨地块地球化学元素组合为 Cu-

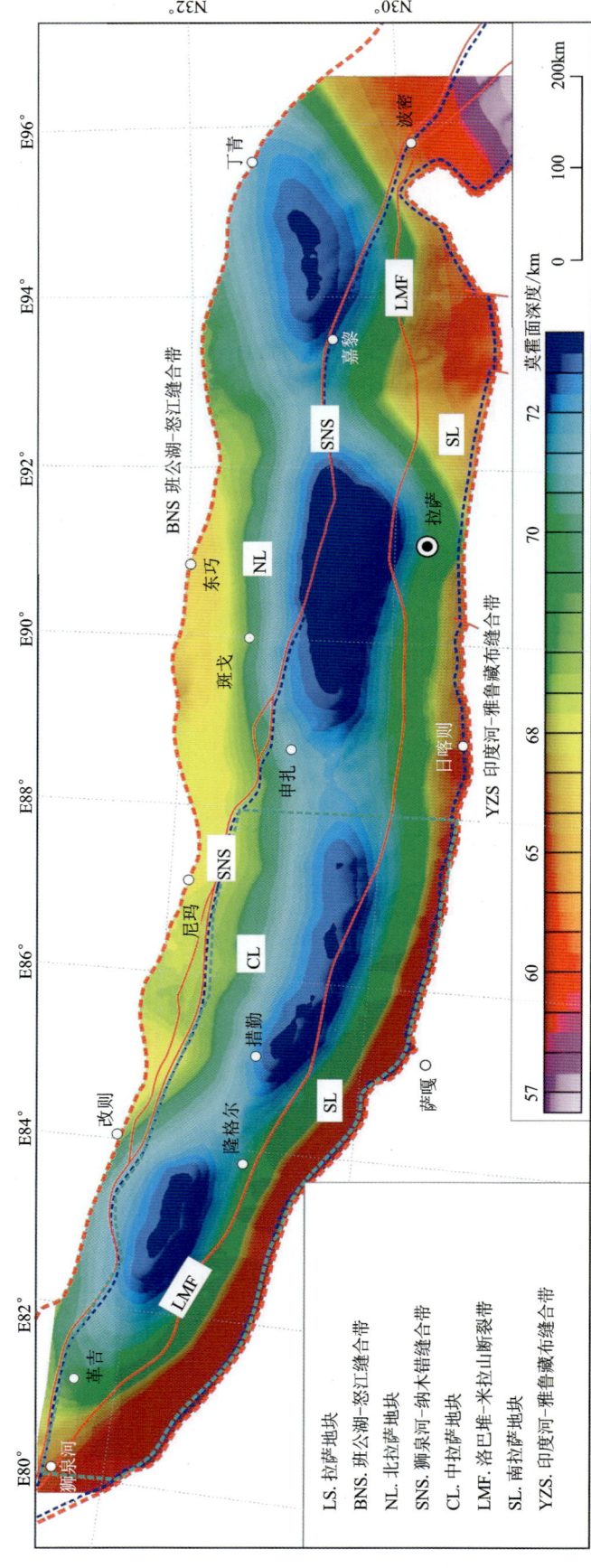

图 2-8 西藏冈底斯成矿带及邻区莫霍面深度图

Mo-Au(W)和Pb-Zn(Ag)。以Cu-Mo-Au(W)为代表的元素成矿有利地段主要集中分布在昂仁县,该异常与区内朱诺等斑岩型铜多金属矿床、矿点的分布相对应;Pb-Zn(Ag)异常组合分布在打加错一带,与热液型铅锌矿床(点)出露位置相吻合(图2-9)。日喀则弧前盆地(SGT)的地球化学异常组合主要为Cr-Fe-Au(Cu、Sb、Hg),其中Cr、Cu、Fe等元素的带状集中与印度河-雅鲁藏布缝合带基性—超基性岩带展布一致,Au、As、Hg的异常主要受断裂控制,突出反映了构造热液活动和元素的带状富集。从成矿元素组合来看,研究区由南向北存在着地球化学元素组合Cr-Fe-Au、Cu-Mo-Au、Pb-Zn-Cu-Fe向Pb-Zn、Au-Cu过渡的变化规律,这可能是由成矿物质来源存在差异造成的。

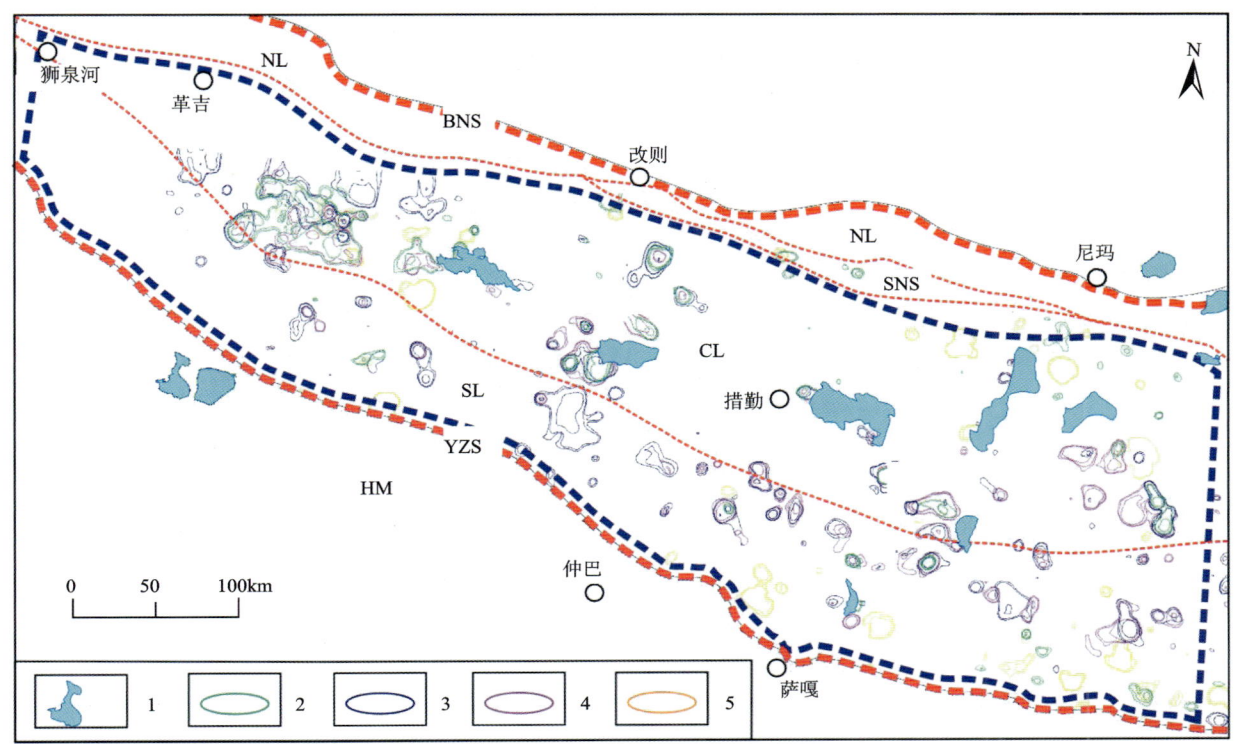

图2-9　冈底斯成矿带西段Cu-Pb-Zn-Au地球化学异常图(据西藏自治区地质调查院,2011)
1.湖泊;2.Cu异常;3.Pb异常;4.Zn异常;5.Au异常;NL.北拉萨地块;BNS.班公湖-怒江缝合带;CL.中拉萨地块;SL.南拉萨地块;YZS.印度河-雅鲁藏布缝合带;HM.喜马拉雅地块;SNS.狮泉河-纳木错缝合带

2.6　区域矿产资源分布

20多年来,地质大调查、商业性矿产勘查工作的实施,冈底斯成矿带西段在矿产勘查方面取得了一系列重大成果,新发现了朱诺、查个勒和尼雄等多个大型—超大型矿床,以及日阿、罗布真等一大批中小型矿床。然而,大部分矿床(点)为预查—普查程度,仅少数矿床达到详查—勘探程度。

不同构造单元控制着不同类型矿床产出。南拉萨地块内的典型矿床有朱诺、红山、鲁尔玛、哥布弄巴、罗布真、铜铃寺、夏陇等,矿床类型为斑岩型、矽卡岩型和浅成低温热液型等,矿种以铜金为主。中拉萨地块南部隆格尔-工布江达复合岛弧内的典型矿床有尼雄、日阿、查个勒、隆格尔等,矿床类型主要为矽卡岩型,有少量的火山热液型,矿种以铅锌铁为主。中拉萨地块北部措勤-申扎岛弧内的典型矿床有拔拉扎、住浪、天公尼勒、江拉昂宗等,矿床类型为斑岩型-矽卡岩型铜钼多金属矿、浅成低温热液型金矿、矽卡岩型铜铁矿等。这些矿床一般沿构造带呈带状分布,且分片集中,形成了若干具有极大成矿规模和找矿潜力的矿集区,如朱诺铜多金属矿集区、尼雄铁铜矿集区等(图2-10)。

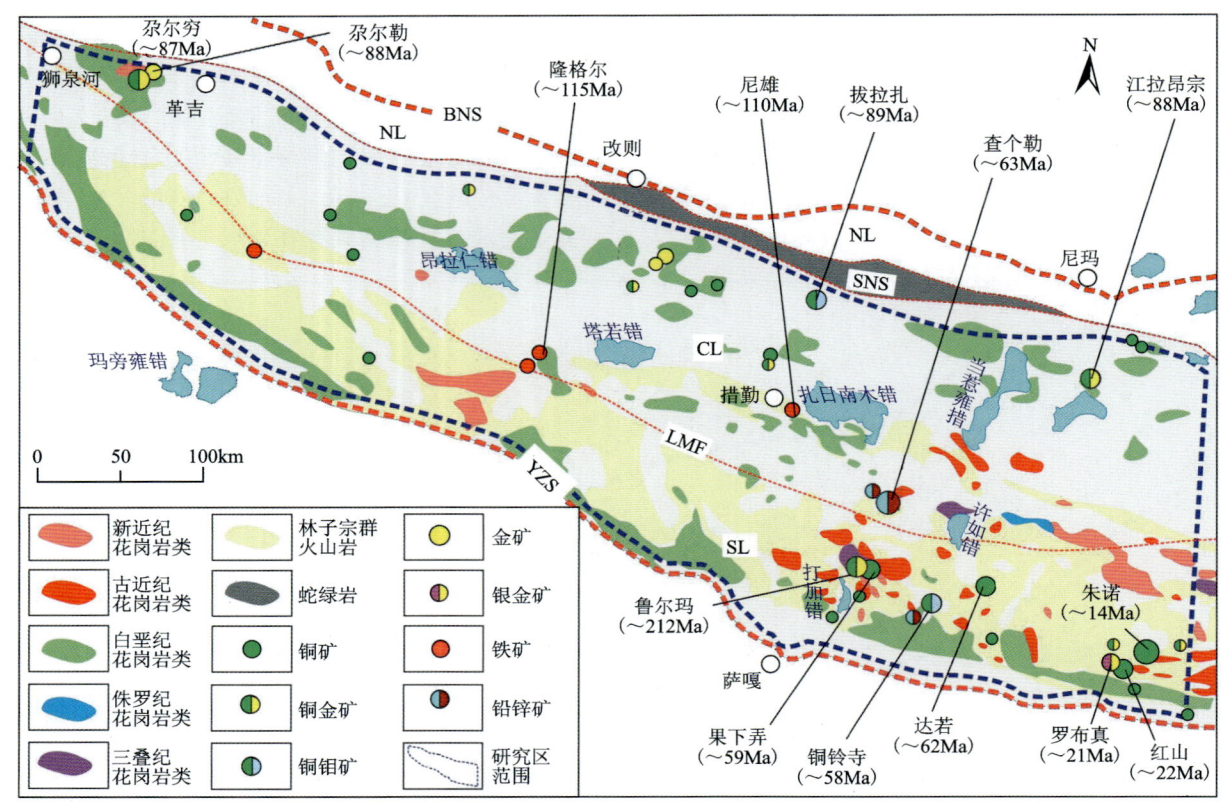

图 2-10 冈底斯成矿带西段主要铜金多金属矿产分布图

NL.北拉萨地块;BNS.班公湖-怒江缝合带;CL.中拉萨地块;SNS.狮泉河-纳木错缝合带;SL.南拉萨地块;LMF.洛巴堆-米拉山断裂带;YZS.印度河-雅鲁藏布缝合带

3 典型矿床分析

冈底斯成矿带斑岩型矿床集中分布在南拉萨地块拉达克-南冈底斯-下察隅岩浆弧内昂仁和工布江达之间的广大区域,以陆陆碰撞和碰撞后斑岩型矿床为主。相比之下,冈底斯成矿带西段(东经87°以西)由于勘查研究程度低,鲜有斑岩型矿床的报告。直至近年,随着地质矿产调查工作向冈底斯成矿带西段逐渐转移,才陆续发现一些重要的斑岩型矿床找矿线索,如措勤县打加错附近的鲁尔玛晚三叠世斑岩型铜(金)矿点、尼玛县拔拉扎晚白垩世斑岩-矽卡岩型铜(钼)矿床、昂仁县达若古新世斑岩(次火山岩)型铜矿点、昂仁县罗布真-红山斑岩-浅成低温热液型铜金(银)成矿系统等。这些发现充分证明了冈底斯成矿带向西延伸区域同样具有较好的铜金多金属找矿潜力。然而,这些新发现矿床(点)的矿床特征、成因机制以及找矿标志等仍缺乏系统的认识。

3.1 鲁尔玛晚三叠世斑岩型铜(金)矿点

3.1.1 矿床地质特征

鲁尔玛铜矿点位于措勤县打加错东北约15km,大地构造位置为南拉萨地块的拉达克-南冈底斯-下察隅岩浆弧西段北缘。矿区出露地层为中二叠统昂杰组(P_2a)和第四系(Q),其中昂杰组表现为北倾的单斜构造,主要岩性为角岩化变质石英砂岩及少量石英砾岩、灰岩等。侵入岩受近东西向断裂控制,呈岩株或岩脉侵位于昂杰组,发生热接触变质,主要岩性有辉绿岩、二长闪长岩和石英二长斑岩等(图3-1)。二长闪长岩在地表呈不规则椭圆形,出露面积大于$5km^2$,空间上呈陡立岩株状,侵位于昂杰组中。岩体顶部可见隐爆角砾岩。二长闪长岩为深灰色,具有细粒半自形粒状结构和块状构造,主要由斜长石、钾长石、角闪石等组成。长石具有弱绢云母化,含量约为65%,辉石呈半自形短柱状,含量约为10%,角闪石呈半自形长柱状,含量为10%。黑云母呈片状,半自形晶。矿区发育北东向、近南北向和近东西向3组断裂。北东向和近东西向断裂断面倾角中等,具有压扭性特征;近南北向断裂属于张性正断裂,断裂中有石英脉充填。

在地表共发现铜金矿体3条,其中Cu-1矿体位于矿区西北部,呈等轴状展布产于石英二长斑岩体中,由斑岩型矿石组成。矿体形态呈向南东开口"V"形,倾向北东,长200~300m,厚1.36~7.66m,延深大于550m,Cu平均品位为0.22%。铜矿石具浸染状、细脉浸染状结构和块状构造。金属矿物主要有黄铜矿、黄铁矿、辉钼矿、方铅矿和闪锌矿等。Cu-2矿体位于矿区中部,呈脉状,产于北东向构造破碎带中,由蚀变岩型矿石组成。矿体倾向北北东,长度大于500m,厚0.42~1.01m,延深大于200m,Au品位为1.2~37.7g/t,Cu品位为0.26%~0.73%。Cu-3矿体位于矿区东南部,受近东西向构造破碎带控制,呈脉状产出。矿体倾向北北东,长560m,厚1.28~8.63m,延深大于200m,Cu品位为0.20%~0.44%。矿体由蚀变岩型矿石组成。矿石结构主要有结晶结构、交代充填结构和固溶体分离结构等。矿石构造主要有浸染状构造、星点状构造等。金属矿物有黄铜矿、黄铁矿和辉钼矿等。

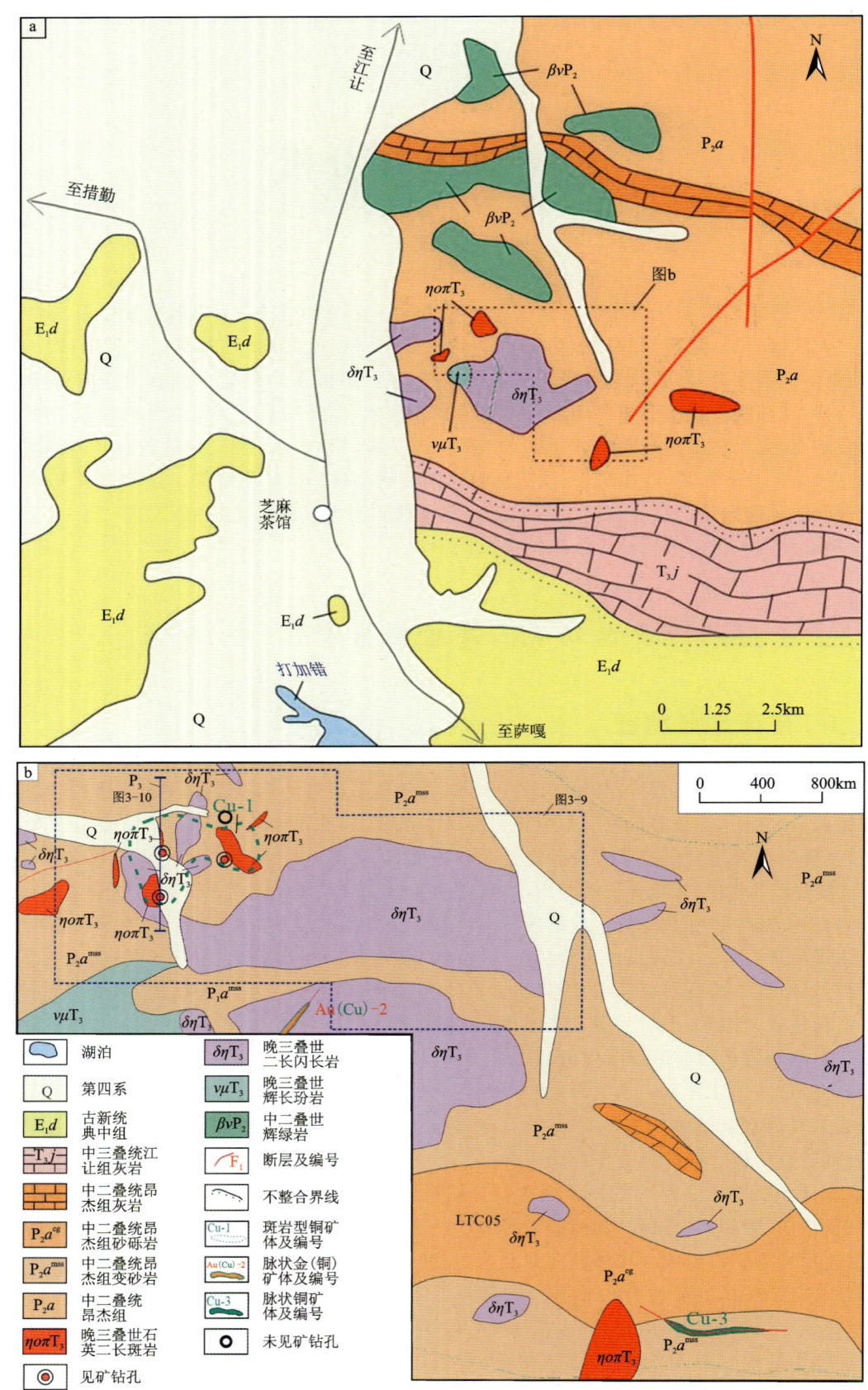

图 3-1 鲁尔玛地区区域地质简图和矿区地质简图（据刘洪等，2019b，2019c，2019d 修改）

围岩蚀变强烈,蚀变类型主要有钾化、硅化、绢云母化、青磐岩化和泥化等,其中,钾化、硅化和绢云母化与铜矿化密切相关。岩体蚀变分带明显,从石英二长斑岩体中心向外,蚀变类型由钾化逐渐过渡到角岩化。黄铁绢英岩化带主要分布于石英二长斑岩顶部;青磐岩化带位于二英二长斑岩与二长闪长岩接触带部位,在二长闪长岩一侧分布更广;泥化带受岩石类型等影响,呈条带状分布。

根据镜下矿物共生组合、脉体切穿关系,矿床成矿期可划分为热液期和表生期。热液期可进一步分成石英-钾长石-多金属硫化物阶段(S1)、石英-多金属硫化物阶段(S2)以及石英-碳酸盐矿物-多金属硫化物阶段(S3)3个成矿阶段。石英-钾长石-多金属硫化物阶段(S1)主要形成石英、钾长石等脉石矿物,有少量的黄铜矿、辉钼矿形成;石英-多金属硫化物阶段(S2)是成矿最主要阶段,该阶段形成大量的黄铁矿和黄铜矿;石英-碳酸盐矿物-多金属硫化物阶段(S3)则有少量金属硫化物形成,并形成方解石、绿泥石等矿物(表3-1、表3-2,图3-2)。

表 3-1 鲁尔玛铜(金)矿成矿期、成矿阶段、矿物生成顺序表(据刘洪等,2019d 修改)

主要矿物	成矿期			
	热液期			表生期
	石英-钾长石-多金属硫化物阶段(S1)	石英-多金属硫化物阶段(S2)	石英-硫酸盐矿物-多金属硫化物阶段(S3)	
石英	———	———	———	
钾长石	———			
黑云母	- - -			
磁铁矿	-·-·-			
黄铁矿	———	———	———	
黄铁矿	———	———		
辉钼矿		- - -	- - -	
绢云母		———	- - -	
方解石		- - -	———	
绿帘石			———	
孔雀石				———
蓝铜矿				———
黄铁矿				- - -

——— 大量出现　　- - - 少量出现　　-·-·- 偶见

石英-钾长石-多金属硫化物阶段(S1)的脉体多为细脉,具有弯曲、不连续的特征。脉体可分为钾长石脉(A₁脉)、石英+钾长石±黑云母±磁铁矿±黄铜矿±黄铁矿±辉钼矿脉(A_2脉)、石英±磁铁矿±黄铜矿±黄铁矿±辉钼矿脉(A_3脉)等,其中 A_1 脉和 A_2 脉有钾长石或者黑云母的蚀变晕。石英-多金属硫化物阶段(S2)的脉体多呈平直状,有石英脉(B_1脉)、石英+黄铁矿脉(B_2脉)、石英+黄铁矿+黄铜矿±辉钼矿脉(B_3脉)等。脉体中存在大量金属硫化物,且不发育明显蚀变晕。石英-碳酸盐矿物-多金属硫化物阶段(S3)的脉体多呈细脉,以石英-绿帘石-碳酸盐化蚀变晕为特征,可分为方解石脉(D_1脉)、方解石±多金属硫化物脉(D_2脉)、石英±方解石±绿帘石±多金属硫化物脉(D_3脉)等。早阶段脉体被后阶段脉体叠加改造,以致多阶段的脉体和矿物在空间上重叠。

3.1.2　地球物理异常特征

1. 物性特征

不同种类岩石磁性的强弱由岩石的磁化强度决定,岩石磁性特征一般是在其形成过程中获得的(图3-3)。由于岩石成分和形成过程的差异,岩石的磁性(磁化率)存在着很大差异。岩石磁性不仅与其矿物组成有关,而且与矿物结构及其所处的物理环境有关。辉长玢岩磁化率最高,辉石二长闪长岩、

二长闪长岩、火山角砾岩、玄武岩的磁化率均较强,与其他岩矿石间的磁性差异十分明显。从磁化率测定结果上看,本区基性侵入岩类岩石的磁性强度较高,喷出岩等磁性中等,沉积岩则大多为弱磁性或者无磁性岩石。根据调查区磁性参数测定结果,与斑岩型成矿关系较为密切的斑岩如石英二长斑岩表现为低磁特征。因此,区内磁测以负磁异常为主,以正磁异常为辅。

表3-2 鲁尔玛铜(金)矿主要热液脉体类型及特征(据刘洪等,2019e修改)

成矿阶段	类型	矿物组合	蚀变	形态	产出特征
石英-钾长石-多金属硫化物阶段(S1)	A脉	Kfs(A_1脉)	钾硅酸盐化	不规则弯曲,连续性差的脉状,脉宽0.5~2.5cm	产于石英二长斑岩中,少量产于二长闪长岩中
		Qz+Kfs±Bi±Mag±Cp±Py±Mol(A_2脉)		不规则脉状,弯曲、连续性差,裂隙中充填晚期硫化物,脉宽0.1~2.0cm	产于石英二长斑岩中,少量产于二长闪长岩中
		Qz±Mag±Cp±Py±Mol(A_3脉)		不规则脉状,弯曲、连续性差,裂隙中充填晚期硫化物,脉宽0.5~3.0cm	产于石英二长斑岩中,少量产于二长闪长岩和角岩化砂岩中
石英-多金属硫化物阶段(S2)	B脉	Qz(B_1脉)	绢英岩化	较为平直和连续的脉状、网脉状,脉宽0.5~5.0cm	产于石英二长斑岩中,少量产于二长闪长岩中
		Qz+Py(B_2脉)		较为平直和连续的脉状、网脉状,脉宽0.5~5.0cm	产于石英二长斑岩中,少量产于二长闪长岩和角岩化砂岩中
		Qz+Py+Cp±Mol(B_3脉)		较为平直和连续的脉状、网脉状,脉宽0.5~5.0cm	产于石英二长斑岩中,少量产于二长闪长岩和角岩化砂岩中
石英-碳酸盐矿物-多金属硫化物阶段(S3)	D脉	Cal(D_1脉)	青磐岩化	不规则脉状、网脉状,脉宽0.1~2.0cm	产于石英二长斑岩中,少量产于二长闪长岩和角岩化砂岩中
		Cal±Py±Cp±Mol(D_2脉)		不规则脉状、网脉状,脉宽0.1~1.5cm	产于石英二长斑岩中,少量产于二长闪长岩和角岩化砂岩中
		Qz±Cal±Epi±Py±Cp±Mol(D_3脉)		不规则脉状、网脉状,脉宽0.1~1.5cm	产于石英二长斑岩中,少量产于二长闪长岩和角岩化砂岩中

岩(矿)石电性特征反映了金属硫化物含量差异以及蚀变程度强弱。本次对鲁尔玛矿区主要岩(矿)石进行了采样,并对磁性参数(表3-3)和电性参数(表3-4)进行了系统测试分析。可以看出,本区岩(矿)石极化率主要受黄铁矿化影响较大。二长闪长岩、石英二长斑岩、正长斑岩和变质石英砂岩等整体表现为低极化中高阻的电性特征,断层角砾岩、碎裂状石英砂岩表现为中极化低阻。多数岩(矿)石由于

图 3-2 鲁尔玛铜(金)矿野外及镜下特征(据刘洪等,2019d 修改)

a. 鲁尔玛铜(金)矿蚀变分带特征;b. 孔雀石化、蓝铜矿化的石英二长斑岩;c. 泥化带;d. 二长闪长岩中 A_1 脉和 S2 阶段 B_3 脉被 S3 阶段 D_3 脉穿插;e. 二长闪长岩中 S2 阶段的 B_3 脉被 S3 阶段的 D_3 脉穿插;f. 角岩化砂岩中 S2 阶段的 B_3 脉被 S3 阶段的 D_1 脉穿插;g. 石英二长斑岩中 S1 阶段的 A_2 脉被 S2 阶段的 B_3 脉穿插;h. 石英二长斑岩中 S1 阶段的 A_3 脉被 S3 阶段的 D_2 脉穿插;i. 角岩化砂岩中 S1 阶段的 A_3 脉;j. 石英二长斑岩中 S2 阶段的 B_3 脉;k. 矿化石英二长斑岩中 S2 阶段的 B_2 脉反光镜下的特征;l. 矿化石英二长斑岩中的 S2 阶段的石英-黄铁矿脉 B_1 脉,两侧有强的绢云母化、硫化物化、泥化。Qz. 石英;Cal. 方解石;Epi. 绿帘石;Kfs. 钾长石;Sul. 金属硫化物;Py. 黄铁矿;Cp. 黄铜矿;Mol. 辉钼矿;Ser. 绢云母

矿化蚀变而含有黄铁矿化、多金属矿化等产生的硫化物,表现出高极化中低阻的电性特征,如黄铁矿化二长闪长岩、绿帘石化二长闪长岩、黄铁矿化闪长岩、黄铁矿化花岗闪长岩、黄铁矿化石英二长斑岩、黄铁矿化变质砂岩、角岩化变质砂岩、黄铁矿化花岗岩等。就极化率而言,二长闪长岩<黄铁矿化二长闪长岩<绿帘石化二长闪长岩。就电阻率而言,大多数岩(矿)石会因为含黄铁矿化、绿泥石化等矿化蚀变而表现出相对较低的电阻率特征。除黄铁矿化闪长岩、黄铁矿化石英二长斑岩、断层角砾岩、碎裂状石英砂岩、黄铁矿化二长闪长岩等表现为相对低阻外,大部分岩(矿)石表现为中阻、中高阻的电阻率特征。

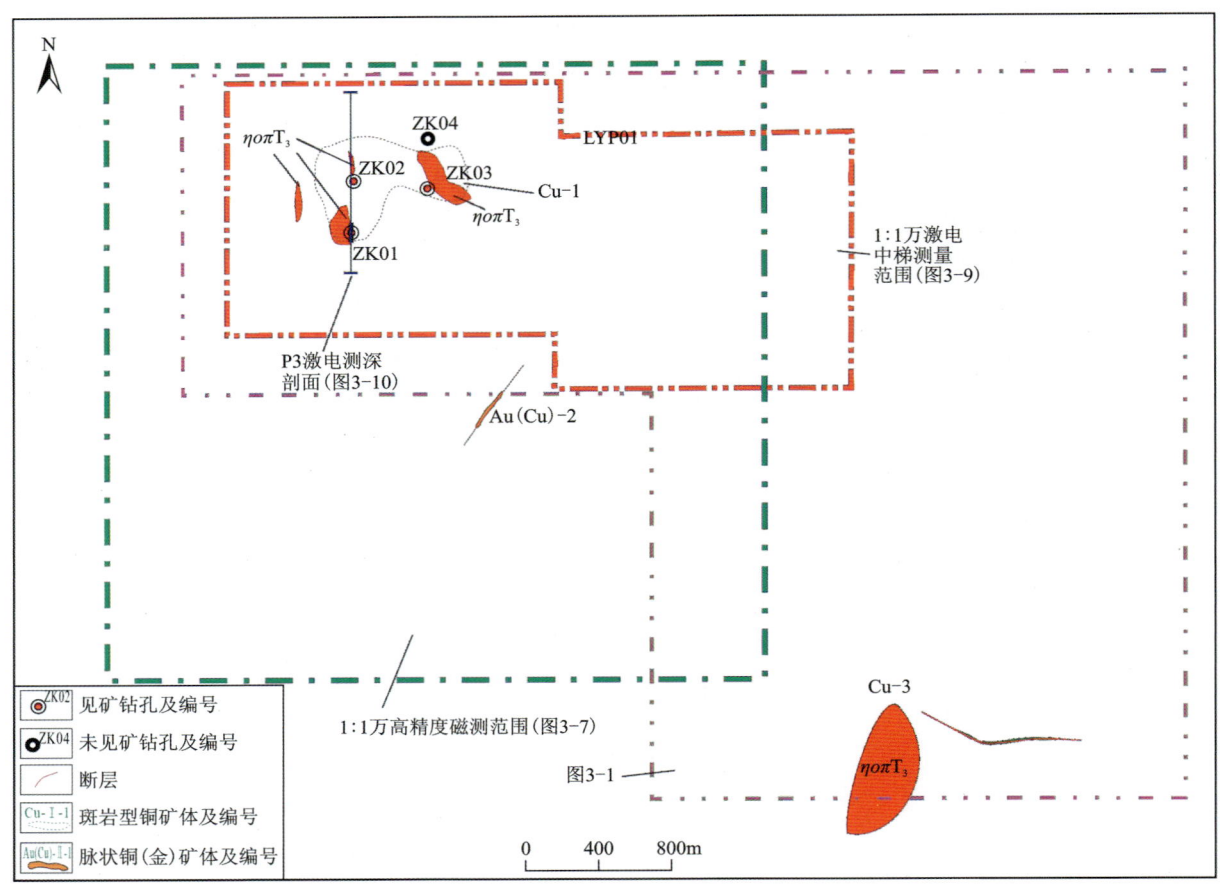

图 3-3 鲁尔玛矿区区域物探工作手段分布图

表 3-3 鲁尔玛矿区主要岩(矿)石磁性参数统计结果

岩(矿)石名称	块数	$\kappa/4\pi 10^{-6}$ SI		$J_r/10^{-3}$ A·M^{-1}	
		变化范围	平均值	变化范围	平均值
安山质玄武岩	23	1 300.5~9 215.3	4 123.6	145.1~4 516.7	614.2
辉长玢岩	74	506.6~13 671.2	5 191.7	88.8~4 883.2	512.6
二长闪长岩	109	409.7~9 277.9	4 151.9	102.1~4 027.6	456.1
石英二长斑岩	27	268.8~868.4	574.5	44~663.2	278.6
大理岩	32	293~1 290.5	694.1	52.6~643.7	265.2
砾岩	50	114.9~1 052.4	438	27.1~1 220.7	310.4
隐爆角砾岩	25	1 203.1~9 544.6	3 912.7	87.6~3 865.9	412.5
变质石英砂岩	31	251.9~980.6	551	53~952.1	353.2
孔雀石化变石英砂岩	31	507.6~1 808.4	1 057.6	76.2~1 377.8	658.2
黄铁矿化变石英砂岩	26	630.5~2485	1 219.6	338.6~1 047.2	697.3

表 3-4 鲁尔玛矿区主要岩(矿)石电性参数统计结果

岩(矿)石名称	块数/块	极化率 η/%		电阻率 ρ/($\Omega \cdot m$)	
		变化范围	平均值	变化范围	平均值
辉长玢岩	21	0.6~2.4	1.8	940~6233	2418
二长闪长岩	28	0.9~2.5	1.7	712~18 407	2920
石英二长斑岩	34	1.0~4.4	1.9	1101~11 864	2740
变质砂岩	15	0.6~2.4	1.3	205.6~1086	363
黄铁矿化变质石英砂岩	35	1.1~8.5	4.2	416~3514	1130
孔雀石化变质石英砂岩	36	0.8~11.4	4.0	462~9530	1492
砂质板岩	17	0.9~4.4	2.1	566~6675	1338
大理岩	20	0.8~2.5	1.9	729~19 804	1824

综上所述,鲁尔玛地区黄铜矿化的石英二长斑岩极化率范围为1.0%~4.4%,是围岩的2~3倍;在电阻率上,矿(化)的石英二长斑岩也明显高于围岩。由此可见,矿(化)体和围岩极化率与电阻率可作为地球物理找矿标志。

2. 多尺度磁异常特征及地质解译

鲁尔玛地区属冈底斯-念青唐古拉剧烈变化强磁异常区,区内以波动变化负磁场为背景,以叠加分布密集、剧烈变化、强度多变的近东西向和北东向串珠状、条带状或团块状局部异常为特征。

如图3-4所示,鲁尔玛地区在"宏观尺度"(1:50万比例尺)整体处于负磁异常背景的局部高磁异常中,高磁异常的整体形态呈等轴状,推断该局部高磁异常与深部岩体侵入作用相关。通过"区域尺度"(1:5万比例尺)1:5000地面高精度磁测(图3-5)以及浅深尺度的异常精细分离处理(图3-6)。区域尺度的磁测结果呈现出更丰富的异常信息,矿化体在空间位置上位于高低磁异常变化过渡带上,推测与隐伏控矿断层关系密切。采用MAGS磁测数据处理软件[中国地质大学(武汉)]分解小波多尺度异常。小波变换采用Mallat快速小波算法,该算法能够较好地将叠加位场异常中不同深度、不同尺度的源体位场异常进行分层级成像。

分解阶次与波长、场源深度具有正相关关系。小波1阶细节反映浅表约1km走向北西向和北东向的高磁异常带(图3-6c)。小波2阶细节(图3-6d)主要反映浅部的岩石磁性差异,对应的等效深度(h)分别为4km。浅部磁异常表明本区存在北西向和北东向的线性构造,已知的铜(金)矿床点均位于高低磁异常梯度带上。小波3阶至4阶细节(图3-6e~g)主要反映深部10~20km的岩石磁性差异。其中清晰呈现出的负磁异常可能与弱磁性的石英二长斑岩相关,已知的铜(金)矿床点位于负磁异常的中心位置。小波5阶细节(图3-6i)主要反映深部35km的岩石磁性差异,其高低磁异常的分界面间接反映了深部侵入岩体与围岩的边界。

在对区域尺度磁异常特征进行综合分析的基础上,在有利于找矿远景区部署了精细尺度(1:1万比例尺)高精度磁测工作(网度100m×40m),在鲁尔玛矿区共发现6处磁异常带,其中3处正磁异常(MG1~MG3)、3处负磁异常(MD1~MD3),磁异常的分布特征与地面出露的岩石磁性异常具有高度的一致性。调查区磁性参数测定结果显示,角闪辉长岩磁化率最高,二长闪长岩、辉长岩、角闪闪长岩、辉石二长闪长岩的磁化率均较强,与其他岩矿石间的磁性差异十分明显,其他岩石的磁化率较低;而与斑岩型成矿关系较为密切的斑岩(如石英二长斑岩)则表现为低磁特征。

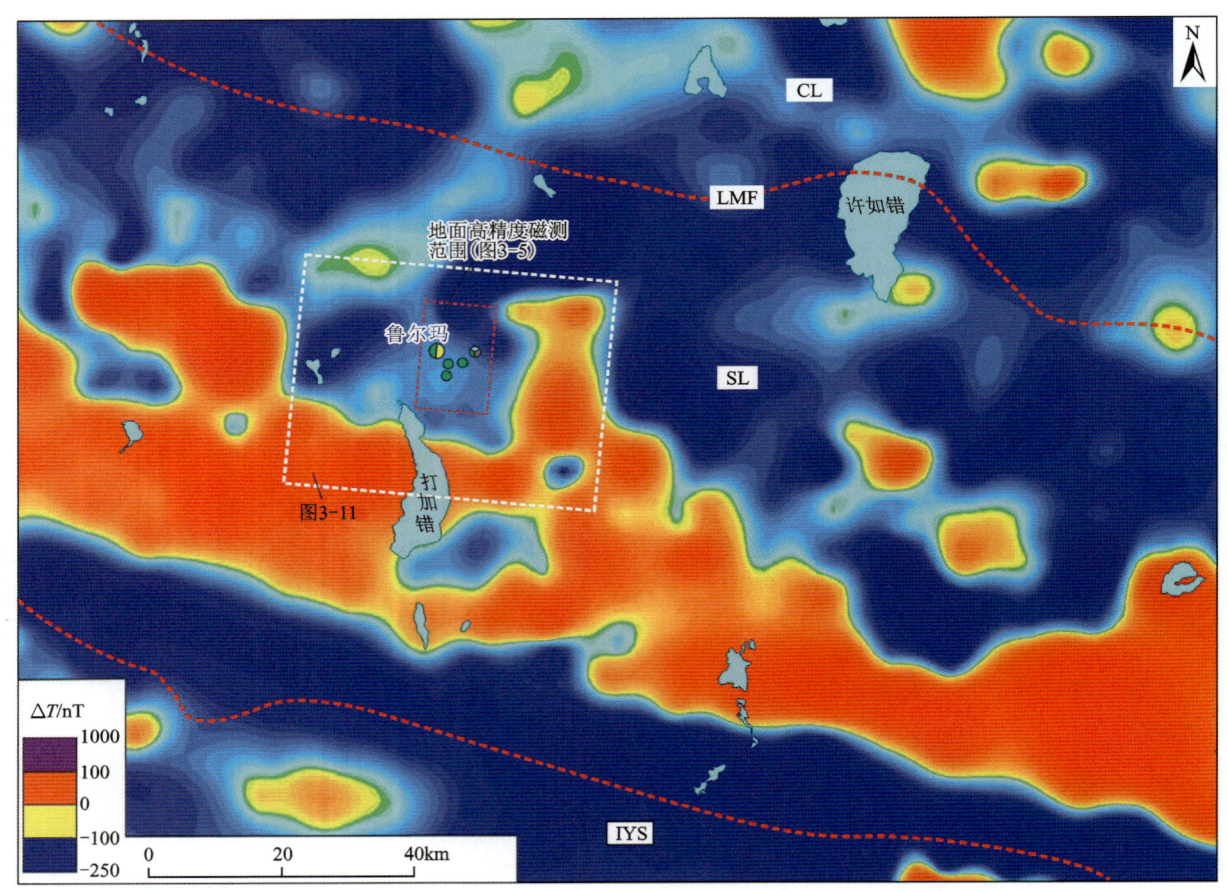

图 3-4　鲁尔玛地区航磁异常简图(据中国自然资源航空物探遥感中心公开数据编制)
LMF. 洛巴堆-米拉山断裂带；IYS. 打加南-拉马野加断裂带；IYS. 印度河-雅鲁藏布缝合带；SL. 南拉萨地块；CL. 中拉萨地块

精细尺度的磁异常分布特征可分为两方面。

(1) 矿化体外围的高磁异常带 T1 由 3 组正磁异常 MG1、MG2、MG3 组成。MG1 异常呈近似等轴状分布于检查区西部，异常控制面积约 0.45km^2。异常表现为正磁异常，无负磁异常伴生，正极值为 1400nT，一般在 1000nT 左右。MG2 异常呈北西-南东向条带状分布于研究区南部，控制面积约为 0.58km^2。异常主体表现为正磁异常，并伴有弱负磁异常，正极值约 2000nT，异常值一般为 1000~1500nT，负极值约 -900nT。MG3 异常呈北西-南东向条带状分布于研究区中东部，控制面积约为 0.74km^2，异常整体为正磁异常，正极值为 800nT。

(2) 矿化体中心偏北负磁异常带 T2 由 3 组负磁异常 MD1、MD2、MD3 组成。MD1 异常位于矿体中心，MD2 和 MD3 异常位于矿化体北东侧。异常总体呈东西向条带状分布，均呈负磁向正磁过渡，幅值不高，正极值约 200nT，负极值约 -300nT，属于起伏跳跃的高—低磁畸变异常区。

通过对 ΔT 磁测曲线进行化极处理(图 3-7)，处理后的异常向北偏移，且范围向中心收敛，异常极值变大。T1 磁异常轮廓更加明显，T2 磁异常带具有明显的正负相伴特征。通过对 ΔT 磁测曲线进行上延 50m、100m、200m、400m 处理(图 3-8)。上延 50m 后，浅部磁性体明显被压制，等值线变得圆滑、舒缓。上延 100m 后，T1 异常带 MG1、MG3 异常磁场值衰减较快，MG2 异常仍有较强反应，圈定的磁异常形态变得较清晰；上延 200m 后，T1 异常带 MG1、MG3 异常变得很弱，MG2 异常磁场值下降较快，但轮廓清晰，仍具有一定规模，T2 异常带异常区域则呈现正负相伴的低缓磁异常特征；上延 400m 后，异常基本消失。

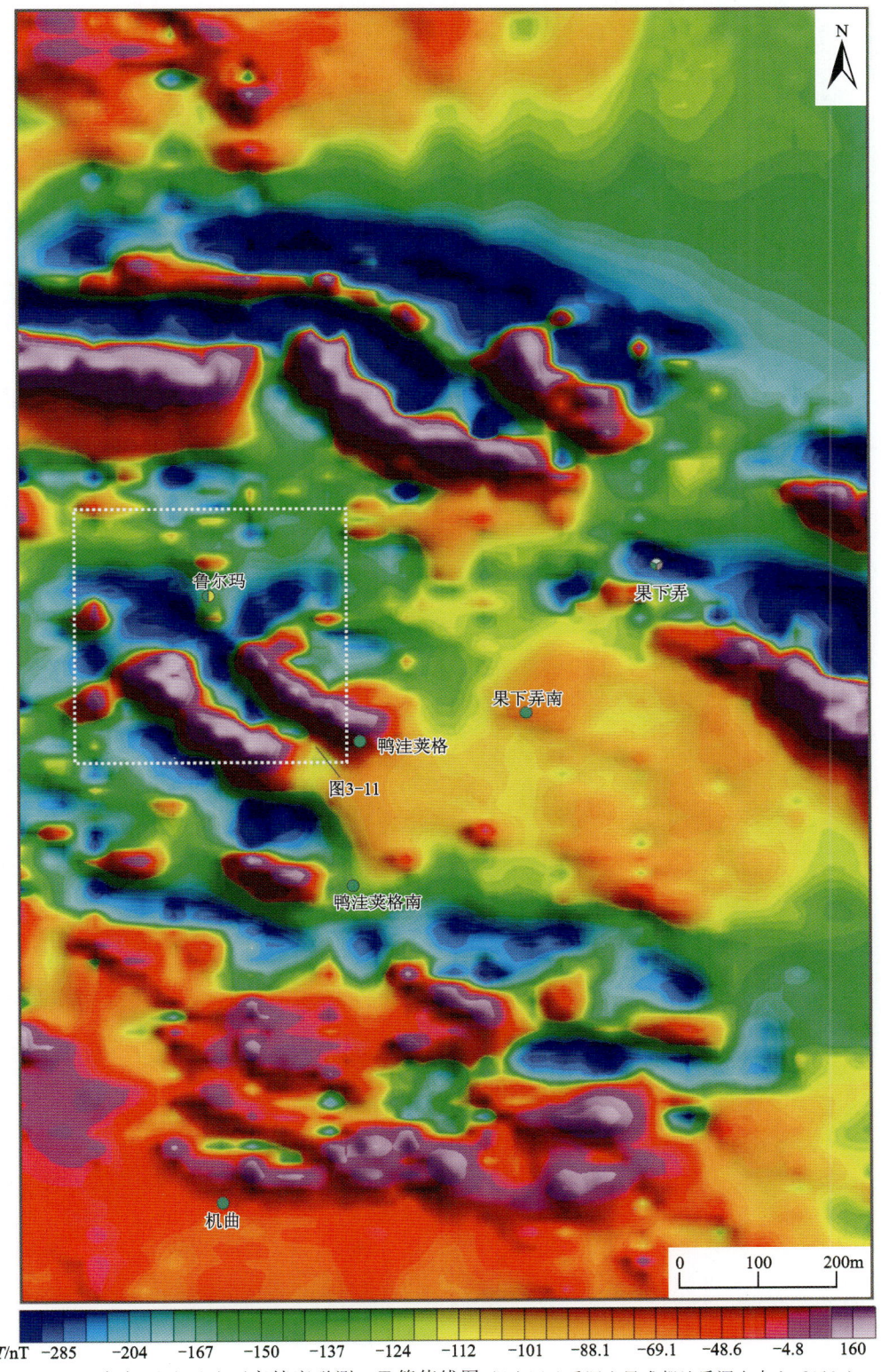

图 3-5 鲁尔玛地区地面高精度磁测 ΔT 等值线图（据中国地质调查局成都地质调查中心，2019a）

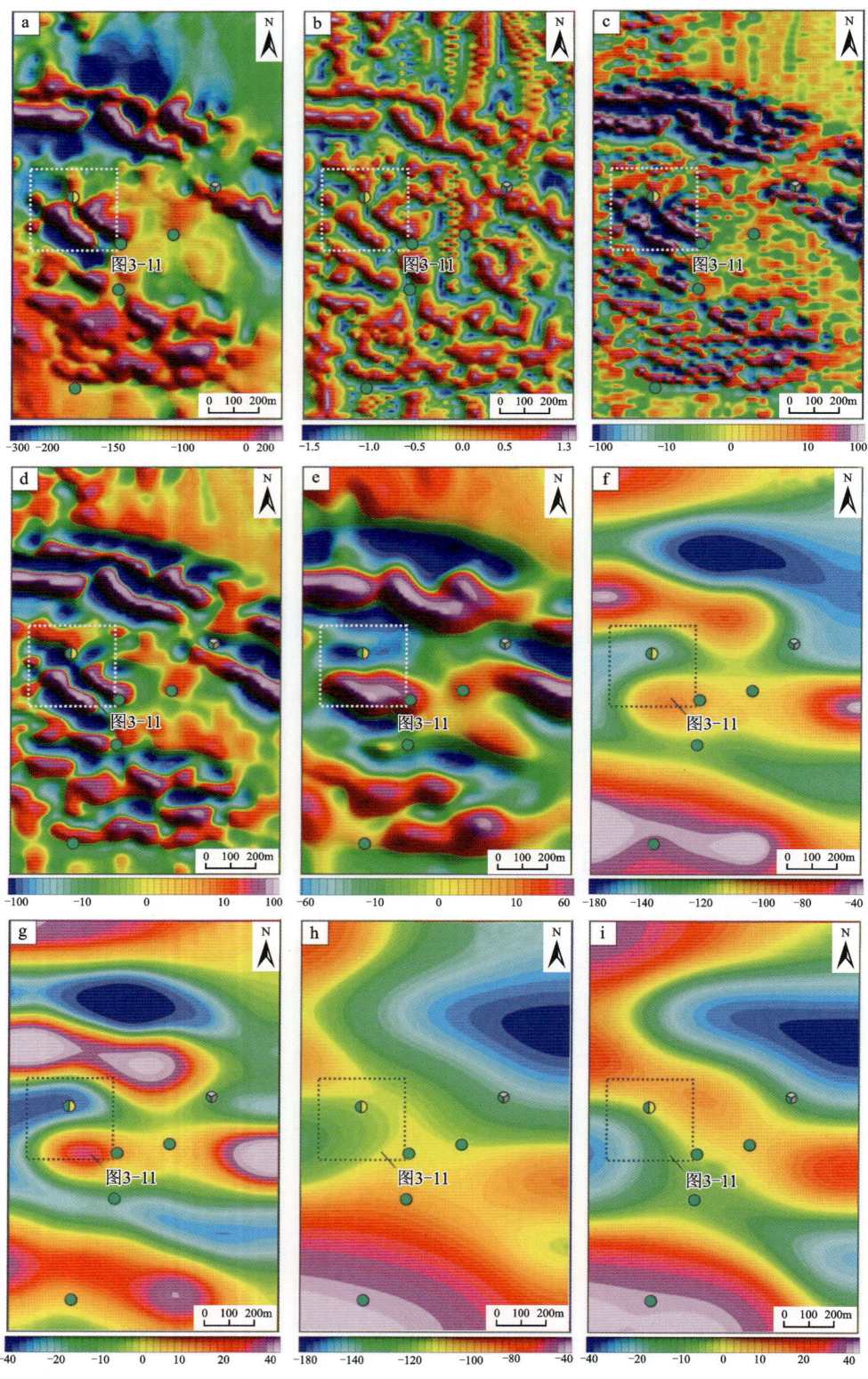

图 3-6 鲁尔玛地区地面高精度磁测异常图

a. 磁法 ΔT 等值线图化极等值线图;b. 磁法 ΔT 化极 Tilt 梯度等值线图;c. 磁法 1 阶小波细节等值线图;d. 磁法 2 阶小波细节等值线图;e. 磁法 3 阶小波细节等值线图;f. 磁法 3 阶小波逼近等值线图;g. 磁法 4 阶小波细节等值线图;h. 磁法 4 阶小波逼近等值线图;i. 磁法 5 阶小波细节等值线图

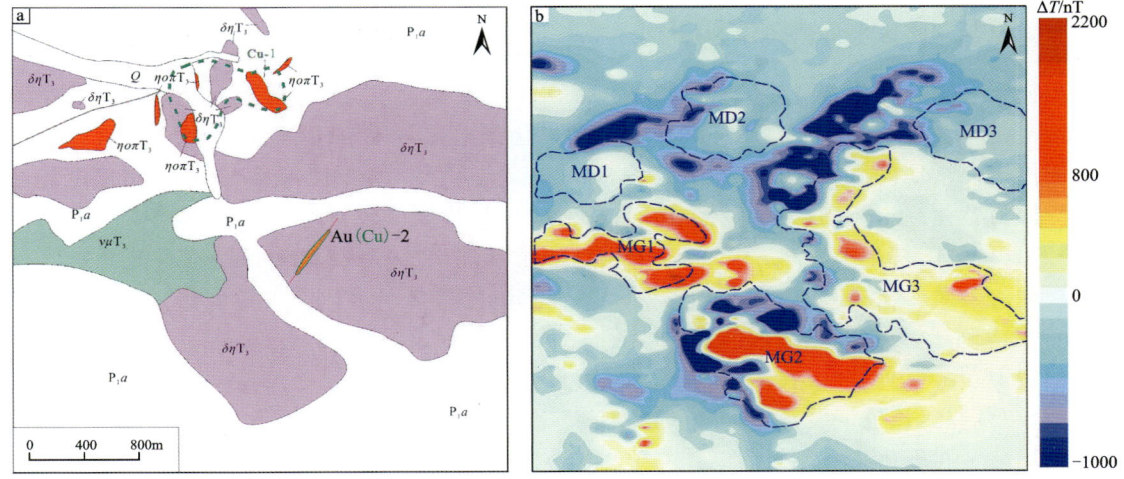

图 3-7 鲁尔玛矿区磁测 ΔT 化极后异常平面图

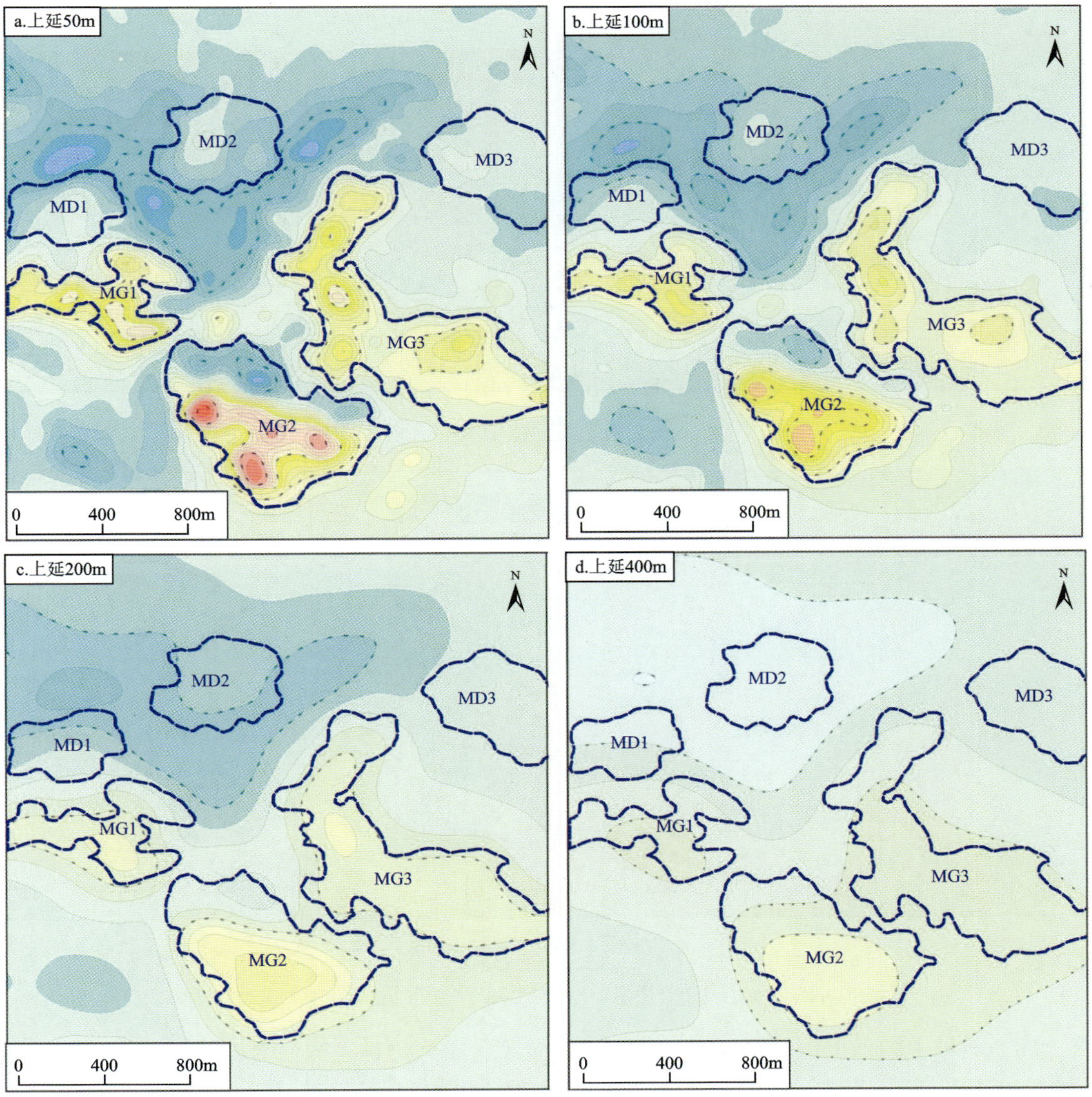

图 3-8 鲁尔玛矿区磁法延拓平面图

3. 多参数电异常特征及地质解译

鲁尔玛矿区表现为低阻高极化的特征(图3-9),在已发现含矿斑岩周围及以东地区,存在幅值达6%以上,视电阻率在1400Ω·m以下的2个低阻高极化激电异常区(JD1、JD2)。JD1异常位于已发现含矿斑岩周围及以东地区,呈带状,走向为近东西,北东向未圈闭。该异常长约3200m,平均宽约650m。异常带东侧幅值整体高于西侧,幅值范围在7%~9%之间,且高值较集中。该异常带视电阻率整体较低,大部分测点视电阻率小于800Ω·m。结合物性测定和探矿工程成果(钻探工程发现异常区存在大量低阻高极化的金属硫化物)认为该异常主要由斑岩型矿化中金属硫化物蚀变引起。JD2激电异常位于JD1异常东南侧,呈条带状近东西向展布,东西向长约800m,南北向平均宽约150m,整体规模较小,异常带幅值较JD1异常低(一般在6%~8%),异常带视电阻率整体较低(大部分小于1000Ω·m),西侧视电阻率值较东侧高,该地带发育含金属硫化物破碎带,结合物性测定和探勘认为该异常是由构造热液活动造成的局部金属硫化物富集引起的。

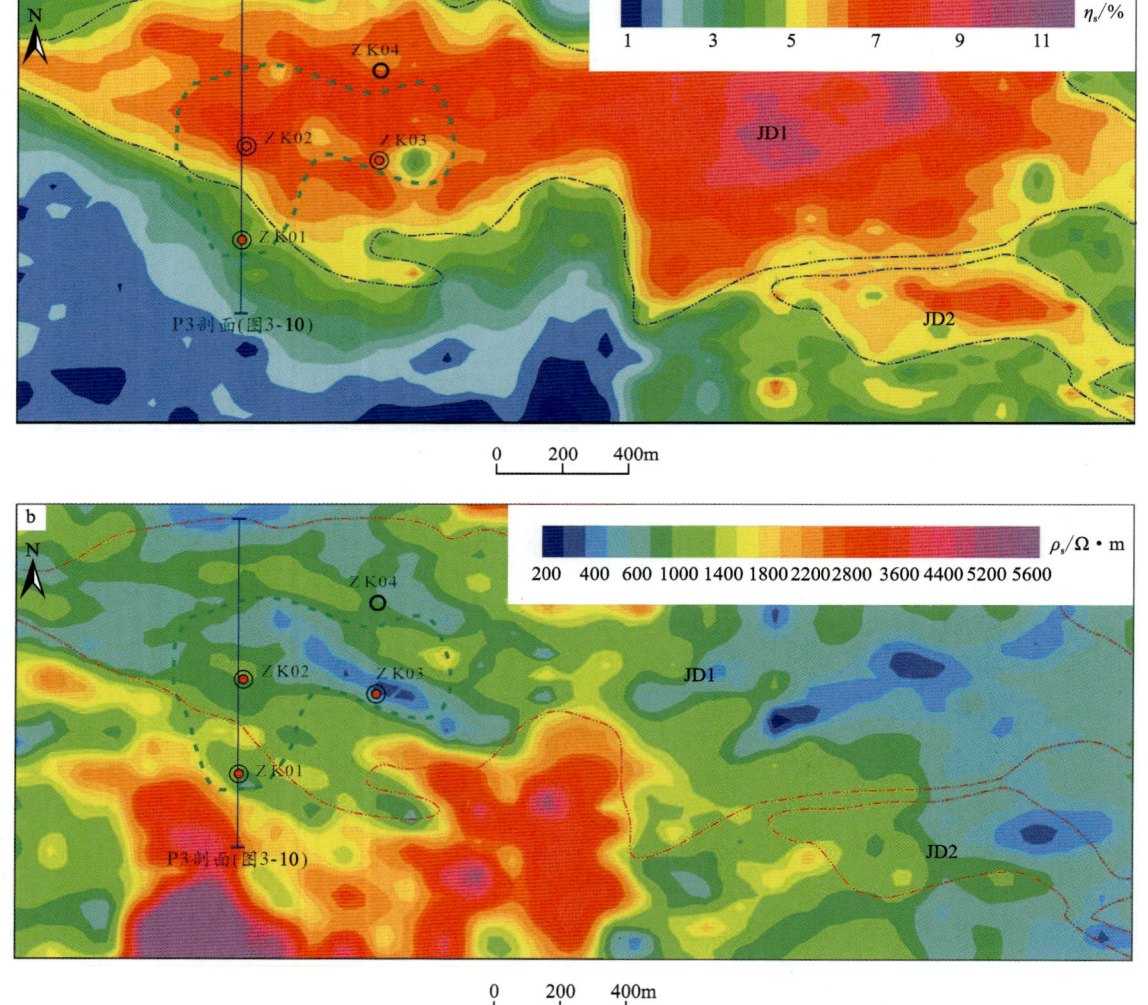

图3-9 鲁尔玛矿区视极化率(a)和视电阻率(b)等值线图(据刘洪等,2021)

在上述激电异常的低电阻、高极化异常体上,部署了一条大比例尺激电测深剖面(P3),共26个测深点,点距40m。在激电测深二维反演断面图中发现向南倾、向北未封闭的厚大高极化异常体(图3-10),反演极化率极值大于10%,延深约200m,视极化率异常向下封闭。已有钻孔显示,15~

200m 以浅变质砂岩为盖层，以深均变为二长闪长岩，铜矿化石英二长斑岩呈岩脉、岩枝穿插分布在二长闪长岩中。铜矿化与各类硫化物共生，并在不同流体阶段相互穿插，可见物探结果与实际地质情况符号。

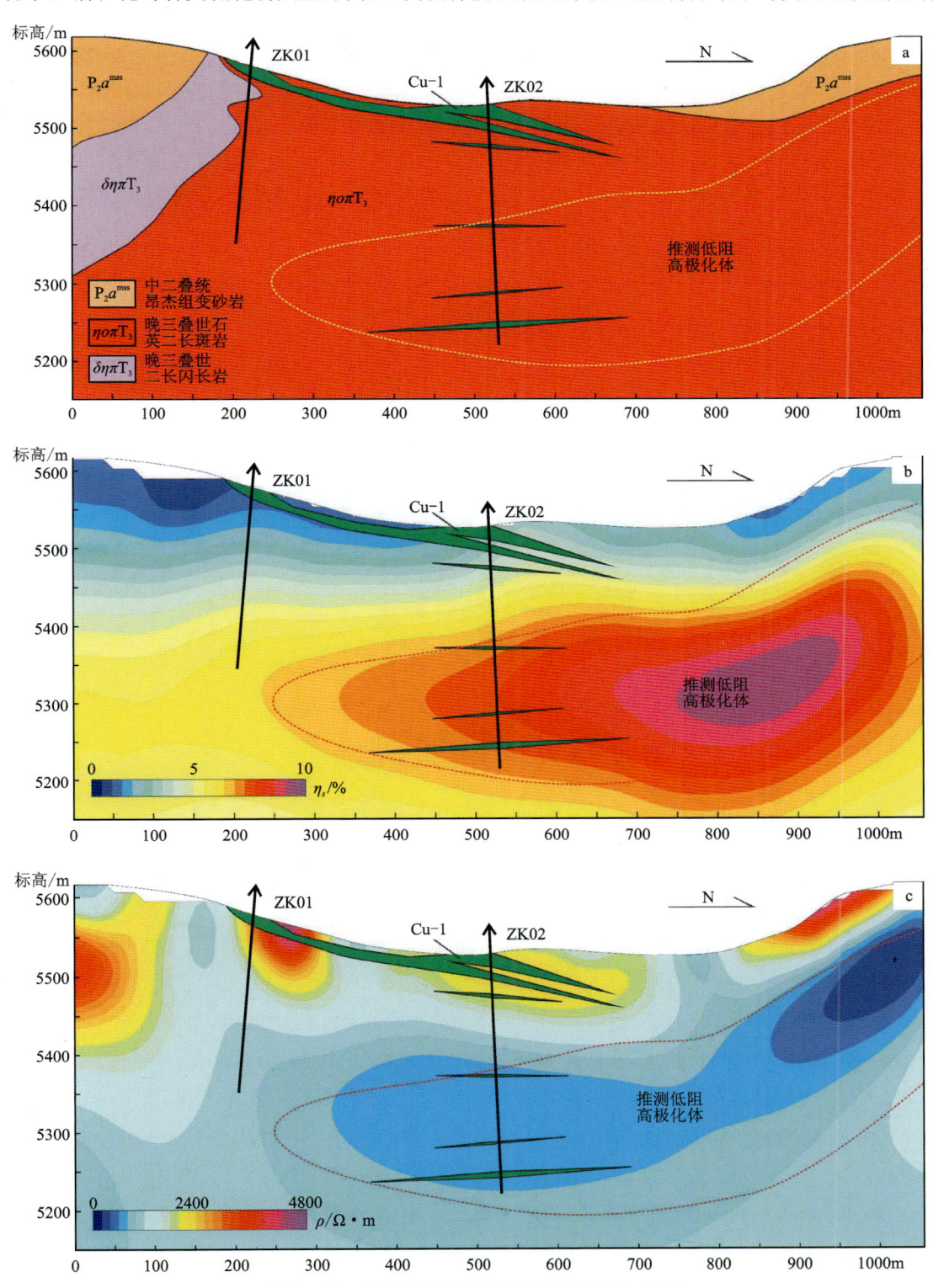

图 3-10　P3 勘探线综合剖面图（据刘洪等，2021）
a. 勘探线剖面；b. 视极化率剖面；c. 视电阻率剖面

3.1.3 地球化学异常特征

鲁尔玛矿区地球化学异常以 Cu-Au-Pb-Zn-Ag-Mo 元素组合为特征。该元素异常规模大、中心异常强度高、富集趋势突出。Pb、Zn、Ag 元素异常分布在鲁尔玛中北部，规模大，强度高，浓集中心明显，异常范围与古近系林子宗群中酸性火山岩和中二叠世中基性岩体位置吻合，推测异常与中酸性岩浆热液成矿作用相关。Cu 异常主要分布于研究区中部及西部外围附近，呈零星分布，离散程度高，浓集中心明显，具有单独富集成矿的趋势（图 3-11）。目前该异常带内已发现的多个铜矿化点展示出较好的找矿前景（吕梦鸿等，2019）。

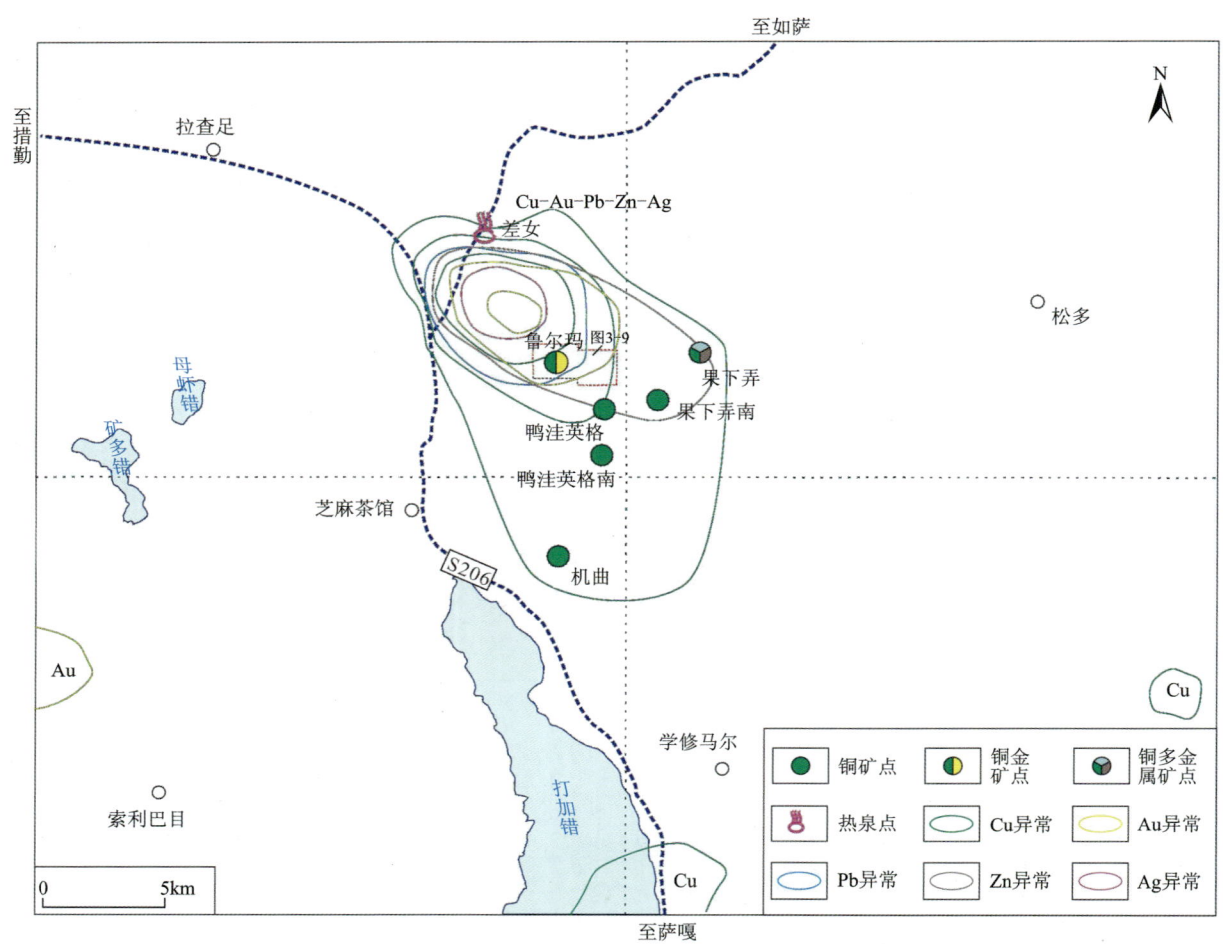

图 3-11　鲁尔玛矿区水系沉积物地球化学组合异常图（据刘洪等，2021 修改）

3.1.4 遥感异常特征

鲁尔玛矿区地势中部高四周低，起伏较大，属高原山地型地貌，地表裸露程度较好。本次利用 Landsat 8 和 ASTER 数据提取遥感异常，具体情况见图 3-12 至图 3-16。遥感异常图以 3(R)、2(G)、1(B) 波段组合形成真彩图作为基本底图，并叠合遥感异常信息。其中，红色区块为一级异常（$>3\sigma$），黄色区块为二级异常（$2.5\sigma \sim 3\sigma$），绿色区块为三级异常（$2\sigma \sim 2.5\sigma$）。

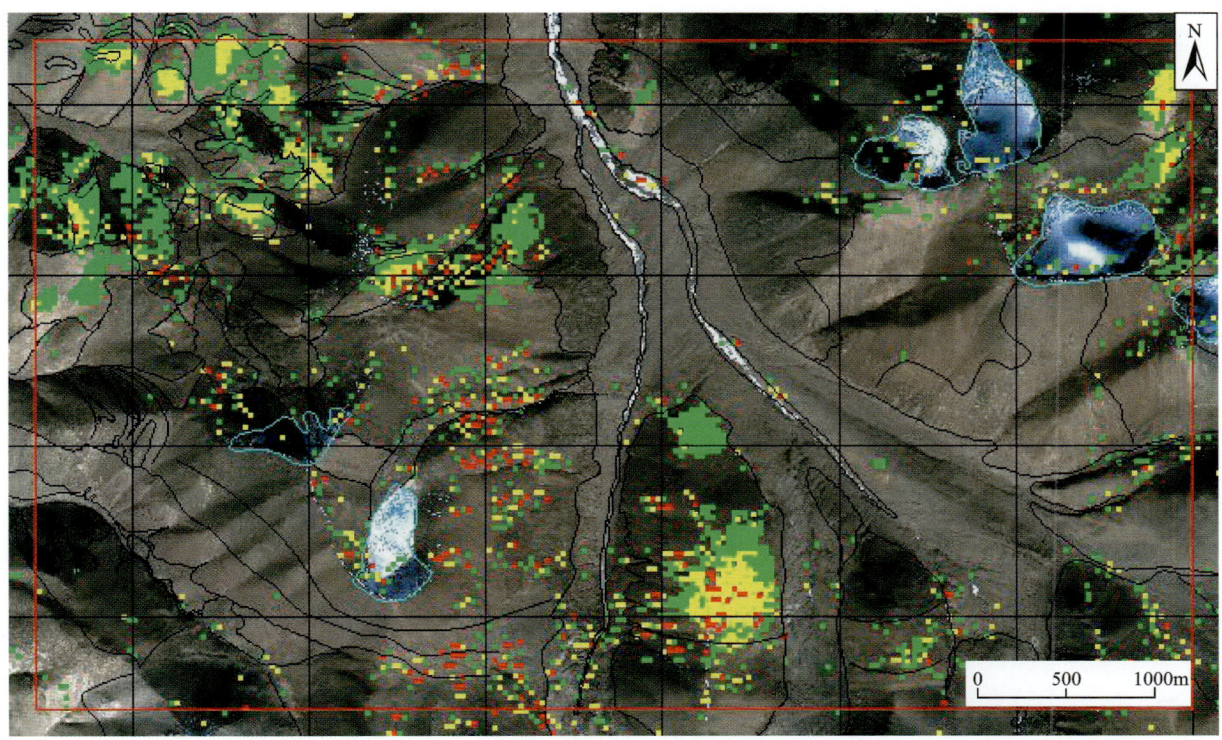

图 3-12　鲁尔玛矿区 Landsat 8 铁染蚀变信息图

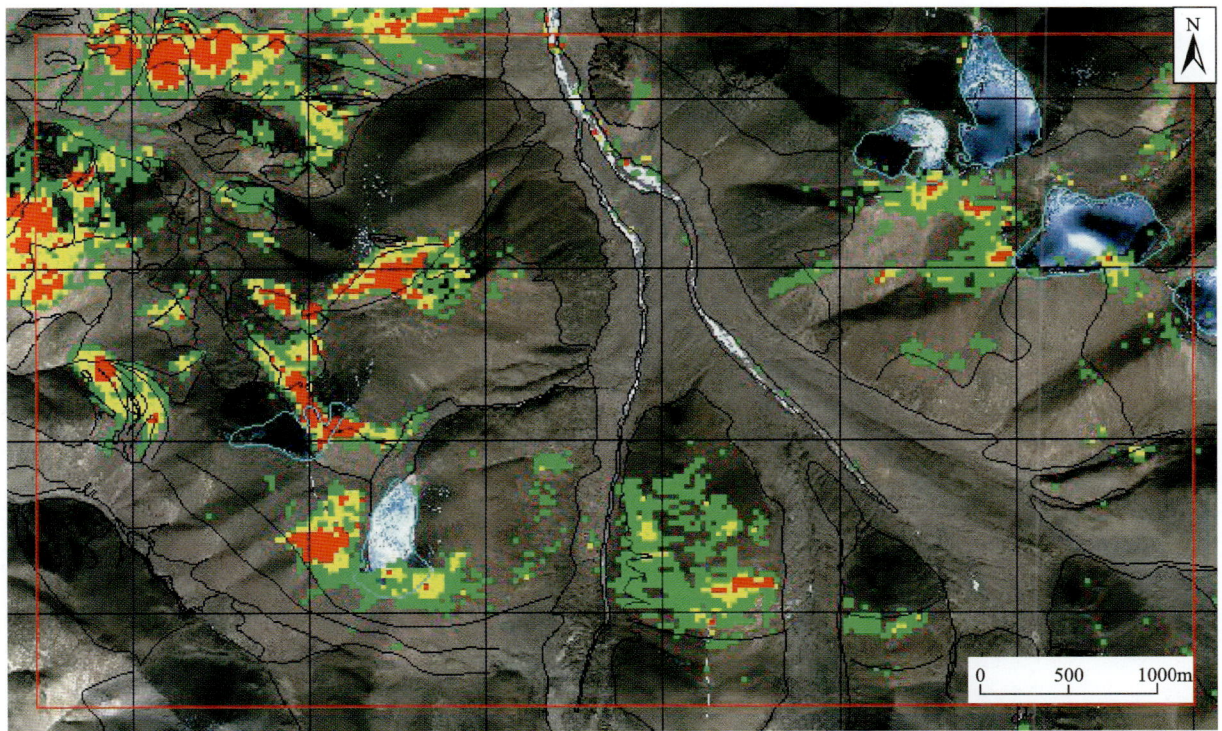

图 3-13　鲁尔玛矿区 Landsat 8 羟基蚀变信息图

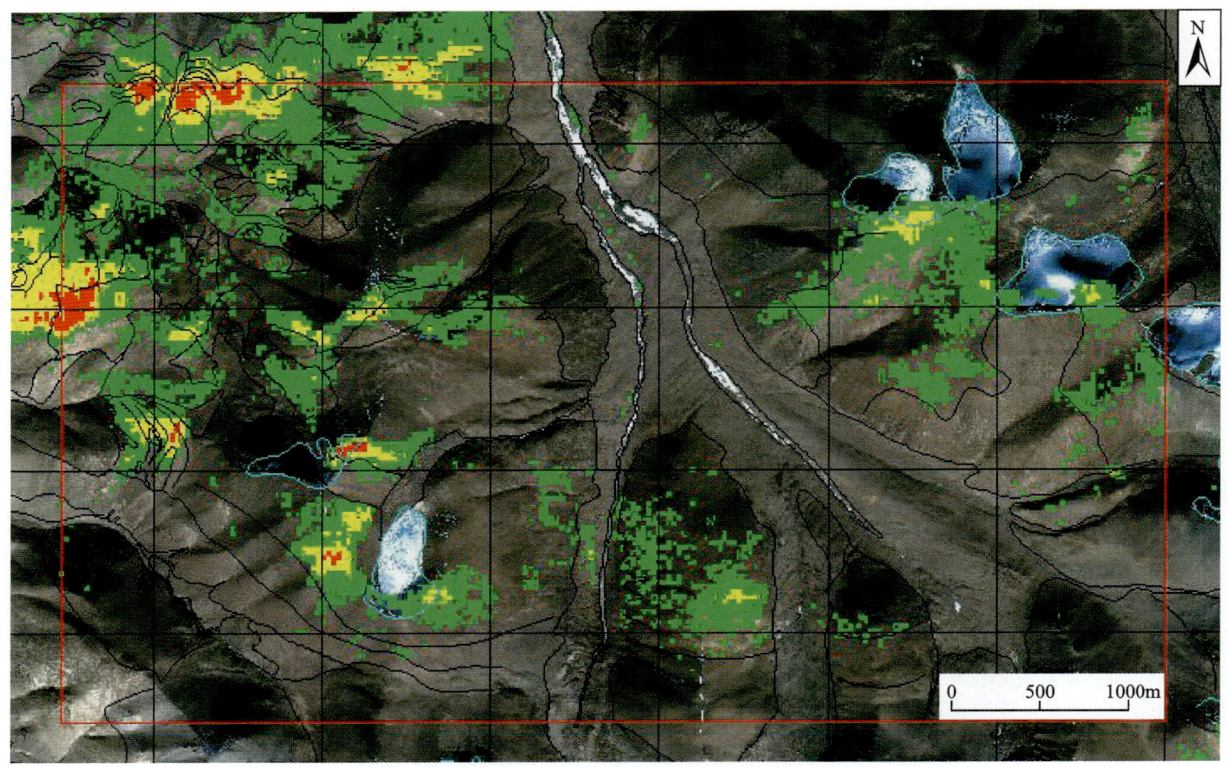

图 3-14 鲁尔玛矿区 ASTER 高岭土蚀变信息图

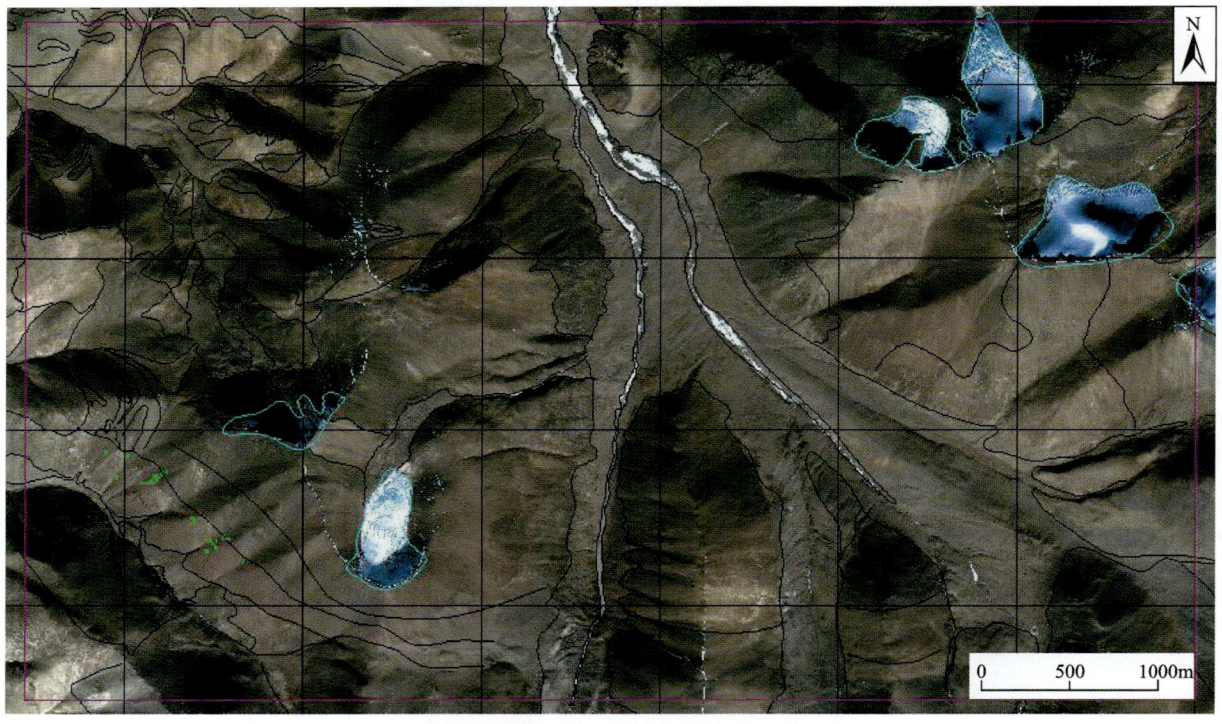

图 3-15 鲁尔玛矿区 ASTER 绿泥石蚀变信息图

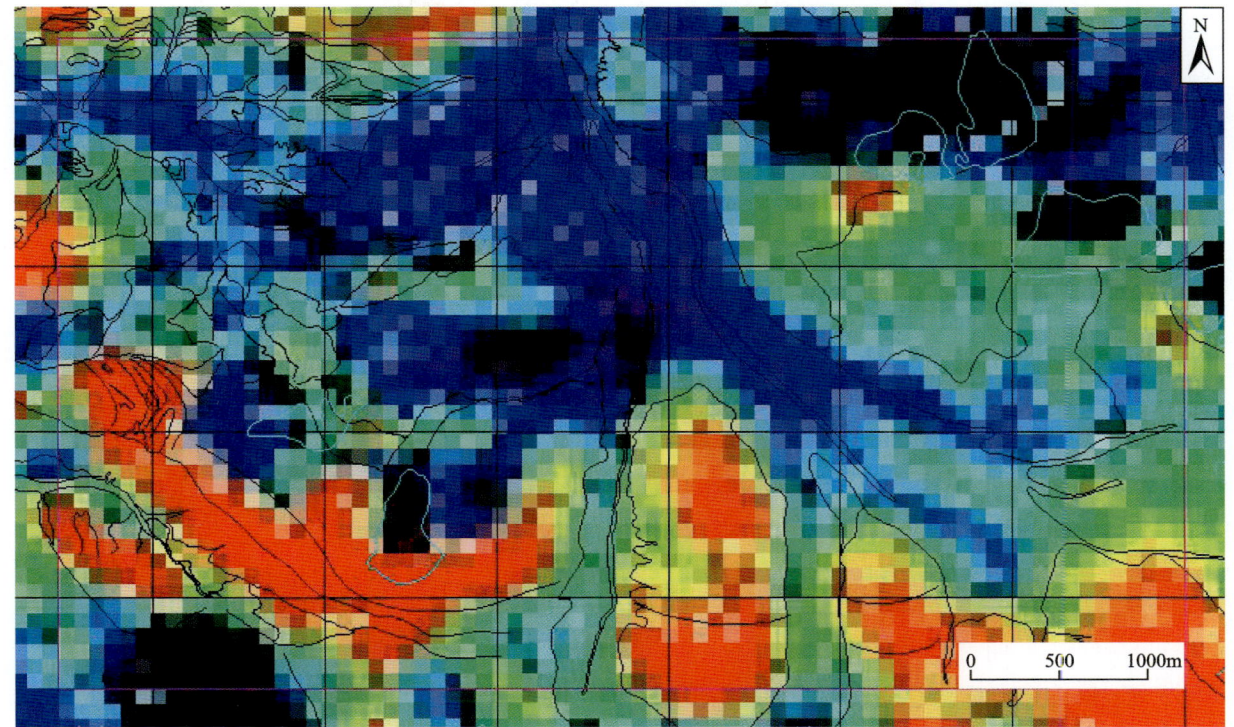

图 3-16 鲁尔玛矿区 ASTER SiO_2 含量反演图

从遥感异常图可见，Landsat 8 铁染蚀变异常强度较弱，主要集中在鲁尔玛矿区的南部和中部。中部异常多位于山沟内，分带性较差；南部异常强度较大，呈块状分布，以二级异常为主，分带性强（图 3-12）。Landsat 8 羟基蚀变异常强度较大，异常分带明显，且分布较为广泛。中南部异常与铁染异常重合，分带性较好；西部、西北部异常分布面积大，强度大，分带性好；东北部异常呈现出 3 个浓集中心，分带性好（图 3-13）。ASTER 高岭土（Al—OH）蚀变异常（高岭土-蒙脱石蚀变异常）多分布于山脊的阳面。西北部、西部分布面积较大，分带性好；中南部和东北部以二级异常为主，分带性好（图 3-14）。ASTER 绿泥石蚀变异常在区内分布较少，仅在重点区东部（图 3-15）分布。ASTER SiO_2 反演含量高值区的分布特征与羟基异常的分布特征近似（图 3-16）。

综上分析，鲁尔玛矿区大多数羟基异常可能与风化作用的强弱有关，铁染异常、羟基异常和 SiO_2 反演含量高值区的重叠区是找矿的重点区。

3.1.5 成因研究

1. 成岩成矿时代与构造环境

对两件含矿斑岩（石英二长斑岩）样品的锆石进行 U-Pb 同位素测试，获得样品锆石的加权平均年龄分别为 (212 ± 1) Ma（MSWD=0.49）、(212 ± 1) Ma（MSWD=0.37）（图 3-17，表 3-5），代表含矿斑岩的结晶年龄，这与鲁尔玛岩体的辉长玢岩、二长闪长岩（刘洪等，2019d，2019e）和正长斑岩等其他岩性岩石的年龄一致。如表 3-6 和图 3-17 所示，两件铜矿石中共生辉钼矿 Re-Os 模式年龄为 (213.1 ± 5.2) Ma、(212.0 ± 3.7) Ma（Liu et al.，2022）（表 3-7），与含矿斑岩的形成时代[LEM23，(212 ± 1) Ma，MSWD=0.49；LEM32，(212 ± 1) Ma，MSWD=0.37]（表 3-4）在误差范围内一致，表明鲁尔玛铜成矿作用发生在晚三叠世。矿脉呈细脉状或浸染状产于石英二长斑岩中，石英二长斑岩成岩作用和成矿作用时间在误差范围内一致，说明鲁尔玛铜（金）矿的形成与三叠世中酸性岩浆活动密切相关。

鲁尔玛含矿斑岩（石英二长斑岩）主要由斜长石、钾长石、石英等组成，具有高硅、高钾、高碱和低钙的特征，属于准铝质钾玄岩系列（图3-18）。从岩石地球化学特征来看，岩石富集轻稀土元素（LREE）和大离子亲石元素（LILE），相对亏损重稀土元素（HREE）和高场强元素（HFSE），并具轻微的负Eu异常，这与俯冲岛弧岩浆特征相似（图3-19）。

岩浆锆石以正的$\varepsilon_{Hf}(t)$值和年轻的亏损地幔模式年龄（T_{DM2}）（部分测点的T_{DM2}和锆石结晶年龄相当，表3-24，图3-27）为特征，指示其来源于地幔并有下地壳的加入；石英二长斑岩含有较多放射性成因铅，地幔铅和下地壳铅混合，表明鲁尔玛矿区的成矿岩浆起源于下地壳，有幔源物质的混入；较高的$\varepsilon_{Hf}(t)$数值（6.2～16.4）和相对年轻的两阶段Hf模型年龄（T_{DM2}，849～201Ma），表明岩浆来源于新生地壳；$(^{87}Sr/^{86}Sr)_t$值均介于0.7070～0.7077之间，$\varepsilon_{Nd}(t)$值多处于0附近（图3-20）。在$\varepsilon_{Nd}(t)$-$(^{87}Sr/^{86}Sr)_t$图解中，样品集中在雅鲁藏布蛇绿岩与下地壳混合线附近。以上特征表明石英二长斑岩岩浆主要源于岩石圈地幔，并有下地壳物质混入（图3-21）。

鲁尔玛矿区晚三叠世岩体在Zr、Nb、Ti、Yb、La、U等微量元素上表现出俯冲作用形成的大陆边缘弧岩浆岩的特征（图3-22）。近年来，1∶5万区域地质调查（中国地质调查局成都地质调查中心，2019b）在曲水、谢通门等地发现斜坡相-盆地相深水沉积特征的火山-碎屑岩组合，表明雅鲁藏布特提斯洋在三叠纪已经开始向北俯冲。同时在拉萨地块南缘发现大量晚三叠世—侏罗纪时期的一系列弧岩浆岩（宋绍玮等，2014；Meng et al.，2016；Cao et al.，2018；刘洪等，2019d；李光明等，2020），进一步揭示出拉萨地块南缘在该时期发育一系列包括鲁尔玛岩体在内的晚三叠世—侏罗纪岩浆弧。鲁尔玛含矿斑岩体成因应该为雅鲁藏布特提斯洋北向俯冲板片脱水熔融产生的熔体诱发岩石圈地幔和早期的新生地壳物质重熔（图3-23）。

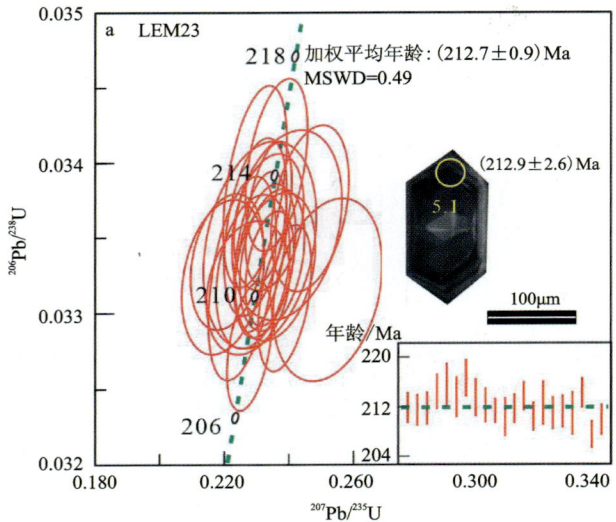
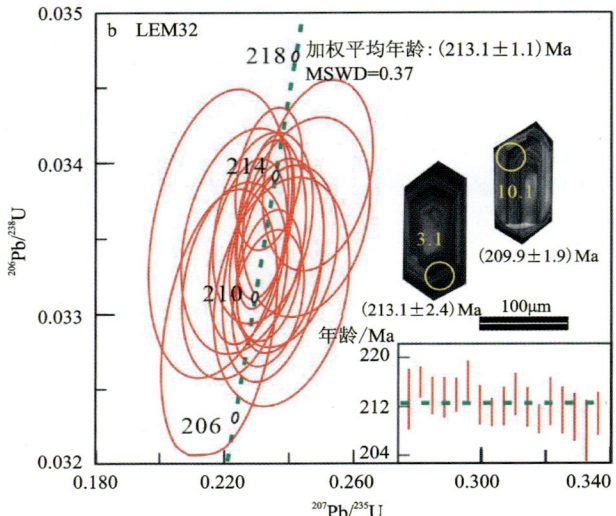
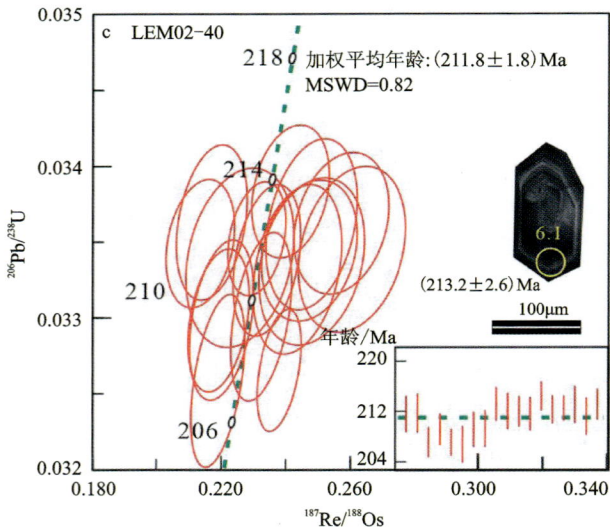

图3-17 鲁尔玛矿区晚三叠世岩体锆石U-Pb谐和图

（据Liu et al.，2023）

3 典型矿床分析

表 3-5 鲁尔玛矿区含矿斑岩 LA-ICP-MS 锆石 U-Pb 测年数据

岩性	测点	微量元素/10^{-6}			Th/U	同位素比值						同位素年龄/Ma				谐和度/%
		Pb	Th	U		$^{207}Pb/^{235}U$	1σ	$^{206}Pb/^{238}U$	1σ	$^{207}Pb/^{235}U$	1σ	$^{206}Pb/^{238}U$	1σ			
含矿石英二长斑岩(LEM23),加权平均年龄:(212.7±0.9)Ma,MSWD=0.49,n=21	LEM23-1.1	323	2605	1765	1.48	0.2351	0.0066	0.0334	0.0003	214.4	5.5	211.5	1.9			95
	LEM23-2.1	122	819	1034	0.79	0.2360	0.0083	0.0333	0.0003	215.1	6.8	211.2	2.0			97
	LEM23-2.2	176	1267	1303	0.97	0.2331	0.0062	0.0333	0.0003	212.7	5.1	211.5	2.1			98
	LEM23-3.1	160	1100	1448	0.76	0.2468	0.0080	0.0337	0.0004	224.0	6.5	213.6	2.3			97
	LEM23-4.1	130	976	1003	0.97	0.2297	0.0066	0.0338	0.0004	210.0	5.4	214.6	2.8			98
	LEM23-5.1	203	1737	1277	1.36	0.2398	0.0112	0.0336	0.0004	218.2	9.2	212.9	2.6			96
	LEM23-6.1	119	846	1175	0.72	0.2365	0.0064	0.0340	0.0004	215.6	5.3	215.4	2.4			95
	LEM23-7.1	118	900	992	0.91	0.2299	0.0065	0.0336	0.0004	210.1	5.4	212.9	2.4			97
	LEM23-7.2	322	2598	2097	1.24	0.2314	0.0055	0.0334	0.0004	211.4	4.5	211.9	2.2			93
	LEM23-8.1	225	1730	1792	0.97	0.2344	0.0049	0.0333	0.0004	213.9	4.0	211.1	1.6			97
	LEM23-8.2	34.6	265	194	1.36	0.2523	0.0112	0.0332	0.0004	228.5	9.1	210.3	2.5			96
	LEM23-9.1	150	1343	436	3.08	0.2211	0.0074	0.0333	0.0004	202.8	6.2	211.4	1.9			95
	LEM23-10.1	179	1490	568	2.63	0.2341	0.0071	0.0336	0.0003	213.6	5.8	213.1	1.9			97
	LEM23-11.1	85.9	676	381	1.77	0.2276	0.0085	0.0332	0.0003	208.2	7.1	210.3	1.8			96
	LEM23-12.1	36.6	280	237	1.18	0.2313	0.0116	0.0335	0.0005	211.3	9.6	212.1	2.8			98
	LEM23-13.1	89.5	734	369	1.99	0.2199	0.0084	0.0332	0.0003	201.9	7.0	210.8	2.1			93
	LEM23-14.1	118	1018	457	2.23	0.2292	0.0076	0.0333	0.0004	209.5	6.3	211.0	2.1			89
	LEM23-14.2	19.6	397	504	0.79	0.2259	0.0069	0.0332	0.0003	206.8	5.7	210.8	2.8			94
	LEM23-15.1	59.0	1177	1501	0.78	0.2341	0.0048	0.0337	0.0003	213.6	3.9	213.5	1.9			99
	LEM23-16.1	59.2	1201	1541	0.78	0.2280	0.0046	0.0328	0.0003	208.5	3.8	208.0	1.8			97
	LEM23-17.1	47.9	1075	1193	0.90	0.2391	0.0054	0.0331	0.0003	217.7	4.4	209.9	2.0			92

续表 3-5

岩性	测点	微量元素/10^{-6}			Th/U	同位素比值				同位素年龄/Ma				谐和度/%
		Pb	Th	U		$^{207}Pb/^{235}U$	1σ	$^{206}Pb/^{238}U$	1σ	$^{207}Pb/^{235}U$	1σ	$^{206}Pb/^{238}U$	1σ	
含矿石英二长斑岩(LEM32),加权平均年龄(213.1±1.1)Ma,MSWD=0.37,n=17	LEM32-1.1	76.2	639	361	1.77	0.218 3	0.014 3	0.033 5	0.000 6	200.5	11.9	212.6	3.9	99
	LEM32-2.1	173	1288	950	1.36	0.233 8	0.006 9	0.033 9	0.000 3	213.4	5.7	214.9	1.9	94
	LEM32-3.1	270	1976	1685	1.17	0.232 6	0.005 7	0.033 6	0.000 4	212.3	4.7	213.1	2.4	95
	LEM32-3.2	58.2	465	345	1.35	0.232 1	0.010 2	0.033 6	0.000 4	211.9	8.4	212.9	2.6	91
	LEM32-4.1	129	1002	749	1.34	0.232 5	0.006 0	0.033 6	0.000 3	212.3	5.0	213.2	2.2	95
	LEM32-5.1	46.8	365	246	1.48	0.249 1	0.011 3	0.033 9	0.000 4	225.8	9.2	215.0	2.6	97
	LEM32-6.1	109	926	435	2.13	0.227 5	0.008 0	0.033 4	0.000 3	208.2	6.6	211.9	2.5	98
	LEM32-7.1	137	955	1201	0.79	0.234 0	0.006 6	0.033 3	0.000 3	213.5	5.5	210.9	1.8	97
	LEM32-8.1	63.1	508	311	1.63	0.238 5	0.011 0	0.033 4	0.000 4	217.2	9.0	211.7	2.5	98
	LEM32-9.1	124	1002	455	2.20	0.245 4	0.013 1	0.033 6	0.000 4	222.8	10.7	213.3	2.7	96
	LEM32-9.2	66.7	536	383	1.40	0.237 3	0.009 0	0.033 4	0.000 4	216.2	7.4	211.6	2.5	95
	LEM32-10.1	249	2038	959	2.12	0.233 7	0.007 4	0.033 1	0.000 3	213.3	6.1	209.9	1.9	97
	LEM32-11.1	36.9	283	200	1.41	0.226 1	0.012 2	0.033 5	0.000 5	207.0	10.6	212.3	3.1	93
	LEM32-12.1	72.8	553	323	1.71	0.235 3	0.010 3	0.033 3	0.000 5	214.6	8.5	211.1	3.1	97
	LEM32-13.1	50.4	380	242	1.57	0.238 0	0.013 9	0.033 1	0.000 5	216.8	11.4	210.2	3.1	96
	LEM32-14.1	38.7	308	210	1.46	0.217 8	0.012 3	0.032 9	0.000 6	200.1	10.3	208.4	4.0	95
	LEM32-15.1	80.2	623	406	1.53	0.223 3	0.010 8	0.033 2	0.000 4	204.7	8.9	210.7	2.7	97
含矿石英二长斑岩(LEM02-40),加权平均年龄(211.8±1.8)Ma,MSWD=0.82,n=17	ZK02-40-1.1	61.5	500	261	1.92	0.247 8	0.013 4	0.033 4	0.000 5	224.8	10.9	211.6	2.8	96
	ZK02-40-1.2	37.3	291	196	1.49	0.225 5	0.013 7	0.033 4	0.000 5	206.5	11.4	211.8	3.0	98
	ZK02-40-2.1	15.17	428	361	1.19	0.218 9	0.007 8	0.033 0	0.000 4	201.0	6.5	209.2	2.4	93
	ZK02-40-3.1	115.0	4020	2539	1.58	0.237 8	0.005 6	0.032 7	0.000 3	216.6	4.6	207.1	2.1	89
	ZK02-40-4.1	85.2	3714	1620	2.29	0.218 7	0.006 8	0.032 8	0.000 5	200.8	5.7	206.7	2.9	94
	ZK02-40-5.1	17.1	517	393	1.32	0.219 8	0.008 2	0.033 0	0.000 4	201.7	6.8	209.2	2.7	99

续表 3-5

岩性	测点	微量元素/10⁻⁶			Th/U	同位素比值					同位素年龄/Ma				谐和度/%
		Pb	Th	U		$^{207}Pb/^{235}U$	1σ	$^{206}Pb/^{238}U$	1σ		$^{207}Pb/^{235}U$	1σ	$^{206}Pb/^{238}U$	1σ	
含矿石英二长斑岩(LEM02-40),加权平均年龄:(211.8±1.8)Ma,MSWD=0.82, n=17	ZK02-40-5.2	19.1	470	474	0.99	0.2321	0.0077	0.03330	0.00005		211.9	6.4	209.3	2.8	97
	ZK02-40-6.1	47.4	380	248	1.53	0.2167	0.0089	0.03336	0.00004		199.2	7.5	213.2	2.6	92
	ZK02-40-7.1	51.7	400	260	1.54	0.2603	0.0136	0.03334	0.00004		234.9	11.0	212.1	2.8	99
	ZK02-40-8.1	75.7	585	296	1.97	0.2471	0.0122	0.03334	0.00004		224.2	9.9	212.1	2.4	94
	ZK02-40-9.1	104	837	525	1.60	0.2338	0.0086	0.03334	0.00004		213.4	7.1	211.7	2.6	95
	ZK02-40-10.1	77.3	616	334	1.85	0.2412	0.0099	0.03338	0.00004		219.4	8.1	214.5	2.2	91
	ZK02-40-11.1	75.2	592	315	1.88	0.2133	0.0087	0.03335	0.00003		196.3	7.2	212.4	2.2	95
	ZK02-40-12.1	157	1284	532	2.42	0.2308	0.0073	0.03335	0.00003		210.8	6.0	212.6	1.9	97
	ZK02-40-13.1	146	1176	471	2.50	0.2478	0.0116	0.03336	0.00005		224.8	9.4	213.1	2.9	98
	ZK02-40-13.2	130	1071	395	2.71	0.2433	0.0112	0.03333	0.00005		221.1	9.2	211.3	2.9	97
	ZK02-40-14.1	66.9	512	296	1.73	0.2570	0.0119	0.03336	0.00004		232.3	9.6	213.2	2.4	98
	ZK02-40-14.2	323	2605	1765	1.48	0.2351	0.0066	0.03334	0.00003		214.4	5.5	211.5	1.9	96

表 3-6 鲁尔玛含矿斑岩 LA-ICP-MS 锆石 Lu-Hf 同位素组成

岩性	测点	t/Ma	$^{176}Yb/^{177}Hf$	$^{176}Lu/^{177}Hf$	$^{176}Hf/^{177}Hf$	2σ	$^{176}Hf/^{177}Hf(t)$	$\varepsilon_{Hf}(0)$	$\varepsilon_{Hf}(t)$	T_{DM}/Ma	T_{DM2}/Ma	f_{Lu-Hf}
含矿石英二长斑岩(LEM02-40), n=8	LEM23-1.1	211.5	0.069292	0.002058	0.283034	0.000003	0.069292	9.3	13.6	317	374	-0.94
	LEM23-2.2	211.2	0.065004	0.002711	0.282849	0.000003	0.065004	2.7	7.0	598	799	-0.92
	LEM23-7.1	212.9	0.072109	0.002957	0.282883	0.000002	0.072109	3.9	8.2	552	725	-0.91
	LEM23-7.2	211.9	0.054835	0.002288	0.282924	0.000004	0.054835	5.4	9.7	481	625	-0.93
	LEM23-11.1	213.1	0.061716	0.002528	0.282947	0.000003	0.061716	6.2	10.5	450	575	-0.92
	LEM23-12.1	212.1	0.038004	0.001600	0.282875	0.000002	0.038004	3.7	8.1	542	729	-0.95
	LEM23-14.1	211.0	0.056813	0.002317	0.282920	0.000004	0.056813	5.2	9.6	487	635	-0.93
	LEM23-15.1	213.5	0.051743	0.002123	0.282922	0.000003	0.051743	5.3	9.7	481	627	-0.94

续表 3-6

岩性	测点	t/Ma	^{176}Yb/^{177}Hf	^{176}Lu/^{177}Hf	2σ	^{176}Hf/^{177}Hf	2σ	^{176}Hf/^{177}Hf(t)	$\varepsilon_{Hf}(0)$	$\varepsilon_{Hf}(t)$	T_{DM}/Ma	T_{DM2}/Ma	f_{Lu-Hf}
含矿石英二长斑岩（LEM32），$n=8$	LEM32-1.1	212.6	0.091 856	0.002 797	0.005	0.283 008	0.000 03	0.091 856	8.3	12.6	364	441	-0.92
	LEM32-2.1	214.9	0.044 428	0.001 332	0.538	0.282 998	0.000 03	0.044 428	8.0	12.5	363	449	-0.96
	LEM32-3.2	212.9	0.048 840	0.001 392		0.283 108	0.000 03	0.048 840	11.9	16.4	205	201	-0.96
	LEM32-6.1	211.9	0.051 921	0.001 549		0.283 077	0.000 04	0.051 921	10.8	15.2	250	272	-0.95
	LEM32-9.1	213.3	0.092 923	0.002 718		0.283 094	0.000 05	0.092 923	11.4	15.7	233	243	-0.92
	LEM32-10.1	209.9	0.095 251	0.002 825		0.283 090	0.000 05	0.095 251	11.3	15.5	240	255	-0.91
	LEM32-11.1	212.3	0.055 985	0.001 666		0.283 090	0.000 05	0.055 985	11.2	15.7	233	244	-0.95
	LEM32-12.1	211.1	0.057 200	0.001 617		0.283 103	0.000 06	0.057 200	11.7	16.1	213	215	-0.95
含矿石英二长斑岩（LEM02-40），$n=4$	ZK02-40-6.1	213.2	0.060 487	0.001 668		0.283 083	0.000 03	0.060 487	11.0	15.4	243	260	-0.95
	ZK02-40-9.1	211.7	0.078 759	0.002 046		0.282 919	0.000 03	0.078 759	5.2	9.6	485	635	-0.94
	ZK02-40-13.1	213.1	0.028 704	0.000 791		0.282 819	0.000 03	0.028 704	1.7	6.2	610	849	-0.98
	ZK02-40-14.1	213.2	0.048 186	0.001 267		0.282 990	0.000 04	0.048 186	7.7	12.2	374	467	-0.96

表 3-7 鲁尔玛铜（金）矿床辉钼矿 Re-Os 同位素年龄数据

样品	Re/10^{-9}	2σ	^{c}Os/10^{-9}	2σ	Re^{187}/10^{-9}	2σ	Os^{187}/10^{-9}	2σ	年龄/Ma	2σ
ZK03-15	1 182 655	25 769	3.787		743 323	16 197	2644	15	213.1	5.2
ZK03-20	1 145 660	14 785	2.188		720 070	9293	2548	16	212.0	3.7

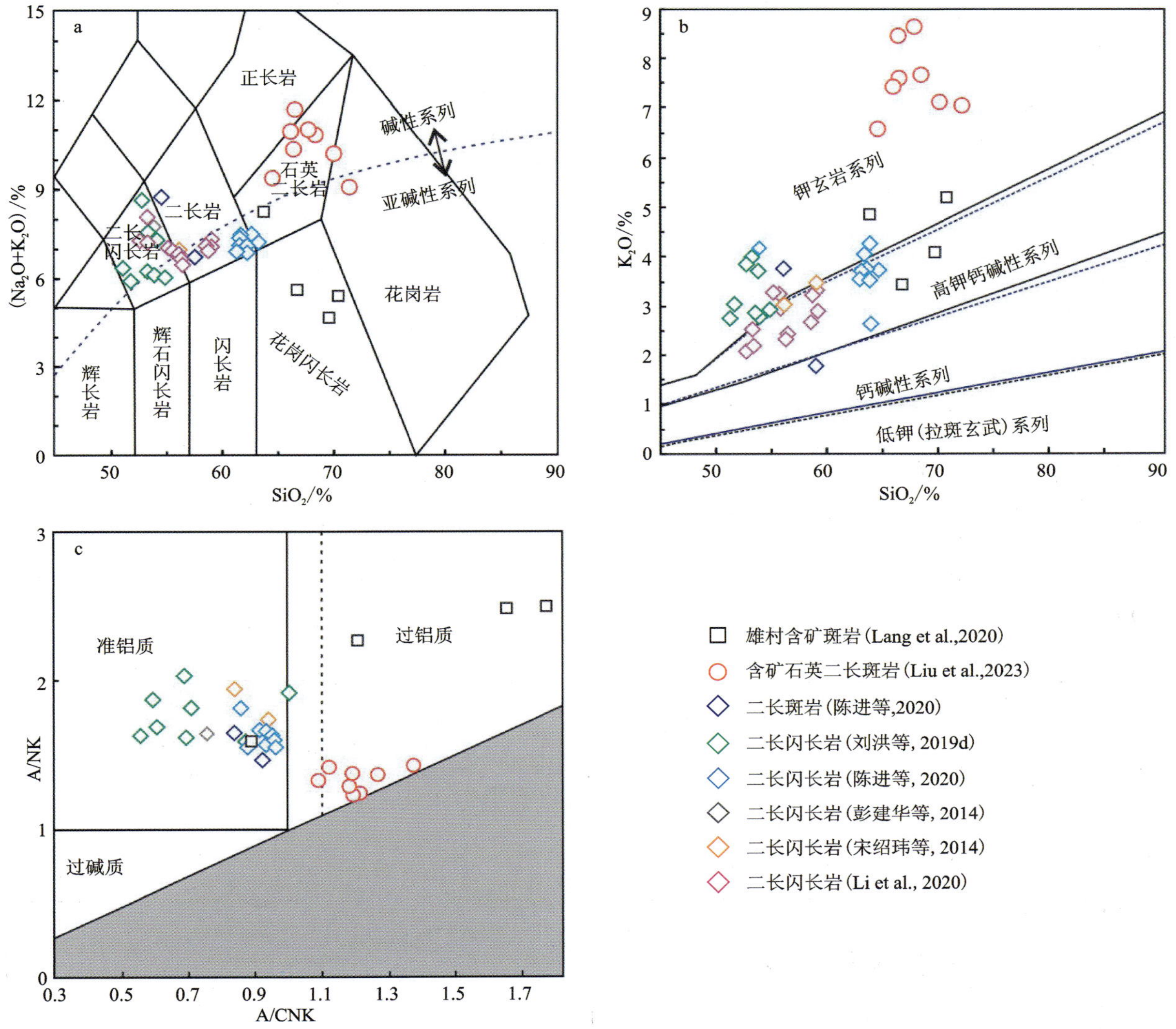

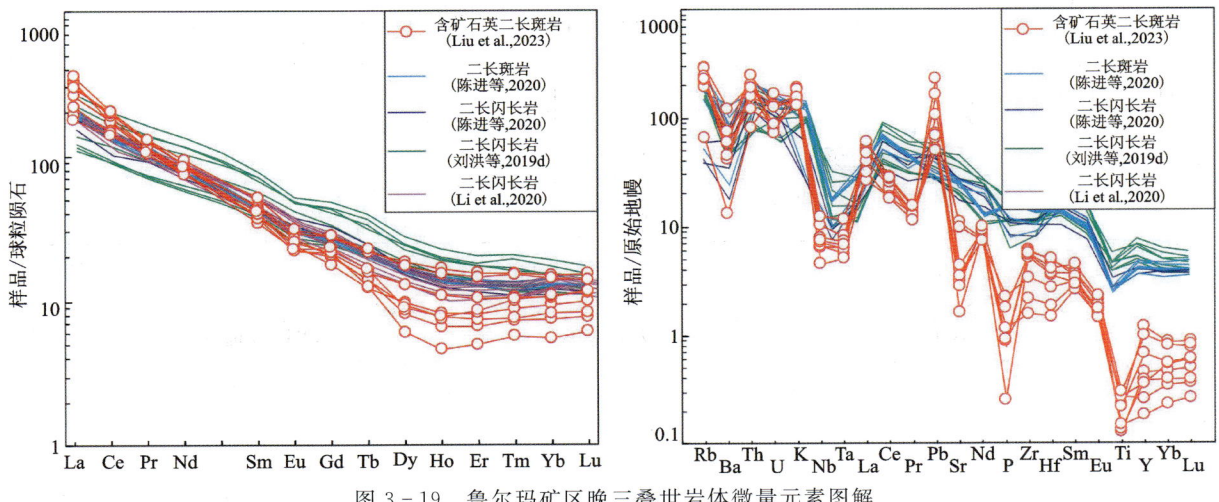

图 3-18 鲁尔玛矿区晚三叠世主量元素图解
a. $K_2O+NaO-SiO_2$ 图解；b. K_2O-SiO_2 图解；c. A/NK-A/CNK 图解

图 3-19 鲁尔玛矿区晚三叠世岩体微量元素图解

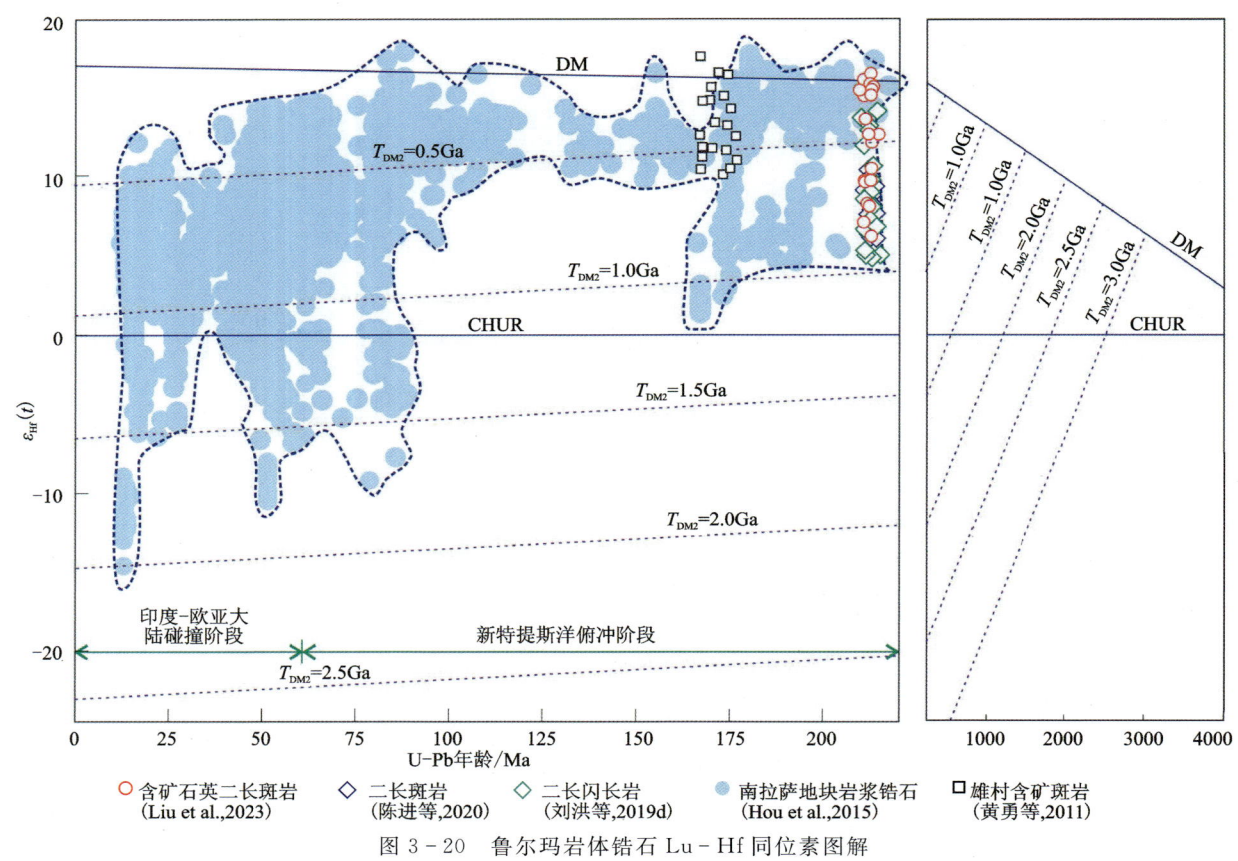

图 3-20　鲁尔玛岩体锆石 Lu-Hf 同位素图解

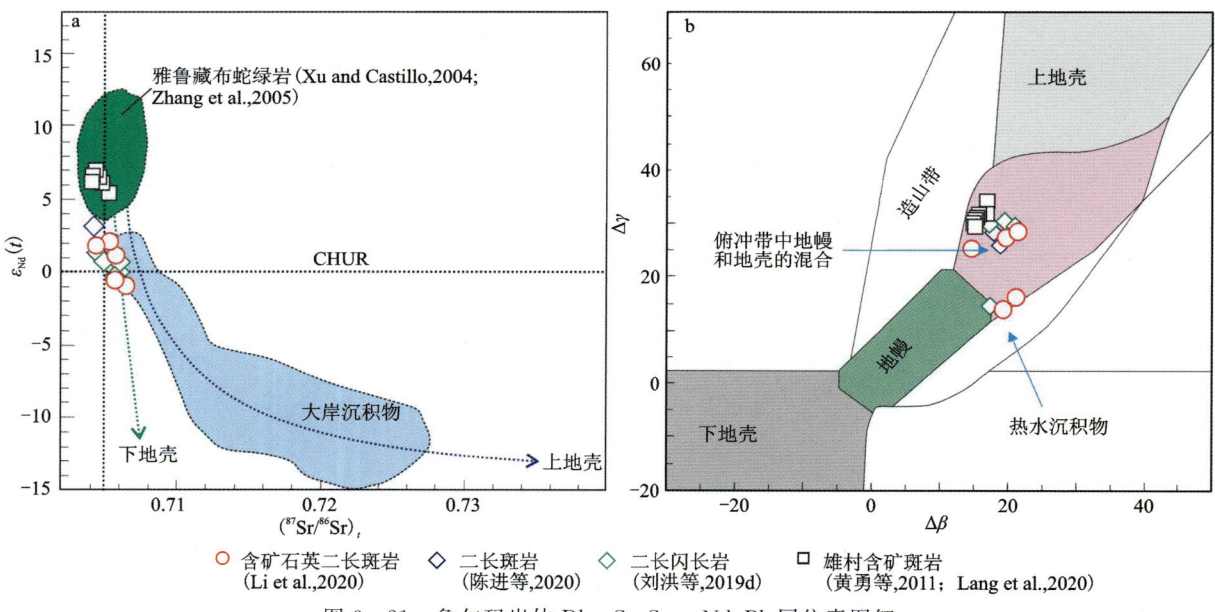

图 3-21　鲁尔玛岩体 Rb-Sr、Sm-Nd、Pb 同位素图解

a. Rb-Sr—Sm-Nd 同位素图解（CHUR 为球粒陨石均一储集库）；b. Pb 同位素图解

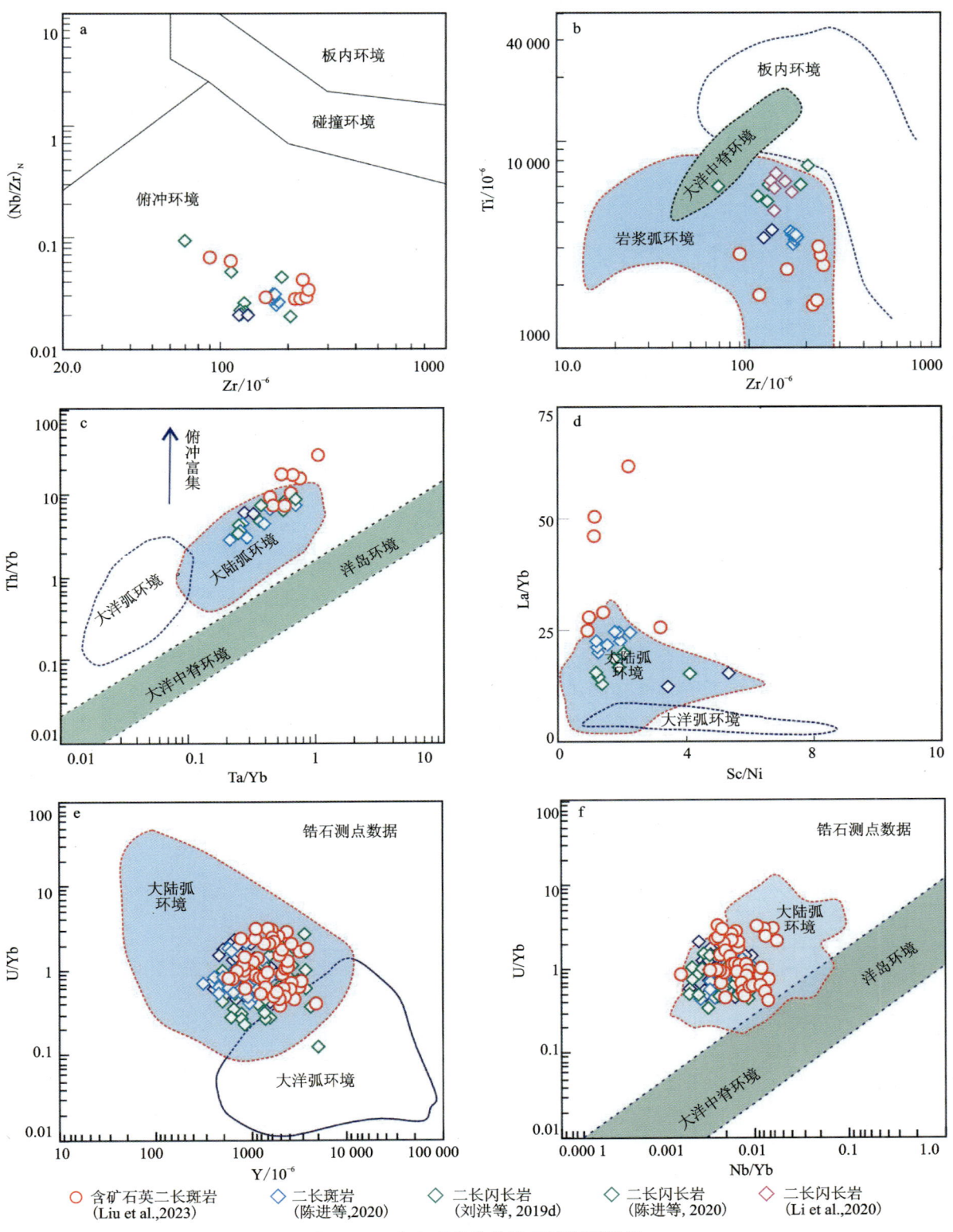

图 3-22 鲁尔玛岩体构造环境判别图解

a. 全岩 $(Nb/Zr)_N$ – Zr 图解（底图据 Harris et al.,1986）; b. 全岩 Ti – Zr 图解（底图据 Pearce and Cann,1973）; c. 全岩 Th/Yb – Ta/Yb 图解（底图据 Pearce,1982,1983,2008;Pearce and Peate,1995）; d. 全岩 La/Yb – Sc/Ni 图解（底图据 Bailey,1981）; e. 锆石 U/Yb – Y 图解（底图据 Grimes et al.,2007）; f. 锆石 Nb/Yb – U/Yb 图解（底图据 Grimes et al.,2015）

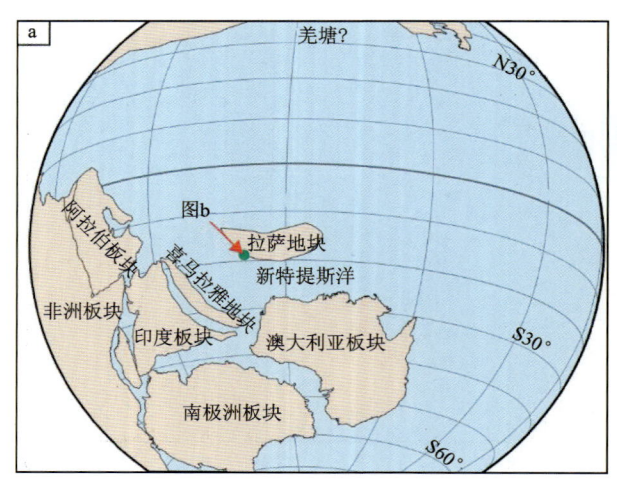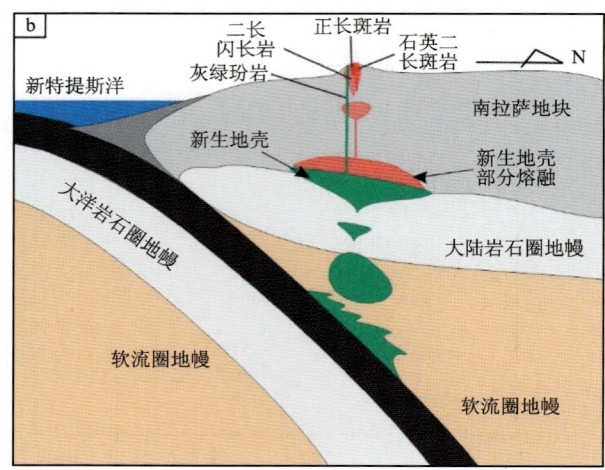

图 3-23 鲁尔玛矿区含矿斑岩的成因模式图解

a. 晚三叠世(约 213Ma)板块构造图(据 Baxter et al.,2016;Li et al.,2016 修改);b. 鲁尔玛晚三叠世岩(约 213Ma)浆岩形成模式(据刘洪等,2019d 修改)

2. 成矿过程讨论

鲁尔玛铜(金)矿床 3 个成矿阶段各种类型热液脉体中 19 个测温片的 421 个流体包裹体的显微测温结果见表 3-8。流体包裹体的盐度是基于冷冻冰点下降与 NaCl 含量之间的关系计算得到的。对盐度(以 NaCl 计)低于 23.3%(冰溶化温度高于-21.2℃,无石盐子晶)流体包裹体($Ⅰ$ 型流体包裹体,$Ⅱ_a$ 型流体包裹体),根据 Hall 等(1988)的公式,利用冰溶化温度来计算,对于高盐度(含石盐子晶,盐度高于 23.3%)流体包裹体($Ⅱ_b$ 型流体包裹体),则根据 Bischoff(1991)的公式利用子矿物消失温度来计算,并以 NaCl 的质量百分数来表示流体的盐度。用均一温度和流体盐度可估算流体的密度。

石英-钾长石-多金属硫化物阶段(S1)均一温度为 376~491℃,峰值为 390~460℃,加权平均值为 421℃(表 3-8)。石英-多金属硫化物阶段(S2)均一温度为 241~394℃,峰值为 310~380℃,加权平均值为 334℃,较前一阶段略低,测试数据服从近似的正态分布(表 3-8)。石英-碳酸盐矿物-多金属硫化物阶段(S3)均一温度为 140~410℃,峰值为 200~320℃,加权平均值为 248℃,均一温度低于前两个阶段。

表 3-8 鲁尔玛铜(金)矿床流体包裹体显微测温结果统计表

成矿阶段	热液脉体类型	包裹体类型	冰消失温度 范围/℃	测点	气泡消失温度 范围/℃	测点	石盐子晶消失温度 范围/℃	测点	均一态
石英-钾长石-多金属硫化物阶段(S1)	A 脉	$Ⅰ_a$	-18.9~-3.1 (-8.8)	69	376~476 (430)	69			L
		$Ⅰ_b$	-17.9~-2.8 (-8.5)	30	391~491 (422)	30			L/V
		$Ⅱ_a$	-18.7~-16.7 (-17.8)	3	424~455 (438)	3			L±S
		$Ⅱ_b$			372~397 (369)	16	383~491 (421)	16	L±S

续表 3-8

成矿阶段	热液脉体类型	包裹体类型	冰消失温度 范围/℃	测点	气泡消失温度 范围/℃	测点	石盐子晶消失温度 范围/℃	测点	均一态
石英-多金属硫化物阶段(S2)	B脉	I_a	−15.8~−2.1 (−7.5)	108	270~389 (337)	108			L
		I_b	−13.5~−1.8 (−5.9)	14	294~392 (346)	14			L/V
		II_a	−16.5~−2.3 (−8.0)	12	301~361 (327)	12			L±S
		II_b			275~325 (298)	17	272~363 (312)	17	L±S
石英-碳酸盐矿物-多金属硫化物阶段(S3)	D脉	I_a	−10.7~−0.2 (−4.3)	134	167~344 (250)	134			L
		I_b	−7.6~−3.2 (−7.3)	3	273~294 (284)	3			L/V
		II_a	−9.5~−0.7 (−6.4)	15	175~284 (219)	15			L±S

注：括号中为平均值；I_a型流体包裹体为富液两相流体包裹体，I_b型流体包裹体为富气两相流体包裹体，II_a型流体包裹体为含子矿物(不含石盐子晶)三相包裹体，II_b型流体包裹体为含石盐子晶(高盐度)三相包裹体；L.液态，V.气态，S.硫化物。

此外，S1 和 S2 阶段的包裹体中，在单个石英矿物晶体同时出现不同类型、不同填充度的流体包裹体，不同类型包裹体的均一温度范围基本一致，说明流体包裹体形成于非均一的流体介质条件，指示流体沸腾作用的存在，即 S1 和 S2 两个阶段的流体包裹体为沸腾包裹体，这两个阶段的均一温度代表了流体包裹体捕获时的成矿温度(卢焕章等，2004)。

石英-钾长石-多金属硫化物阶段(S1)流体盐度分为两组：一组盐度范围为 4.5%~21.6%，峰值为 9.0%~18.0%，加权平均值为 13.2%(表 3-9)；另一组盐度范围为 43.6%~59.6%，加权平均值为 49.2%。石英-多金属硫化物阶段(S2)流体盐度分为两组：一组盐度范围为 3.6%~19.8%，峰值为 6.0%~16.0%，加权平均值为 10.6%(表 3-9)；另一组盐度范围为 34.1%~43.7%，加权平均值为 37.1%，较前一阶段流体盐度降低。石英-碳酸盐矿物-多金属硫化物阶段(S3)流体盐度范围为 0.4%~14.7%，峰值为 1.0%~12.0%，加权平均值为 6.9%，较前两个阶段，流体盐度逐渐降低。

表 3-9 鲁尔玛铜(金)矿床流体包裹体激光拉曼测试结果

成矿阶段	热液脉体类型	包裹体类型	测试对象	成分	测点	拉曼特征峰值/cm^{-1}
石英-钾长石-多金属硫化物阶段(S1)	钾硅酸盐化脉（A脉）	气液两相包裹体（I型）	液相	H_2O	9	3000~3720
			气相	H_2O	8	3000~3720
				CO_2	2	1282~1288，1386~1390
				N_2	1	2328~2333
		含子矿物包裹体（II型）	液相	H_2O	8	3000~3720
			气相	H_2O	5	3000~3720
				CO_2	1	1282~1288，1386~1390
				CH_4	1	2913~2919
				N_2	1	2328~2333

续表 3-9

成矿阶段	热液脉体类型	包裹体类型	测试对象	成分	测点	拉曼特征峰值/cm^{-1}
石英-钾长石-多金属硫化物阶段(S1)	钾硅酸盐化脉（A脉）	含子矿物包裹体（Ⅱ型）	子矿物	Py	1	341、376、427
				Cp	2	290~292
				Mag	1	664
				Mol	1	379
石英-多金属硫化物阶段(S2)	石英-金属硫化物脉（B脉）	气液两相包裹体（Ⅰ型）	液相	H$_2$O	10	3000~3720
			气相	H$_2$O	9	3000~3720
				CO$_2$	1	1282~1288、1386~1390
		含子矿物包裹体（Ⅱ型）	液相	H$_2$O	12	3000~3720
			液相 气相	H$_2$O	12	3000~3720
				CH$_4$	1	2913~2919
				N$_2$	1	2328~2333
			子矿物	Mag	1	664
				Py	1	341、376、427
				Cp	2	290~292、317~320、378-381
				Mol	1	379、403
				Hem	1	1312
				Cal	1	1086
石英-碳酸盐矿物-多金属硫化物阶段(S3)	石英-绿帘石-碳酸盐化脉（D脉）	气液两相包裹体（Ⅰ型）	液相	H$_2$O	4	3000~3720
			气相	H$_2$O	5	3000~3720
				CH$_4$	1	2913~2919
		含子矿物包裹体（Ⅱ型）	液相	H$_2$O	12	3000~3720
			气相	H$_2$O	5	3000~3720
				CO$_2$	2	1282~1288、1386~1390
				CH$_4$	1	2913~2919
			子矿物	Py	2	341、376、427
				Cp	2	290~292、317~320、378-381
				Hem	1	1314
				Cal	1	1086

注：Mag. 磁铁矿；Py. 黄铁矿；Cp. 黄铜矿；Mol. 辉钼矿；Hem. 赤铁矿；Cal. 方解石。

对流体包裹体的研究表明（刘洪等，2019e），鲁尔玛铜（金）矿有富液两相包裹体、富气两相包裹体和含子矿物三相包裹体。刘洪等（2019e）对各成矿阶段石英脉和方解石脉进行了 C-H-O 同位素分析（表 3-10），结果表明鲁尔玛铜（金）矿的成矿流体应来源于岩浆流体，晚阶段略向西藏地热水漂移（图 3-24）。成矿流体属高温，高盐度，中低密度，含 CO_2、N_2、CH_4 等气体和 Cu、Fe、Mo 等金属元素的 $H_2O-NaCl$ 体系流体（表 3-11），具有典型的斑岩型铜矿床成矿流体的特征。成矿流体从深部封闭体系运移到浅部的开放体系，迅速突破临界状态减压沸腾并产生相分离导致的金属硫化物沉淀，是鲁尔玛铜（金）矿脉形成的主要机制。在主成矿阶段（S1 和 S2 阶段）金属硫化物沉淀的同时，围岩发生钾硅酸盐化和绢英岩化，形成 A 脉和 B 脉型矿化。随着含矿热液成矿物质及金属硫化物的大量析出，同时伴随着大气降水等因素的影响，流体温度、盐度迅速降低，金属矿物成矿作用随之结束，围岩发生青磐岩化、碳酸盐化及少量金属硫化物化蚀变，产生 D 脉型矿化。

表 3-10 鲁尔玛铜（金）矿石英及其流体包裹体水的 C-H-O 同位素组成　　　单位：‰

样号	成矿阶段	脉体类型	测试对象	石英 $\delta^{18}O_{Qz,V-SMOW}$	流体包裹体 H_2O	
					$\delta^{18}O_{H_2O,V-SMOW}$	$\delta D_{H_2O,V-SMOW}$
ZK03-12	S1	A脉	英及包裹体 H_2O	8.1	-2.3	-100
ZK03-13	S1	A脉		10.0	-0.4	-105
ZK03-21	S2	B脉		10.9	-4.3	-108
ZK03-02	S2	B脉		10.5	-1.7	-108
ZK02-08	S3	D脉		8.3	-2.1	-125
ZK01-10	S3	D脉		10.2	-5.6	-126
ZK01-12	S3	D脉		8.6	-7.2	-128

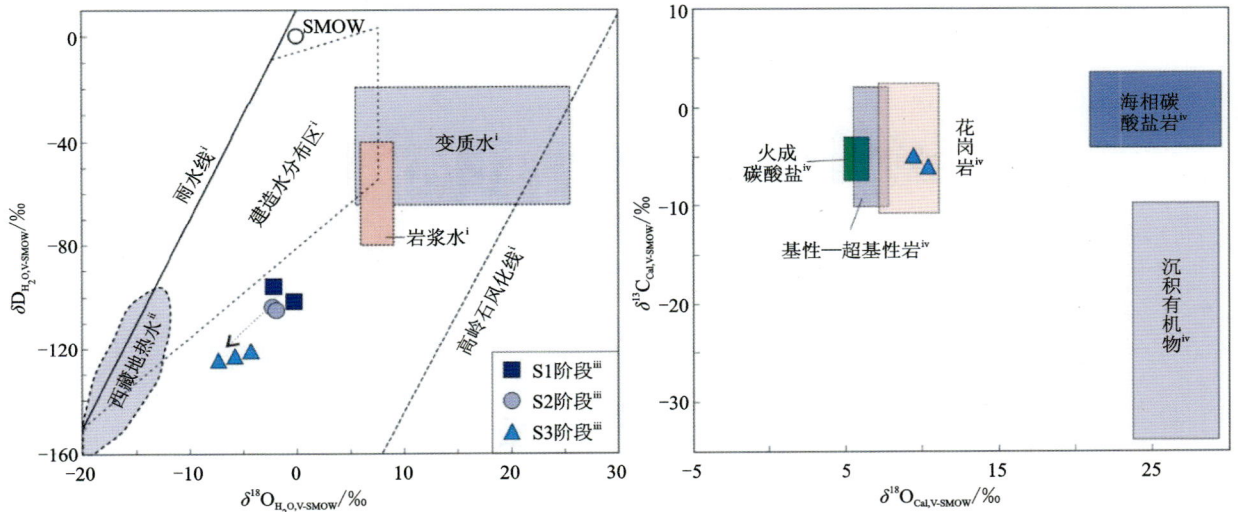

图 3-24　鲁尔玛铜（金）矿成矿流体的 $\delta^{18}O_{H_2O,V-SMOW}$-$\delta D_{H_2O,V-SMOW}$ 图解（a）和 $\delta^{18}O_{Cal,V-SMOW}$-$\delta^{13}C_{Cal,V-PDB}$ 图解（b）

i 表示数据据 Taylor(1986)；ii 表示数据据郑淑蕙等(1982)；iii 表示数据据 Bell(1990)；iv 表示数据据刘洪等(2019e)；S1. 石英-钾长石-多金属硫化物阶段；S2. 石英-多金属硫化物阶段；S3. 石英-碳酸盐矿物-多金属硫化物阶段

表 3-11 鲁尔玛铜（金）矿石方解石的碳、氧同位素组成　　　单位：‰

样号	成矿阶段	脉体类型	测试对象	$\delta^{13}C_{Cal,V-PDB}$	$\delta^{18}O_{Cal,V-PDB}$	$\delta^{18}O_{H_2O,V-SMOW}$
ZK02-29	S3	D脉	方解石	-4.9	-20.8	9.4
ZK02-25-1	S3	D脉	方解石	-5.9	-19.8	10.5

鲁尔玛铜（金）矿各类型热液脉体中含有大量与各阶段黄铜矿、辉钼矿等矿石矿物共生的金属硫化物，研究这些硫化物的同位素组成特征可以推断出成矿物质硫的组成特征。针对 S2 阶段 B 脉中黄铁矿、黄铜矿和毒砂等共生硫化物开展了原位微区 LA-MC-ICP-MS 硫同位素分析。其中，11 个黄铁矿测点的 $\delta^{34}S_{V-CDT}$ 为 0.10‰～1.75‰（平均值 0.96‰），4 个毒砂测点的 $\delta^{34}S_{V-CDT}$ 为 1.55‰～1.70‰（平均值 1.65‰），3 个黄铜矿测点的 $\delta^{34}S_{V-CDT}$ 为 -2.38‰～-1.51‰（平均值 -1.94‰）（表 3-12）。同时，对 S2 阶段 B 脉中各硫化物 8 件黄铁矿、2 件毒砂、2 件黄铜矿以及 6 件晚三叠世含矿斑岩样开展了单矿物和全岩的 Pb 同位素测试（表 3-13）。

表 3-12　鲁尔玛铜(金)矿 S 同位素组成　　　　　　　　　　　　　　　　　　　　　　　单位:‰

样号	矿物	$\delta^{34}S_{V-CDT}$ 取值	$\delta^{34}S_{V-CDT}$ 平均值	来源
ZK01-21-1	黄铁矿	0.53		本书
ZK01-21-2	黄铁矿	1.20		本书
ZK01-21-3	黄铁矿	0.50		本书
ZK01-21-4	黄铁矿	1.31		本书
ZK01-21-6	黄铁矿	1.47		本书
ZK01-21-7	黄铁矿	1.75	0.96	本书
ZK01-10-1	黄铁矿	0.90		本书
ZK01-10-2	黄铁矿	0.96		本书
ZK02-13-1	黄铁矿	1.10		本书
ZK02-18-1	黄铁矿	0.80		本书
ZK03-10-1	黄铁矿	0.10		本文
ZK02-33-1	毒砂	1.70		本书
ZK02-34-1	毒砂	1.60	1.65	本书
ZK02-35-1	毒砂	1.55		本书
ZK02-35-2	毒砂	1.66		本文
ZK01-21-8	黄铜矿	−1.51		本书
ZK01-21-5	黄铜矿	−2.38	−1.92	本书
ZK01-21-9	黄铜矿	−1.88		本文

注:幔源 $\delta^{34}S$ 为 −3‰~+3‰,变质岩 $\delta^{34}S$ 为 −20‰~+20‰,沉积岩 $\delta^{34}S$ 为 −40‰~+50‰(Chaussidon and Lorand,1990)。

表 3-13　鲁尔玛铜(金)矿 Pb 同位素组成

编号	载体	$n(^{206}Pb)/n(^{204}Pb)$	$n(^{207}Pb)/n(^{204}Pb)$	$n(^{208}Pb)/n(^{204}Pb)$
ZK01-10		18.547	15.643	38.859
ZK02-13		18.734	15.637	39.145
ZK02-18	黄铁矿	18.549	15.602	38.956
ZK03-10		18.649	15.642	39.003
LEM23-7		18.729	15.669	39.144
LEM23-8		18.629	15.669	38.917
LEM11	黄铜矿	18.450	15.613	38.640
LEM23-1		18.903	15.654	39.424
ZK02-33	毒砂	18.591	15.646	38.929
ZK02-34		18.470	15.617	38.637
LEM25-3		18.845	15.669	39.273
LEM25-5	含矿斑岩全岩	19.560	15.678	40.211
LEM25-8		19.198	15.689	39.643
LEM32		19.420	15.634	39.603

鲁尔玛铜(金)矿 S2 阶段的硫化物 $\delta^{34}S_{V\text{-}CDT}$ 为 $-2.38‰\sim 1.75‰$，这与冈底斯俯冲期的雄村斑岩铜矿 ($\delta^{34}S$ 为 $-2.17‰\sim 1.79‰$)、冈底斯碰撞后期的驱龙斑岩铜矿的矿石硫化物($\delta^{34}S$ 为 $-6.3‰\sim -1.0‰$) 以及班公湖-怒江缝合带多不杂斑岩型铜矿($\delta^{34}S$ 为 $-1.4‰\sim 2.1‰$)、雄梅斑岩型铜矿($\delta^{34}S$ 为 $-2.5‰\sim 6.1‰$)相近。S、Pb 同位素数据显示，鲁尔玛铜(金)矿的硫化物与赋矿的晚三叠世含矿斑岩均有地幔铅与地壳铅的混合，而硫源为深源硫(图 3-25)。上述研究表明，鲁尔玛铜(金)矿的成矿物质来源于晚三叠世雅鲁藏布特提斯洋大洋板片的俯冲脱水作用。

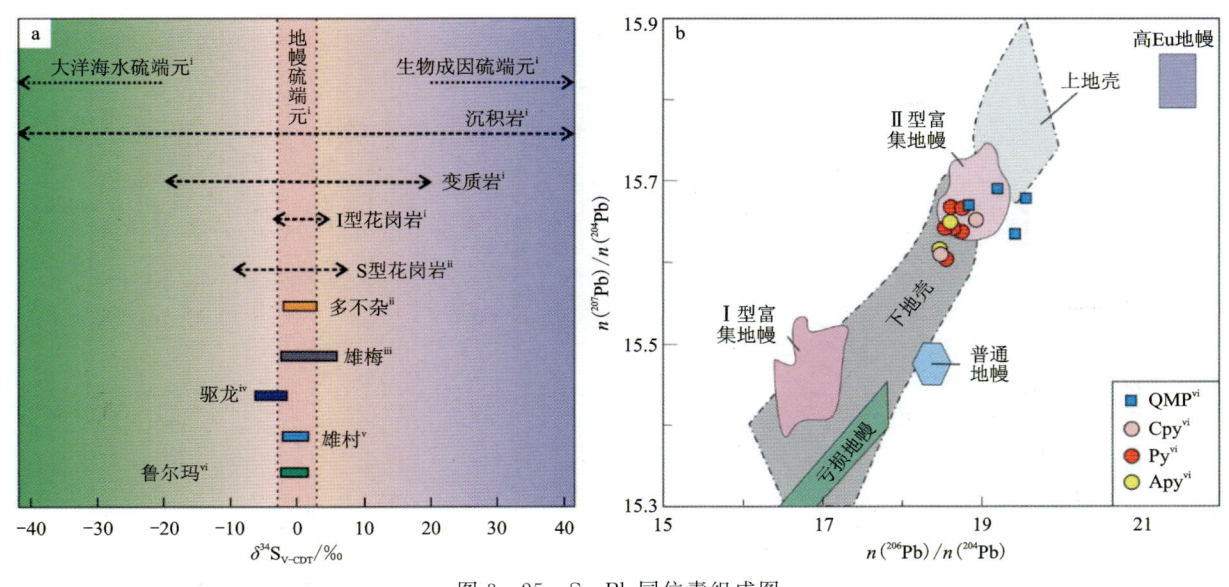

图 3-25 S-Pb 同位素组成图

a.S 同位素组成特征；b.鲁尔玛铜(金)矿 Pb 同位素构造环境判别图解(底图 Ohmoto，1972；Taylor，1986)；i 数据据(Ohmoto，1972；Taylor，1986；Chaussidon and Lorand，1990；韩吟文和马振东，2003)；ii 数据据(何阳文等，2016)；iii 数据据(黎心远等，2018)；iv 数据据(孟祥金等，2006)；v 数据据(黄勇等，2011)；vi 数据据(刘洪等，2019e)；QMP.石英二长斑岩；Py.黄铁矿；Cpy.黄铁矿；Apy.毒砂

近年研究显示，雅鲁藏布特提斯洋在晚三叠世已经开始了北向的俯冲(Meng et al.，2016；刘洪等，2019d；李光明等，2020)。俯冲洋壳诱发新生地壳物质部分熔融形成壳幔混染的含矿熔浆，并沿深大断裂通道上升侵位到下二叠统昂杰组碎屑岩中，形成鲁尔玛晚三叠世侵入岩和大面积的角岩化蚀变带。中酸性岩浆活动分异出的成矿流体，在晚三叠世中酸性岩体的顶部、边部和围岩中发生相互作用，形成赋存于石英二长斑岩中和正长斑岩中的细脉浸染状铜矿化以及钾硅化蚀变、绢英岩型蚀变和青磐岩化-碳酸盐化蚀变。同时，成矿流体上升到浅部与地下水混合，在昂杰组围岩中反复循环渗流过程中形成赋存于破碎带的浅成低温热液热液型铜(金)矿(化)体。此外，在晚三叠世中酸性岩浆岩与碳酸盐岩接触带还有发育矽卡岩型矿化的可能(图 3-26)。

3. 矿床成因类型

鲁尔玛铜(金)矿床矿体赋存于晚三叠世石英二长斑岩体中，以发育浸染状和细脉浸染状矿化为特征。从石英二长斑岩体中心向外，蚀变类型由中高温蚀变向低温蚀变类型转换，即钾硅酸盐化逐渐变化为青磐岩化、泥化，其中黄铁绢英岩化与铜矿化密切相关。野外地质调研、镜下岩相学观察及流体包裹体研究显示，鲁尔玛铜(金)矿床成矿流体属高温高盐度富 CO_2、N_2、CH_4 等气体的 H_2O-$NaCl$ 体系流体，这与典型的岩浆高温热液矿床成矿流体相同；热液脉体可划分为 A、B、D 三类，且从高温到低温，从 A 脉向 B 脉，最后向 D 脉转变。稳定同位素研究表明，鲁尔玛铜(金)矿流体来源于岩浆，后期可能有地下水或者大气降水加入；铜金等成矿物质来源于壳幔作用形成的岩浆。综合以上特征，鲁尔玛矿床为典型的斑岩型矿床(图3-26)。

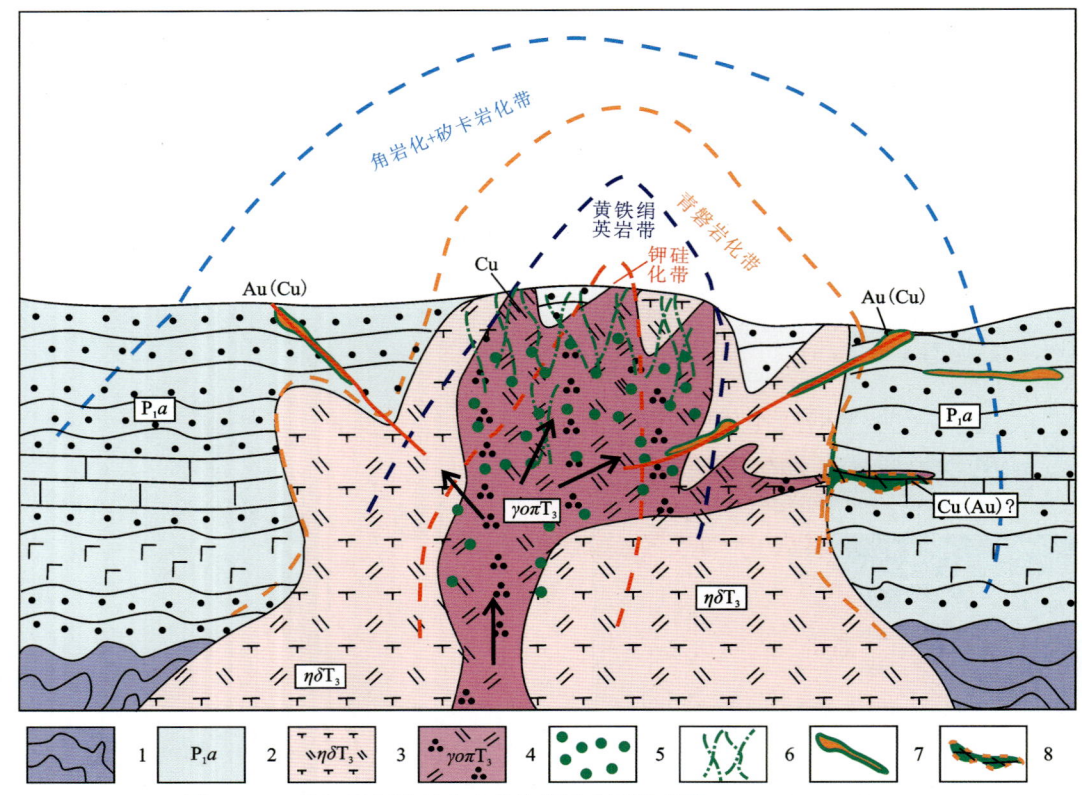

图3-26 鲁尔玛斑岩型成矿系统理想成因模式图(据刘洪等,2021修改)

1.结晶基底;2.下二叠统昂杰组变质砂岩夹灰岩、玄武岩;3.晚三叠世二长闪长岩;4.晚三叠世石英二长斑岩;5.浸染状矿(化)体;6.细脉状矿(化)体;7.浅成低温热液型矿(化)体;8.推测矽卡岩型矿(化)体

3.1.6 控矿因素与找矿标志

1. 控矿因素

斑岩型铜(金)矿化:赋矿斑岩为晚三叠世石英二长斑岩。

岩浆热液脉状(浅成低温热液型)铜(金)矿化:主要受晚三叠世石英二长斑岩和各个方向的构造破碎带控制。

岩体边部可能存在的矽卡岩型矿化:主要受晚三叠世石英二长斑岩和昂杰组矽卡岩化的灰岩控制。

2. 找矿标志

氧化矿露头标志:次生氧化形成的孔雀石、蓝铜矿、铜蓝等含铜硫化物风化物。

围岩蚀变标志:由于矿区矿化、蚀变作用较强烈,地表发育大面积火烧皮,与围岩具明显色调差异,直接与矿化关系密切的蚀变有黄铁绢英岩化、钾硅酸盐化、青磐岩化和角岩化等。

斑岩体标志:呈小岩株、岩脉形式产出的晚三叠世石英二长斑岩。

构造标志:斑岩体附近具有金属硫化物蚀变的构造破碎带。

地球化学标志:Au、Ag、Cu、Pb、Zn、W、Mo组合异常。

地球物理标志:区域尺度上与侵入斑岩岩体相关的等轴状重力、磁法异常体,精细尺度上的正磁异常外围的正负异常过渡带,高阻低极化异常体。

3.1.7 找矿潜力与下一步勘查方向

通过上述分析认为,含矿斑岩的矿化中心应该在已发现矿(化)体的东北地区。尽管鲁尔玛地区尚未发现较大价值矿体,但伴有大面积的钾硅酸盐化、绢云母化、青磐岩化蚀变和泥化的晚三叠世中酸性岩浆活动,以及大面积的Cu、Au、Zn、Pb、Ag等地球化学异常和低阻高极化低正磁地球物理异常,表明该地区存在中型及更大规模斑岩型铜(金)矿床的可能。此外,远离含矿斑岩的构造破碎带中热液脉状金(铜)矿化和接触带上矽卡岩型矿化也值得关注。然而,鉴于该地区高寒高海拔、环境恶劣、交通不便和涉及自然保护区的复杂性,进一步勘查开发工作将面临极大挑战。

3.2 拔拉扎晚白垩世斑岩-矽卡岩型铜钼矿床

3.2.1 矿床地质特征

1. 矿区地质

拔拉扎铜钼矿床位于尼玛县中仓乡,大地构造单元属拉萨地块北缘的措勤-申扎岩浆弧带。区域内出露地层主要有下二叠统拉嘎组、下二叠统昂杰组、中—上侏罗统接奴群和下白垩统郎山组等(图3-27)。区域构造总体为复式向斜,次级褶皱和断裂发育。断裂以近东西向波状展布的逆冲断裂为主,断面常发生扭动,后期被规模较小的北东向和北西向扭性或压扭性断裂所截。岩浆活动强烈,主要出露早白垩世末期—晚白垩世早期的花岗岩(余红霞等,2011;Liu et al.,2018)。岩石普遍具绢云母化和高岭土化。

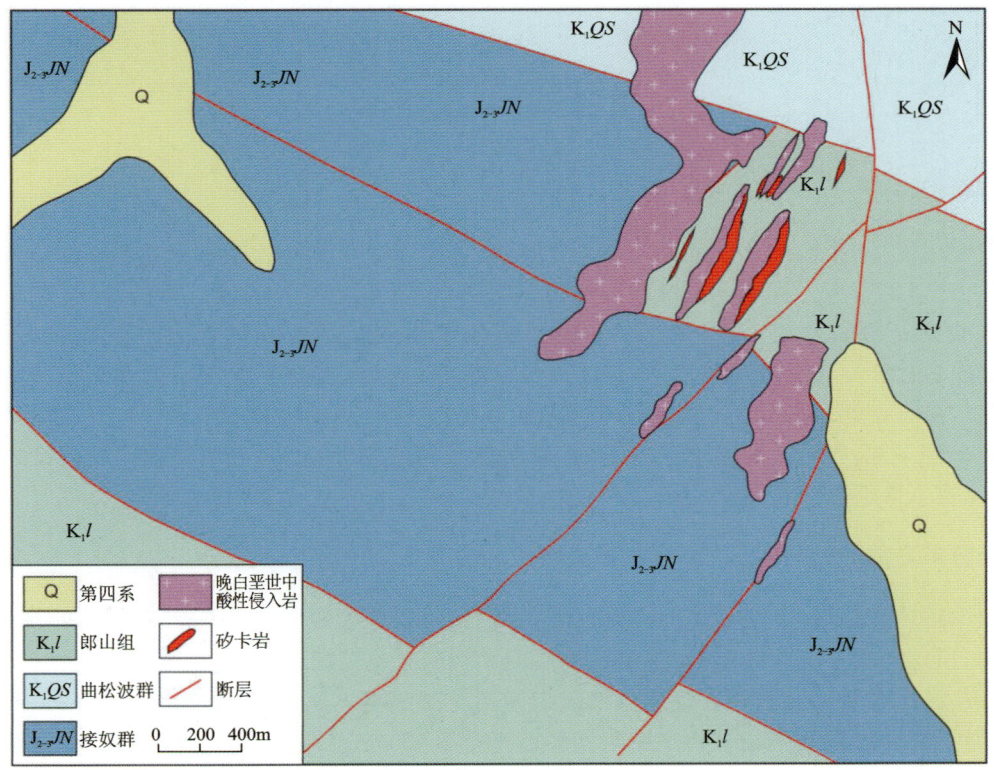

图3-27 拔拉扎铜钼矿地质简图(据Dai et al.,2020)

拔拉扎铜钼矿床产于北西向与北东向断裂复合部位，出露地层主要有中—上侏罗统接奴群（$J_{2-3}JN$）、下白垩统郎山组（K_1l）和下白垩统曲松波群（K_1QS）（图3-28）。其中，郎山组分布于矿区东、南部，主要岩性为灰岩、硅质岩等。矿区内构造以断裂为主，褶皱次之。断裂构造以东西向断裂为主，北东向、北西向次之，少量为南北向断裂。侵入岩主要有花岗斑岩、黑云母花岗岩、石英闪长玢岩等。黑云母花岗斑岩呈岩枝状侵入中—上侏罗统接奴群和下白垩统郎山组，并在接触带上或附近形成矽卡岩。

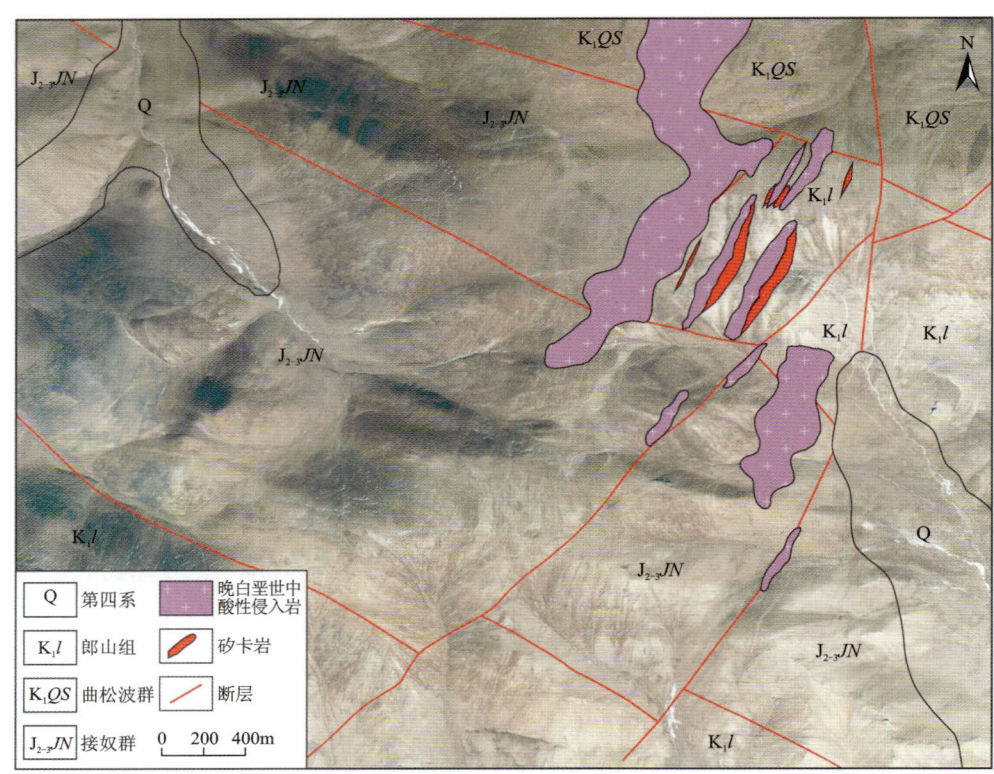

图3-28　拔拉扎铜遥感影像图

2. 矿体特征

地表共圈定16条铜矿体和1条钼矿体。铜矿体产于黑云母花岗岩与大理岩接触部位或大理岩裂隙中，主要由矽卡岩组成。铜矿体呈脉状或透镜体状产出，产状多变，一般长50～200m，宽1.5～6m，延深150～300m，Cu品位为0.52%～3.2%。钼矿体产于花岗斑岩体内，呈网脉状、脉状以及浸染状分布。Mo品位变化在0.1%～0.8%之间，最高品位可达2.31%。矿石类型主要为含铜钼矽卡岩及含钼花岗斑岩等。矿石矿物有辉钼矿、黄铜矿、磁铁矿和黄铁矿。脉石矿物有石英、透辉石、绿泥石等。矿石的组构类型多种多样，构造有稀疏浸染状、脉状和网脉状构造，结构主要为粒状结构、交代结构、交代残余结构等，反映了多期多阶段成矿特征。

3. 蚀变分带与成矿阶段

拔拉扎铜钼矿床与岩浆-热液体系关系密切，成矿期可划分为矽卡岩期和热液成矿期。早期成矿与黑云母花岗岩有关，主要分为矽卡岩化-磁铁矿阶段和铜硫化物阶段，形成磁铁矿、黄铜矿、石榴子石、透辉石、硅灰石、绿泥石及绢云母等。晚期热液成矿期与花岗斑岩有关，可分为矽卡岩化阶段和铜钼硫化物阶段，明显特征是后期矽卡岩矿物交代早期的矽卡岩矿物，主要蚀变矿物为石榴子石、绿泥石和透辉石等。花岗斑岩岩浆活动是形成铜钼矿的主要期次，表现为铜钼硫化物与石英共生，呈网脉状、细脉状、沿岩石裂隙展布，或呈浸染状、星散状分布于造岩矿物颗粒之间叠加在早期矿化蚀变岩之上。拔拉扎铜钼矿床的蚀变带发育于花岗斑岩体以及围岩中。蚀变主要为钾硅酸盐化、矽卡岩化、黏土化和绢云母化，各种蚀变之间无截然界线，存在交叉重叠现象。

3.2.2 矿床成因研究

1. 含矿斑岩特征

含矿花岗斑岩岩石风化面为灰黄色—黄褐色，新鲜面为浅灰白色，具斑状结构，块状构造。斑晶以石英、碱性长石、斜长石和黑云母为主。斑晶锆石 U-Pb 年龄为 (89.3 ± 1.0) Ma$(n=9, MSWD=2.3)$，表明花岗斑岩形成于 (89.3 ± 1.0) Ma（晚白垩世）。

花岗斑岩具有高 SiO_2、低钾、高 Al_2O_3、富 CaO 和相对较低的 Fe_2O_3 含量特征，属于准铝质亚碱性系列岩石。稀土元素配分图上，镧、铈、镨等轻稀土富集，镱、镥、钇等重稀土亏损，有轻微的负 Eu 异常。在原始地幔微量元素标准化蛛网图上，岩石具有俯冲带岛弧岩浆岩特点，表现出大离子亲石元素富集和高场强元素亏损。锆石的 $\varepsilon_{Hf}(t)$ 值为 $-4.5 \sim +4.1$，二阶段模式年龄 T_{DM2} 为 $1433 \sim 892$ Ma（图 3-29）。

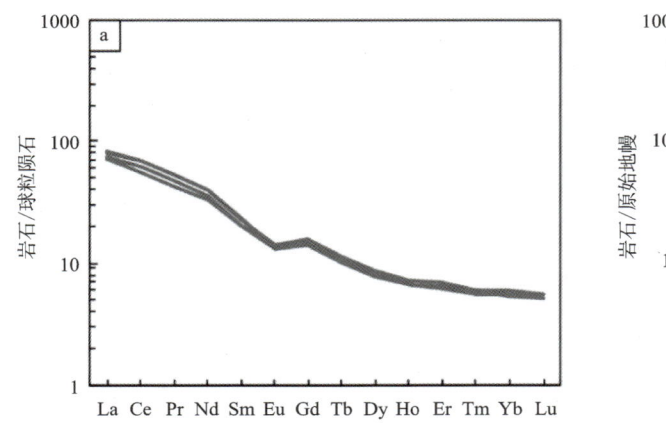
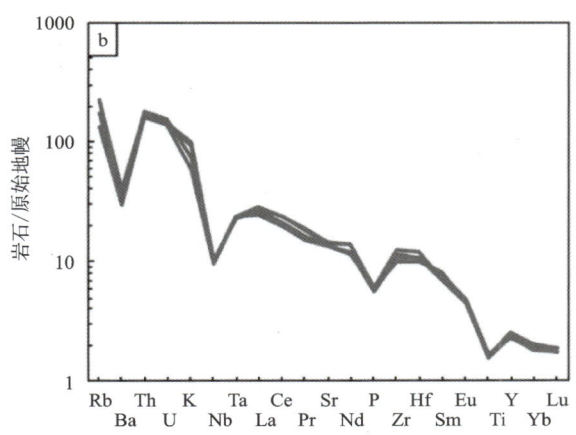

图 3-29 黑云母花岗斑岩稀土元素球粒陨石标准化图(a)和微量元素原始地幔标准化图(b)

2. 成岩成矿时代

拔拉扎矿床地表矽卡岩矿化与黑云母花岗岩关系密切，深部的钼矿化与花岗斑岩有关。花岗斑岩锆石 U-Pb 年龄为 (89.3 ± 1.0) Ma，属于晚白垩世（图 3-30）。辉钼矿样品 Re-Os 模式年龄变化于 $88.8 \sim 87.52$ Ma 之间，加权平均年龄为 (88.11 ± 0.52) Ma，等时线年龄为 (88.8 ± 1.5) Ma，表明拔拉扎铜钼矿床也形成于晚白垩世。花岗斑岩和辉钼矿的年龄基本一致，指示两者具有成因联系（图 3-31）。铜钼矿的 Re 含量也显示拔拉扎铜钼矿床成矿物质来源可能与壳幔混合的岩浆关系更为密切。

3. 岩石成因

目前研究表明，班公湖-怒江特提斯洋在晚侏罗世开始发生双向俯冲，并在早白垩世中期碰撞闭合进入陆内环境(Liu et al., 2018；Dai et al., 2020)。花岗斑岩的侵位时间都是晚白垩世，明显发生在拉萨板块和羌塘板块的碰撞之后，表明花岗斑岩形成于碰撞后环境，而不是岛弧环境。拉萨板块和羌塘板块在早白垩世中期发生碰撞导致地壳发生缩短加厚并快速抬升，以及拔拉扎埃达克岩与俯冲洋壳的部分熔融形成的富钠贫钾，低 K_2O/Na_2O 值的特征不符的事实，表明花岗斑岩不可能是俯冲洋壳的部分熔融。矿区内未发现同期的玄武质岩，但区域内广泛分布的晚白垩世($88.8 \sim 85.8$ Ma)辉绿岩脉等基性岩浆很有可能分离结晶出埃达克质花岗斑岩。但花岗斑岩缺乏明显的负 Sr 和 Eu 的异常，显示花岗斑岩不可能属于幔源玄武质岩浆结晶分异的产物。花岗斑岩锆石 $\varepsilon_{Hf}(t)$ 值为 $-4.5 \sim +4.1$，除一个负值外,其余全部为正值,平均值为+2.1,二阶段模式年龄 T_{DM2} 为 1433~892Ma。在 $\varepsilon_{Hf}(t)$-U-Pb 年龄图解(图 3-31)中绝大多数样品点落入球粒陨石和亏损地幔演化线之间,仅有一个点位于球粒陨石演化线之下。表明花岗斑岩源区主要由亏损地幔或者新生地壳物质组成,并可能卷入了少量古老地壳物质。综上所述,花岗斑岩为羌塘-拉萨地块碰撞后环境下拆沉下地壳部分熔融的产物。

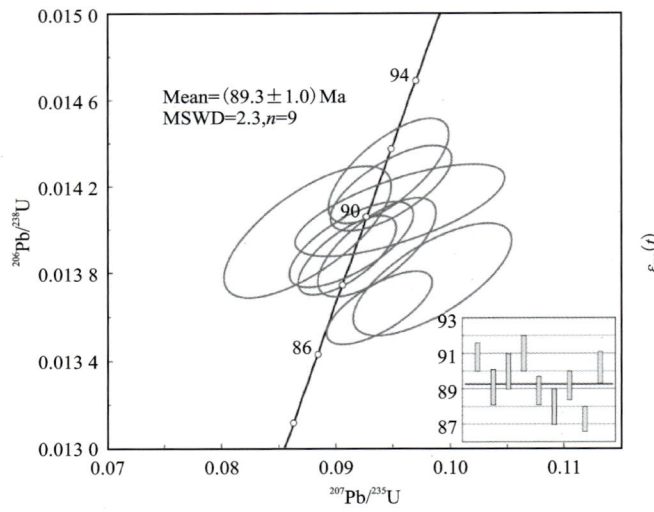

图 3-30 拔拉扎铜钼矿黑云母花岗斑岩锆石 U-Pb 年龄谐和图

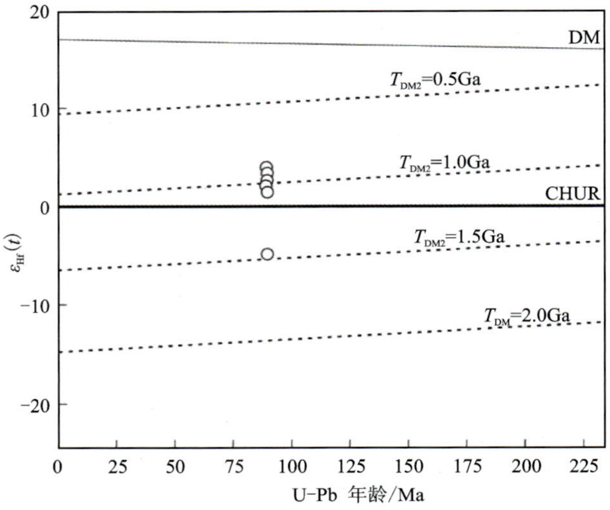

图 3-31 拔拉扎铜钼矿云母花岗斑岩锆石 $\varepsilon_{Hf}(t)$-U-Pb 年龄图解(据 Dai et al.,2020)

4. 成矿物质来源

由于 Re 主要富集于地幔中,因此根据 Re 的含量对推断其成矿物质来源有一定的指示作用。西藏斑岩型矿床成矿物质以壳源为主的辉钼矿中 Re 的含量小于 100×10^{-6} g,而与幔源有关的则大于 200×10^{-6},若 Re 的含量在这两个数据之间,则成矿物质可能由两者混合所致。拔拉扎铜钼矿的 Re 含量均大于 200×10^{-6}。因此,仅从 Re 含量判断拔拉扎铜钼矿床成矿物质可能与幔源关系更为密切。

5. 矿床成因类型

晚白垩世,拉萨地块中北部受到南拉萨地块和羌塘地块碰撞与挤压,地壳缩短加厚和抬升,区域性伸展作用导致加厚的下地壳拆沉,拆沉的镁铁质物质部分熔融,与地幔反应形成"似埃达克质"岩浆。岩浆沿东西向深断裂上升、侵位,形成黑云母花岗岩和花岗斑岩等中酸性浅成侵入岩。深部岩浆房中的岩浆继续活动并分异成矿热液流体。成矿热液流体上升至浅部郎山组灰岩中,在接触带附近的矽卡岩中发生铜金矿化,而在岩体内部形成钼矿化。矽卡岩中的矿石矿物以黄铁矿、黄铜矿为主,呈稠密浸染状产出。产于花岗斑岩岩体中的辉钼矿体具有浸染状矿化特征,或者与黄铁矿、石英呈脉状穿插。拔拉扎矿床为典型的矽卡岩型铜金+斑岩型的复合型铜钼矿床(图 3-32)。

3.2.3 控矿因素与找矿标志

1. 控矿因素

斑岩型铜(金)矿化:主要受晚白垩世花岗斑岩控制。
矽卡岩型矿化:主要受晚三叠世石英二长斑岩和下三叠统郎山组矽卡岩化的灰岩控制。

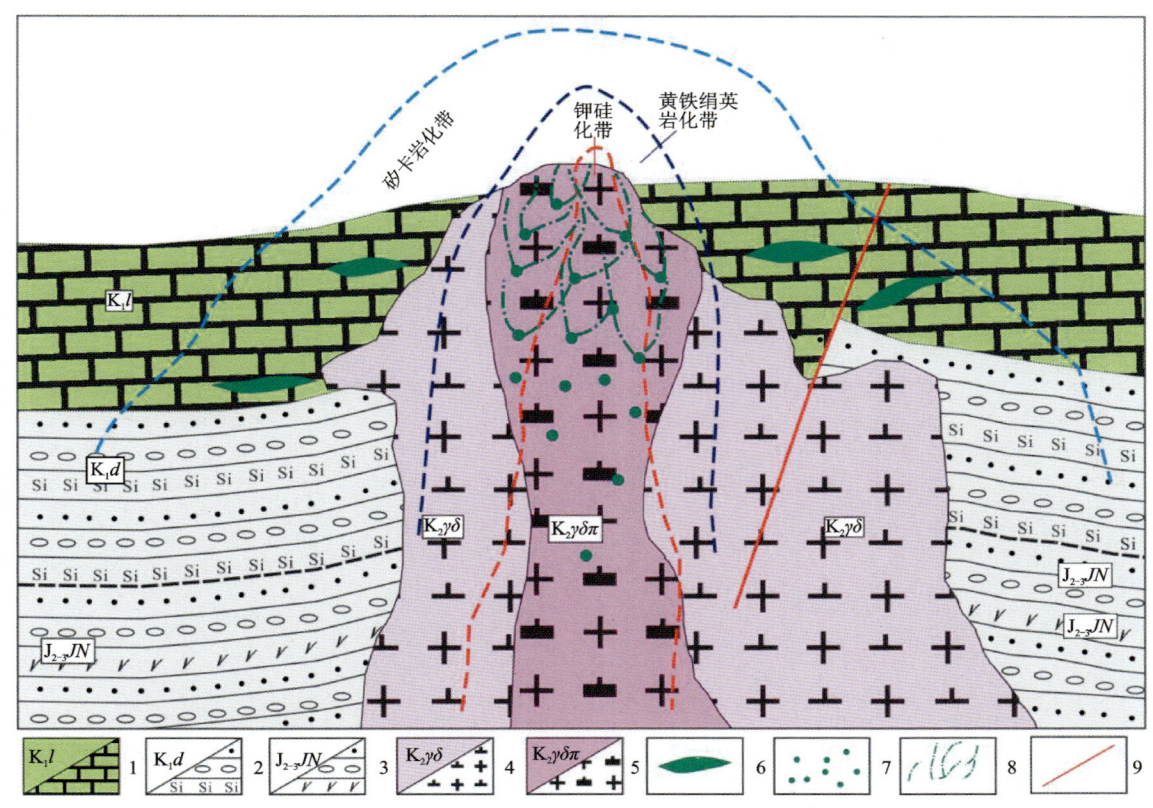

图 3-32 拔拉扎斑岩-矽卡岩型铜钼矿成矿模式图

1.下白垩统郎山组灰岩;2.下白垩统多尼组砂岩、砾岩、硅质岩;3.中上侏罗统接奴群砂岩、砾岩、安山岩;4.花岗闪长岩;
5.花岗闪长斑岩;6.矽卡岩型矿化;7.浸染状斑岩型铜矿化;8.细脉状斑岩型铜矿化;9.断层

2. 找矿标志

氧化矿露头标志:次生氧化形成的孔雀石、蓝铜矿、铜蓝等含铜硫化物风化物,褐铁矿等含铁硫化物风化物。

围岩蚀变标志:黄铁矿化、硅化、绢英岩化、钾化、青磐岩化、角岩化、矽卡岩等。

斑岩体标志:呈小岩株、岩脉形式产出的晚白垩世花岗斑岩。

构造标志:斑岩体附近具有金属硫化物蚀变的构造破碎带。

地球化学标志:Cu、Mo、Au、Pb、Zn、Ag 组合异常。

地球物理标志:正磁异常外围或者边部、高阻低极化体。

3.3 达若古新世斑岩(次火山岩)型铜多金属矿点

达若铜矿点位于昂仁县达若乡境内,由中国地质调查局成都地质调查中心"冈底斯-喜马拉雅铜矿资源基地调查"项目实施过程中发现。通过评价,目前达若铜矿点铜资源量为小型规模(西藏自治区区域地质调查大队,2019)。

3.3.1 矿床地质特征

达若铜矿点大地构造位于南拉萨地块冈底斯陆缘火山-岩浆弧西段,北东向断层和火山穹隆环状断裂交会部位。矿区出露古新统林子宗群典中组和第四系(图3-33)。典中组形成于白垩纪—古新世,为一套火山岩地层,岩性主要有流纹质含角砾岩晶屑凝灰熔岩、英安岩和英安质凝灰岩。岩石地球化学分析表明,典中组火山岩属于钙碱性—高钾钙碱性系列,富集大离子亲石元素,亏损高场强元素,轻稀土元素富集,具有弱负Eu异常,与俯冲造山带陆缘弧-岛弧型火山岩特征相似。中部的强金火山穹隆形成了一系列环形和放射状火山构造,控制火山岩就位和铜钼矿化的富集(图3-34)。

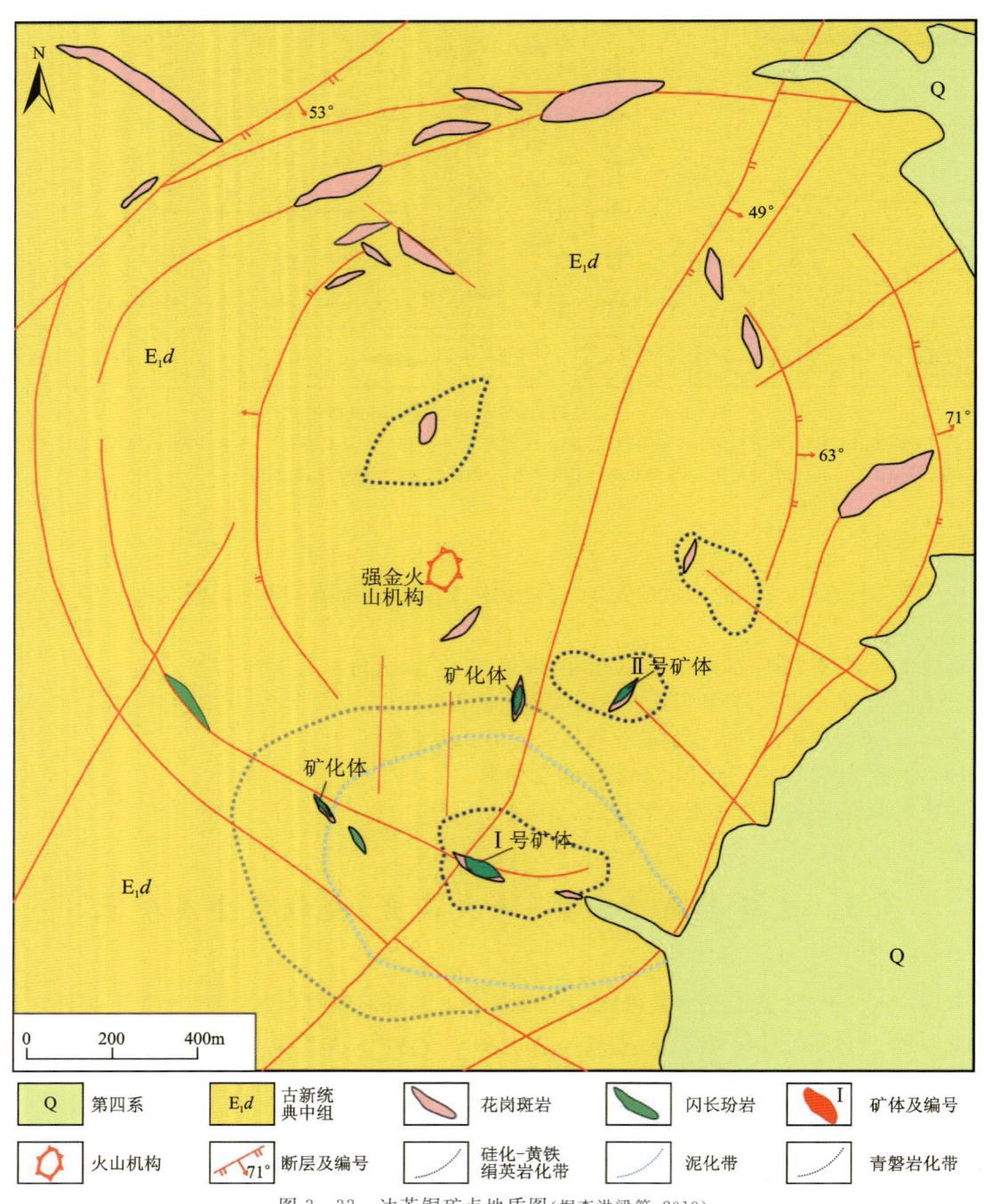

图3-33 达若铜矿点地质图(据李洪梁等,2019)

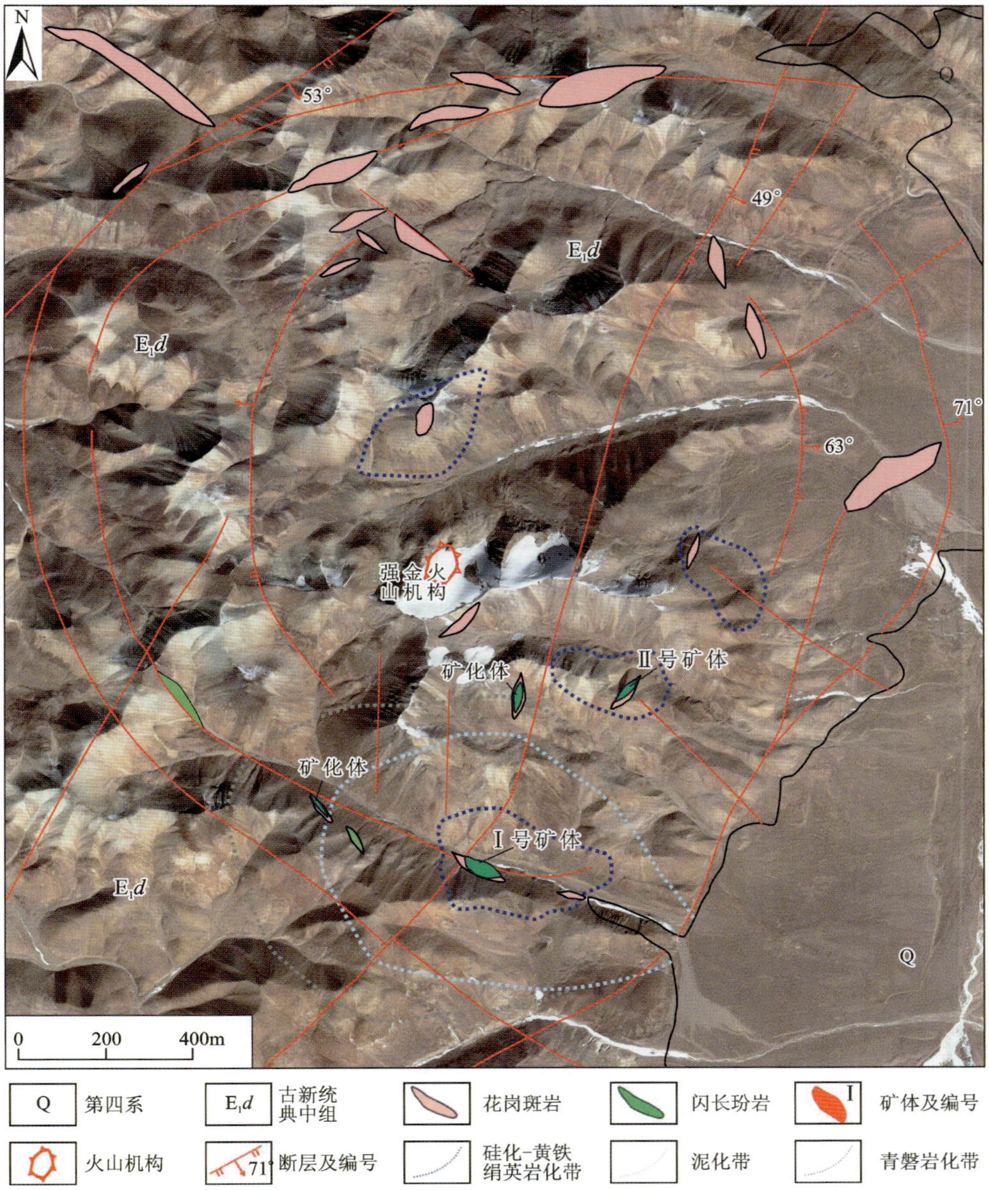

图 3-34 达若铜矿点遥感影像图

铜矿体赋存于古新世花岗斑岩和典中组凝灰岩中,矿化富集出现在北北东向断层与火山岩原生构造裂隙交会处。目前地表共发现Ⅰ号铜矿体、Ⅱ号铜多金属矿体。Ⅰ号铜矿体呈不规则扁柱状,走向北北东,Cu 平均品位为 0.65%。赋矿岩石为黄铁矿化硅化强蚀变岩和花岗斑岩。Ⅱ号铜多金属矿体发育于黄铁矿化、硅化蚀变带中,呈透镜体状产出。矿体产状为 130°∠51°,Cu 品位为 0.3%~1.2%,Pb 品位为 0.6%~1.4%,Zn 品位为 0.5%~1.2%。含矿岩石为黄铁矿化硅化凝灰岩。矿石类型以稀疏浸染状+细脉状、角砾状构造为主,矿物组合包括黄铜矿+黄铁矿+黝铜矿+孔雀石+蓝铜矿+金红石+毒砂+石英+长石+绢云母+黏土矿物等。黄铜矿、黝铜矿、孔雀石、蓝铜矿为铜的主要矿石矿物。

达若铜矿点以矿体为中心向外依次出现硅化→黄(褐)铁矿化、绢英岩化(火烧皮地貌)→泥化→青磐岩化蚀变。强金火山穹隆南侧的环状断裂与北东向区域断层交会部位为热变质晕中心,主要表现为硅化-黄铁矿化,面积约 0.91km²。硅化-黄(褐)铁矿化与铜矿化关系密切,为测区重要找矿标志,其外围为泥化带、青磐岩化。泥化带与铅、锌(银)矿化关系密切。

图 3-35 达若铜矿点地表和镜下特征照片

a. 含矿斑岩与火山岩接触关系；b. 孔雀石化矿石标本；c. 含矿斑岩硫化物镜下特征；d. 含矿花岗斑岩；e. 典中组英安质凝灰岩镜下照片；f. 含矿花岗斑岩镜下照片。E_1d. 典中组火山岩；$\gamma\pi$. 花岗脉岩；Cov. 蓝铜矿；Mal. 孔雀石；Bvt. 全红石；Ccp. 黄铜矿；Py. 黄铁矿；Sp. 闪铁矿；Lm. 褐铁矿；Qtz. 石英；Kfs. 钾长岩；Pl. 斜长岩；Ser. 绢云母

3.3.2 含矿斑岩成因

1. 含矿斑岩岩石学特征

含矿斑岩灰白色，风化面呈浅褐红色，斑状结构，块状构造。斑晶主要为石英、钾长石以及少量的斜长石，含量为 20%～30%；基质以隐晶质为主，在斑晶边部可见少量微晶；副矿物主要为黄铁矿和褐铁矿等不透明矿物，含量小于 3%。

斑岩具有高 SiO_2（76.16%～82.78%，平均值为 78.28%）、高 K_2O（3.27%～5.87%，平均值为 4.97%）、高 K_2O/Na_2O（3.23～5.54，平均值为 4.55）、低 CaO（0.11%～0.16%，平均值为 0.14%）的特点。全碱含量[$ALK = w(K_2O + Na_2O)$]介于 4.16%～6.93% 之间，平均值为 6.09%；在 TAS 图解上，所有样品均落入花岗岩区域；里特曼指数[$\delta_{43} = (Na_2O + K_2O)^2 / (SiO_2 - 43)$]介于 0.44～1.45 之间，平均值为 1.11，在 K_2O-SiO_2 碱性系列判别图解中，样品显示出高钾钙碱性—钾玄岩系列的特征；Al_2O_3 含量介于 9.74%～12.91% 之间，平均值为 12.07%，在 A/NK-A/CNK 图解中，样品显示弱过铝质特征；P_2O_5（0.02%～0.04%，平均值为 0.03%）、TiO_2（0.12%～0.16%，平均值为 0.15%）、MgO（0.18%～0.27%，平均值为 0.20%）含量较低，并与 SiO_2 含量呈现出负相关的关系（图 3-36）。

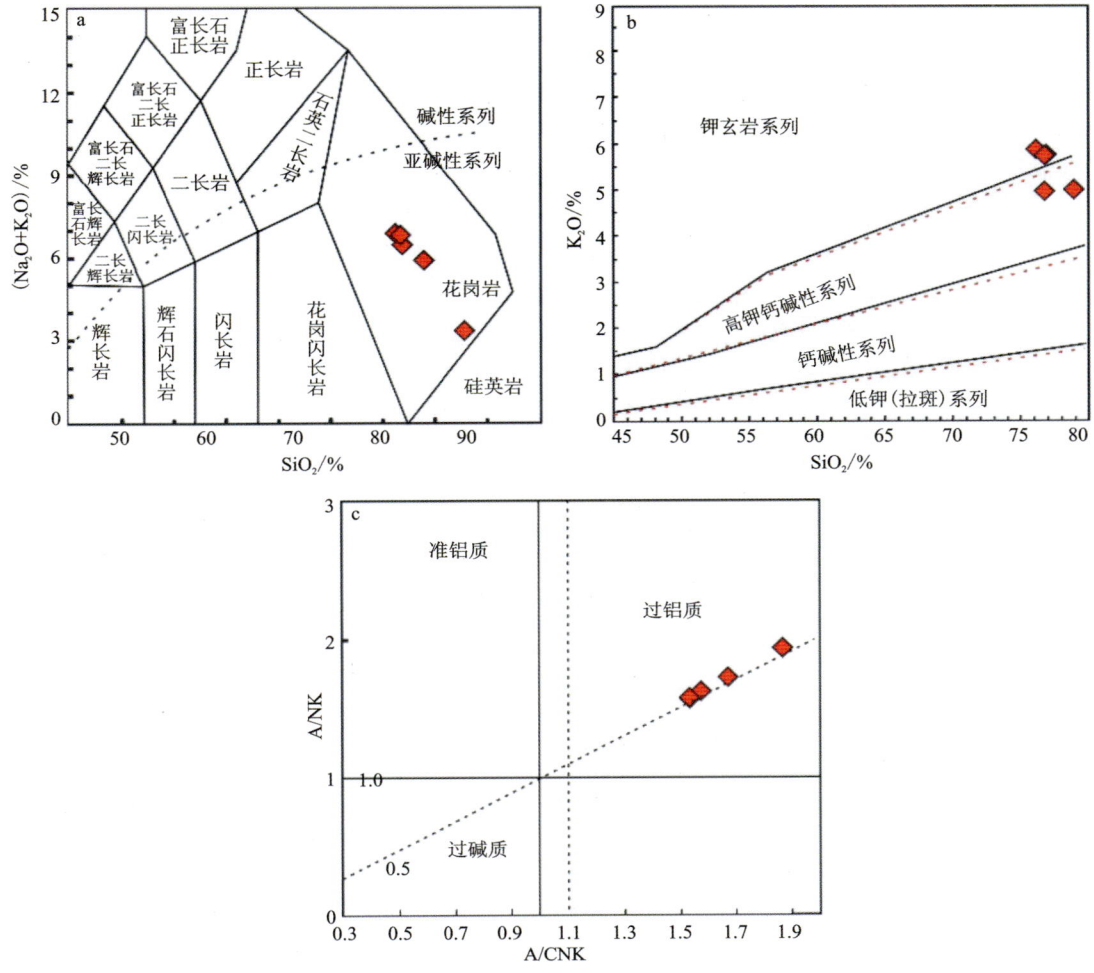

图 3-36 达若含矿花岗斑岩 $Na_2O+K_2O-SiO_2$ 图解(a)、K_2O-SiO_2 图解(b) 及 A/NK-A/CNK 图解(c)

在微量元素原始地幔标准化蛛网图上(图3-37),花岗斑岩显示出明显的Ba、Nb、Sr、P、Ti负异常和微弱的负U,正Rb、Th、K异常。P、Ti的亏损可能与磷灰石、钛铁矿的分离结晶关系密切。Nd/Th值(1.06~2.02,平均值为1.60)、Zr/Hf值(18.54~24.32,平均值为20.28)较低,变化范围较大。Th/U值(2.36~6.10,平均值为4.96)和Nb/Ta值(11.14~11.66,平均值为11.44)与上地壳平均值(分别为4.2、12)接近,表明含矿斑岩与上地壳可能具有亲缘演化关系。

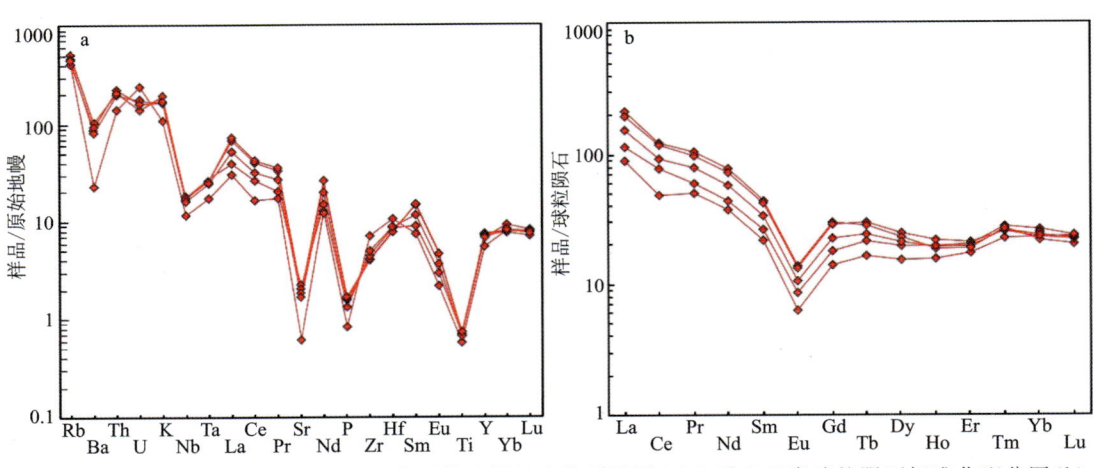

图 3-37 达若含矿花岗斑岩微量元素原始地幔标准化蛛网图(a)和稀土元素球粒陨石标准化配分图(b)

含矿斑岩的稀土元素总量($\Sigma REE=92.41\times10^{-6}\sim199.61\times10^{-6}$,平均值为$151.74\times10^{-6}$)较低,小于地壳平均值($210\times10^{-6}$)。样品的稀土元素球粒陨石标准化配分图右倾,轻稀土元素含量($LREE=76.21\times10^{-6}\sim177.66\times10^{-6}$,平均值为$131.49\times10^{-6}$)明显高于重稀土元素含量($HREE=16.20\times10^{-6}\sim23.01\times10^{-6}$,平均值为$20.25\times10^{-6}$),$LREE/HREE$值介于$4.70\sim8.10$之间,平均值为6.37,$La_N/Yb_N$值为$3.69\sim9.18$,平均值为6.20,表明轻、重稀土元素分馏显著,轻稀土元素富集,而亏损重稀土元素;δEu值分布集中,介于$0.36\sim0.39$之间,平均值为0.38,δCe值介于$0.70\sim0.90$之间,平均值为0.79,表明负Eu异常显著。另外,Eu/Sm值介于$0.11\sim0.13$之间,平均值为0.12,暗示岩浆分异强烈。研究表明,Sm/Nd值从深源到浅源或从超基性岩到酸性岩呈现依次递减的特点,表现为深源($0.50\sim1.00$)大于浅源($0.10\sim0.31$),大洋玄武岩($0.23\sim0.43$)大于壳源沉积岩和花岗岩(<0.30)。达若含矿斑岩Sm/Nd值变化不大,介于$0.19\sim0.20$之间,平均值为0.19,显示出壳源的特点(表3-14)。

表3-14 达若铜矿点含矿花岗斑岩主量与微量元素分析结果

元素	单位	DR3-1	DR3-3	DR3-4	DR3-5	DR3-6
SiO_2	%	82.78	76.75	76.80	76.16	78.89
TiO_2	%	0.12	0.16	0.15	0.15	0.15
Al_2O_3	%	9.74	12.74	12.91	12.79	12.17
TFe_2O_3	%	1.28	1.03	1.11	1.48	1.24
MnO	%	0.04	0.04	0.04	0.07	0.05
MgO	%	0.27	0.18	0.19	0.18	0.20
CaO	%	0.11	0.14	0.16	0.13	0.14
Na_2O	%	0.89	1.12	1.54	1.06	0.97
K_2O	%	3.27	5.74	4.97	5.87	5.01
P_2O_5	%	0.02	0.04	0.03	0.04	0.03
LOI	%	1.74	1.53	1.57	1.53	0.82
Li	10^{-6}	76.00	21.90	20.60	21.50	35.21
Be	10^{-6}	2.20	1.88	1.69	1.75	1.90
V	10^{-6}	15.60	14.90	11.10	12.90	13.74
Cr	10^{-6}	27.50	29.30	23.60	37.10	29.61
Co	10^{-6}	0.69	0.73	0.80	0.98	0.81
Ni	10^{-6}	1.35	1.66	1.21	1.23	1.37
Cu	10^{-6}	3.64	2.95	3.93	3.81	3.58
Zn	10^{-6}	35.10	19.00	17.00	17.50	22.15
Mo	10^{-6}	0.89	1.89	1.01	1.62	1.35
Sb	10^{-6}	2.05	1.42	0.69	1.19	1.34
W	10^{-6}	1.13	1.45	1.25	1.42	1.31
Bi	10^{-6}	0.35	0.08	0.17	0.08	0.17
Cs	10^{-6}	17.40	26.30	13.90	24.50	20.66
Ga	10^{-6}	21.00	18.70	18.00	18.60	19.26
Rb	10^{-6}	260.00	325.00	267.00	321.00	295.92

续表 3-14

元素	单位	DR3-1	DR3-3	DR3-4	DR3-5	DR3-6
Sr	10^{-6}	13.00	39.00	45.00	37.10	33.98
Y	10^{-6}	24.70	32.50	30.40	33.80	30.65
Zr	10^{-6}	78.80	45.30	50.20	45.60	55.48
Nb	10^{-6}	8.22	12.40	12.70	12.30	11.53
Ba	10^{-6}	158.00	724.00	633.00	713.00	563.33
Ta	10^{-6}	0.71	1.08	1.14	1.07	1.01
Tl	10^{-6}	1.77	2.84	1.86	2.78	2.33
La	10^{-6}	21.00	50.00	26.70	45.80	36.14
Ce	10^{-6}	29.50	74.40	47.20	71.40	56.10
Pr	10^{-6}	4.75	9.85	5.64	9.13	7.40
Nd	10^{-6}	17.30	35.90	20.30	33.40	26.93
Sm	10^{-6}	3.29	6.71	4.00	6.42	5.15
Eu	10^{-6}	0.37	0.80	0.50	0.78	0.62
Gd	10^{-6}	2.88	6.04	3.65	5.87	4.65
Tb	10^{-6}	0.61	1.06	0.80	1.11	0.90
Dy	10^{-6}	3.91	5.80	4.97	6.26	5.28
Ho	10^{-6}	0.89	1.05	1.11	1.23	1.08
Er	10^{-6}	2.88	3.10	3.35	3.45	3.23
Tm	10^{-6}	0.57	0.68	0.70	0.65	0.66
Yb	10^{-6}	3.87	3.70	4.49	3.88	4.03
Lu	10^{-6}	0.59	0.52	0.60	0.56	0.57
Hf	10^{-6}	3.24	2.38	2.64	2.46	2.71
Pb	10^{-6}	4.34	10.20	7.89	9.44	7.97
Th	10^{-6}	12.00	17.80	19.20	17.80	16.89
U	10^{-6}	5.08	2.96	3.39	2.92	3.62
ΣREE	10^{-6}	92.41	199.61	124.02	189.94	152.73
LREE	10^{-6}	76.21	177.66	104.34	166.93	132.33
HREE	10^{-6}	16.20	21.95	19.67	23.01	20.40
δEu	—	0.36	0.38	0.39	0.38	0.38

2. 含矿斑岩同位素地球化学组成

达若铜矿点含矿花岗斑岩 Sr、Nd 含量分别为 $3.29 \times 10^{-6} \sim 6.71 \times 10^{-6}$、$17.30 \times 10^{-6} \sim 35.90 \times 10^{-6}$；$^{87}Rb/^{86}Sr$ 与 $^{87}Sr/^{86}Sr$ 值分别为 $24.130 \sim 57.912$、$0.722\,950 \sim 0.745\,003$；$^{147}Sm/^{144}Nd$ 与 $^{143}Nd/^{144}Nd$ 值分别为 $0.113\,0 \sim 0.116\,2$、$0.512\,288 \sim 0.512\,296$；斑岩 Pb 同位素组成较为均一，富含放射成因 Pb，$^{208}Pb/^{204}Pb$、$^{207}Pb/^{204}Pb$ 和 $^{206}Pb/^{204}Pb$ 值分别为 $39.283 \sim 39.300$、$15.691 \sim 15.695$ 和 $18.791 \sim 18.804$；利用两件斑岩样品的加权平均结晶年龄（61.5Ma）校正 Sr、Nd 同位素组成后，得到初始值

$(^{87}\text{Sr}/^{86}\text{Sr})_i$ 与 $(^{143}\text{Nd}/^{144}\text{Nd})_i$ 分别为 $0.722\,739 \sim 0.744\,497$、$0.512\,287 \sim 0.512\,295$，对应的 $\varepsilon_{\text{Nd}}(t)$ 值为 $-6.82 \sim -6.67$；初始 $(^{208}\text{Pb}/^{204}\text{Pb})_t$、$(^{207}\text{Pb}/^{204}\text{Pb})_t$ 和 $(^{206}\text{Pb}/^{204}\text{Pb})_t$ 分别为 $38.737 \sim 38.944$、$15.661 \sim 15.682$ 和 $18.079 \sim 18.624$；样品 Nd 亏损地幔模式年龄为 $1336 \sim 1296$ Ma，二阶段模式年龄为 $1374 \sim 1361$ Ma。

含矿花岗斑岩的 $^{176}\text{Lu}/^{177}\text{Hf}$ 值均小于 0.002，表明岩浆锆石在含矿斑岩形成之后的地质演化过程中，^{176}Lu 经衰变产生的 ^{177}Hf 极少，所测得 $^{176}\text{Hf}/^{177}\text{Hf}$ 值基本代表了成岩时岩浆体系的 Hf 同位素组成。同时，锆石 $f_{\text{Lu/Hf}}$ 值介于 $-0.98 \sim -0.93$ 之间，平均值为 -0.96，明显小于硅铝质地壳（-0.72）和硅镁质地壳（-0.34），因此 T_{DM2} 可代表含矿花岗斑岩源区物质从亏损地幔的抽取时间或在地壳的平均存留年龄。两件样品的锆石 $^{176}\text{Hf}/^{177}\text{Hf}$ 值接近，介于 $0.282\,596 \sim 0.282\,692$ 之间，平均值为 $0.282\,648$（$n=13$）；$\varepsilon_{\text{Hf}}(t)$ 值变化较大，介于 $-4.97 \sim -1.54$ 之间，平均值为 -3.10；T_{DM2} 介于 $1083 \sim 1273$ Ma 之间，平均值为 1171 Ma（表 3-15、表 3-16）。

表 3-15 达若铜矿点含矿花岗斑岩 Hf 同位素组成

测点号	年龄/Ma	$^{176}\text{Hf}/^{177}\text{Hf}$	2σ	$^{176}\text{Lu}/^{177}\text{Hf}$	2σ	$\varepsilon_{\text{Hf}}(t)$	T_{DM}	T_{DM2}	$f_{\text{Lu/Hf}}$
DR03-1-01	60.3	0.282 642	0.000 020	0.000 401	0.000 015	-3.32	874	1198	-0.96
DR03-1-02	62.3	0.282 679	0.000 018	0.000 705	0.000 005	-2.01	805	1108	-0.98
DR03-1-03	60.6	0.282 690	0.000 017	0.001 009	0.000 029	-1.59	796	1086	-0.97
DR03-1-04	61.8	0.282 675	0.000 019	0.001 126	0.000 012	-2.11	820	1116	-0.97
DR03-1-05	61.6	0.282 691	0.000 019	0.000 634	0.000 005	-1.54	787	1083	-0.98
DR03-1-06	61.6	0.282 673	0.000 022	0.000 743	0.000 005	-2.17	814	1119	-0.98
DR03-3-01	61.3	0.282 596	0.000 021	0.000 763	0.000 042	-4.97	955	1273	-0.94
DR03-3-02	60.2	0.282 641	0.000 016	0.000 602	0.000 015	-3.31	857	1182	-0.98
DR03-3-03	62.0	0.282 644	0.000 021	0.000 471	0.000 060	-3.26	896	1179	-0.93
DR03-3-04	59.1	0.282 662	0.000 027	0.001 738	0.000 041	-2.64	852	1143	-0.95
DR03-3-05	62.1	0.282 624	0.000 015	0.000 435	0.000 019	-3.99	925	1220	-0.93
DR03-3-06	62.3	0.282 608	0.000 020	0.001 829	0.000 029	-4.51	933	1249	-0.94
DR03-3-07	60.1	0.282 600	0.000 020	0.001 606	0.000 015	-4.82	938	1264	-0.95

3. 斑岩成因

达若铜矿点花岗岩根据源岩性质可将其分为 A 型、I 型和 S 型花岗岩。其中，A 型花岗岩通常具有钠（铁）闪石、铁橄榄石、霓石和霓辉石等碱性暗色矿物组成的特征性矿物组合，并且在化学成分上具有富 Si、K 和 Nb、Ta、Zr、Ga 等高场强元素组合，成岩温度高，属于典型的高温花岗岩。

通过岩相学及全岩地球化学的研究发现：①达若铜矿点的含矿斑岩并不具有 A 型花岗岩中典型的碱性暗色矿物组合；②在化学成分上，所有花岗斑岩样品的 Nb、Ta、Zr、Ga 元素含量均较低；③利用 Watson 和 Harrison（1983）提出的全岩锆石饱和温度计算公式，可得到花岗斑岩的成岩温度介于 $685.60 \sim 758.50$ ℃ 之间，平均值为 707.76 ℃，明显低于 A 型花岗岩的平均成岩温度 833 ℃。同时，在 TFeO/MgO-(Zr+Nb+Ce+Y) 岩石成因类型判别图上（图 3-38a），所有样品偏离 A 型花岗岩区域，而集中分布在分异的花岗岩区域。另外，5 件花岗斑岩样品中均未发现角闪石，并具有高 SiO_2（$76.16\% \sim 82.78\%$，平均值为 78.28%）、高碱（$4.16\% \sim 6.93\%$，平均值为 6.09%）和高 TFeO/MgO 值（$4.32 \sim 7.37$，平均值为 5.55），同样指示岩浆经历了高程度的结晶分异作用。因此，达若铜矿点的含矿斑岩应属于分异的 S 型或 I 型花岗岩。

表 3-16　达若铜矿点含矿花岗斑岩 Sr-Nd-Pb 同位素组成

样品编号	单位	DR03-1	DR03-3	DR03-5
Rb	10^{-6}	260.00	325.00	321.00
Sr	10^{-6}	13.00	39.00	37.10
$^{87}Rb/^{86}Sr$		57.912	24.130	25.054
$^{87}Sr/^{86}Sr$		0.745 003	0.722 950	0.723 444
$(^{87}Sr/^{86}Sr)_i$		0.744 497	0.722 739	0.723 225
Sm	10^{-6}	3.29	6.71	6.42
Nd	10^{-6}	17.30	35.90	33.40
$^{147}Sm/^{144}Nd$		0.115 0	0.113 0	0.116 2
$^{143}Nd/^{144}Nd$		0.512 288	0.512 295	0.512 296
$(^{143}Nd/^{144}Nd)_i$		0.512 287	0.512 294	0.512 295
$\varepsilon_{Nd}(t)$		-6.82	-6.69	-6.67
T_{DM}	Ma	1332	1296	1336
T_{DM2}	Ma	1374	1363	1361
Pb	10^{-6}	4.34	10.20	9.44
Th	10^{-6}	12.00	17.80	17.80
U	10^{-6}	5.08	2.96	2.92
$^{208}Pb/^{204}Pb$		39.300	39.300	39.283
$^{207}Pb/^{204}Pb$		15.695	15.695	15.691
$^{206}Pb/^{204}Pb$		18.804	18.804	18.791
$(^{208}Pb/^{204}Pb)_t$		38.737	38.944	38.900
$(^{207}Pb/^{204}Pb)_t$		15.661	15.687	15.682
$(^{206}Pb/^{204}Pb)_t$		18.079	18.624	18.600

分异的 S 型花岗岩往往与 I 型花岗岩具有相似的矿物组合和主微量元素特征,但据 Pichavant 等(1992)的实验研究结果,磷灰石在准铝质或弱过铝质的岩浆中溶解度极低,并在岩浆的分异过程中与 SiO_2 含量呈负相关,而在强过铝质的岩浆中,两者含量呈正相关。磷灰石的这种差异性的化学行为已被证实能成功地用于判别 S 型和 I 型花岗岩。达若铜矿点花岗斑岩 A/CNK 值为 1.53~1.87,平均值为 1.63,显示弱过铝质特征,P_2O_5 含量极低(最高 0.04%),并与 SiO_2 含量呈负相关,具有与 I 型花岗岩一致的演化趋势。这种演化趋势也得到了 Th-Rb 和 Y-Rb 图解的验证(图 3-38c、d),因为富 Th 和 Y 元素的矿物并不会在准铝质或弱过铝质 I 型岩浆演化过程的早阶段结晶,从而导致 Th 和 Y 含量在分异的 I 型岩浆中含量高,并与 Rb 含量呈正相关,这种演化趋势与过铝质的 S 型岩浆正好相反。另外,样品在镜下也并未发现 S 型花岗岩特征性的富 Al 矿物,如石榴子石、刚玉、堇青石和电气石等。综上所述,达若铜矿点花岗斑岩应属于高分异的 I 型花岗岩。

已有的研究资料表明,高分异的 I 型花岗岩主要有如下两种成因:①幔源分异的炽热岩浆底侵地壳,使其发生部分熔融而形成;②幔源分异产生的基性岩浆底侵下地壳,并与壳源长英质的岩浆发生混合作用后,在浅源形成混源的岩浆房中经后期分离结晶形成。

达若铜矿点含矿斑岩部分微量及稀土元素指标暗示含矿斑岩与上地壳具有亲缘演化关系。同时,低 Cr(23.60×10^{-6}~37.10×10^{-6},平均值为 29.42×10^{-6})、Ni(1.21×10^{-6}~1.66×10^{-6},平均值为 1.37×10^{-6})以及小而均一的 Sm/Nd 值[0.19~0.20,平均值为 0.19(<0.30)],表明岩浆源区主要为

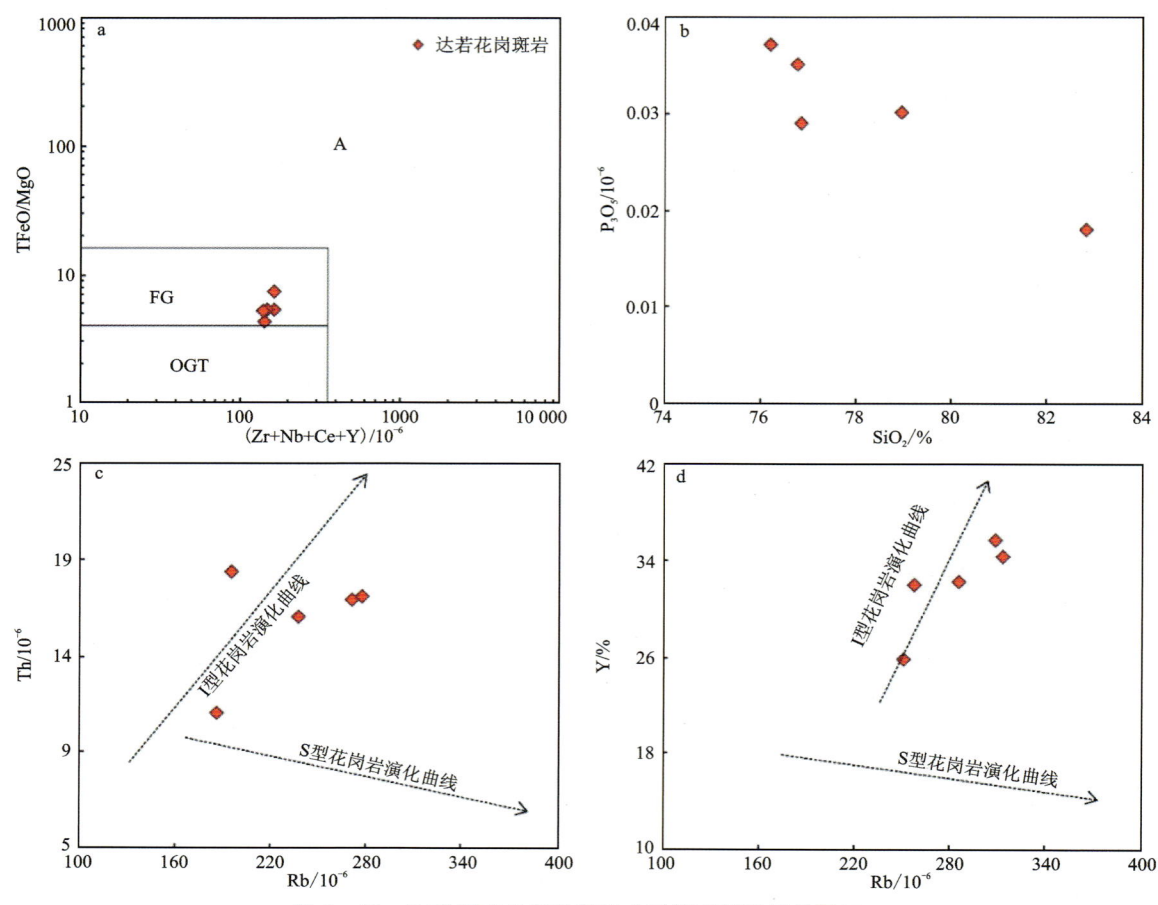

图 3-38 达若铜矿点花岗斑岩成因类型判别相关图解

上地壳。含矿斑岩具有均一的 La/Sm 值(6.38～7.45,平均值为 6.93)和高 La/Ta 值[23.42～46.30,平均值为 35.62(>25)],表明岩浆源区受到了幔源物质的混染;高 Si、K,低 Th/U 和 Nb/Ta 比值以及显著的负 Eu 异常、右倾的稀土元素配分曲线,显现出含矿斑岩与幔源岩浆底侵致使地壳物质重熔形成的岩浆岩具有相似的特征。值得注意的是,达若铜矿点含矿斑岩虽属弱过铝质岩石,但其 Al_2O_3 含量却显著低于上地壳(15.4%)和喜马拉雅淡色花岗岩带的典型 S 型花岗岩(>15%)的 Al_2O_3 含量,显示出有幔源岩浆参与的迹象。

Sr-Nd 同位素特征表明,含矿斑岩样品($^{87}Sr/^{86}Sr)_i$ 值较大,介于 0.722 739～0.744 497 之间;$\varepsilon_{Nd}(t)$ 值为 -6.82～-6.67(平均值为 -6.72)分布集中;T_{DM2} 介于 1374～1361Ma 之间。对此最为直接的解释即为岩浆起源于中元古代(Pt_2)地壳物质的部分熔融。在 $\varepsilon_{Nd}(t)$-$(^{87}Sr/^{86}Sr)_i$ 图解中(图 3-39a),除 DR03-1 为孤立点外,样品落入了措麦-隆格尔典中组酸性火山岩区,靠近古拉萨地体与地幔楔熔融产生的幔源物质的演化线,显示有 30%～35% 的幔源组分加入。

含矿斑岩 Pb 同位素组成特征显示:①在 $\Delta\gamma$-$\Delta\beta$ 图解中,所有样品均落入上地壳与地幔混合的俯冲带铅区域,显示出壳幔混合的特点;②在 $(^{207}Pb/^{204}Pb)_t$-$(^{206}Pb/^{204}Pb)_t$ 图解中(图 3-39b),所有样品均落在上地壳演化线上,位于古拉萨地体与措麦-隆格尔典中组酸性火山岩区的重叠区域;③在 $(^{208}Pb/^{204}Pb)_t$-$(^{206}Pb/^{204}Pb)_t$ 图解中,样品分布于造山带边界,落入古拉萨地体边部范围。这些特征表明,含矿斑岩主要来源于造山带区域的上地壳古拉萨地体的部分熔融,并有幔源物质的混染。

Hf 同位素分析结果显示(图 3-39c),含矿斑岩中的锆石具有变化较大的 $\varepsilon_{Hf}(t)$ 值(-4.97～-1.54,平均值为 -3.10),T_{DM2} 为 1273～1083Ma,与 Nd 同位素的二阶段模式年龄相近。对于同一样品,根据地壳 Nd-Hf 同位素的相关性阵列函数 $[\varepsilon_{Hf}(t)=1.34\times\varepsilon_{Nd}(t)+2.82]$ 可知,全岩样品 $\varepsilon_{Nd}(t)$ 加权平均值为

-6.72,相应的耦合 $\varepsilon_{Hf}(t)$ 值近似为 -6.18,显著低于实测的 $\varepsilon_{Hf}(t)$ 加权平均值(-3.10)。这种极不对应的关系表明 Nd-Hf 同位素之间在地质历史演化过程中发生了一定程度的解耦。这种解耦可能是由于 Hf 在板块俯冲过程中产生了熔体或流体的溶解度比 Nd 低。因此,这种熔体或流体 Nd/Hf 值较高,并且相应的 Nd/Sm 值也会大于球粒陨石,地幔受此类型的熔体或流体交代后会发生 Nd-Hf 同位素解耦,表现出放射成因的 Hf 相对 Nd 更高。因此,在这种情形下锆石的 Hf 同位素组成特征更能真实地反映花岗斑岩的源区组成。在 $\varepsilon_{Hf}(t)-t$ 图解中,所有测点均落入球粒陨石演化线之下,低于南拉萨地体成矿岩体的 $\varepsilon_{Hf}(t)$ 值,而与古拉萨结晶基底具有相似的 $\varepsilon_{Hf}(t)$ 值和二阶段模式年龄,表明其岩浆源区并非来自南拉萨地体,而是主要来源于古拉萨地体的重熔。如上所述,锆石 $\varepsilon_{Hf}(t)$ 值变化范围较大,最大可达 3.43 个 ε 单位,暗示岩浆在演化过程中有新的端元组分加入。同时,$\varepsilon_{Hf}(t)$ 值为较弱的负值,结合 Hf 同位素的二阶段模式年龄表明,含矿斑岩主要来源于古拉萨地体的重熔,并有幔源物质的贡献。

显而易见,如果达若铜矿点含矿斑岩仅是由于古老地壳的重熔与少部分幔源物质经岩浆混合作用后直接结晶形成,很难解释样品具有的异常富 Si 和显著亏损 Nb、Ta、Ba、Sr、Ti、P 以及负 Eu 异常,这说明混合作用形成的母岩浆经历了高程度的分离结晶作用(朱弟成等,2012)。就角闪石而言,Y 的分配系数低于 Yb,因此高 Y/Yb 比值($6.38 \sim 8.78$,平均值为 7.65)表明岩浆演化过程中角闪石发生了明显的结晶分异,这也与亏损 Ba、Sr 和负 Eu 异常得出的结论一致。样品哈克图解显示,达若铜矿点花岗斑岩的 P_2O_5、TiO_2、Al_2O_3、TFe_2O_3、MgO、CaO、K_2O、Na_2O 含量随着 SiO_2 含量的增加而呈现出一致降低的趋势,表明岩浆演化过程中发生了磷灰石、钛铁矿、金红石,以及以角闪石、黑云母为主的镁铁矿物等的分离结晶,这种高程度的分离结晶也得到了 La/Yb-La 图解和 La/Sm-La 图解的佐证(图 3-40)。

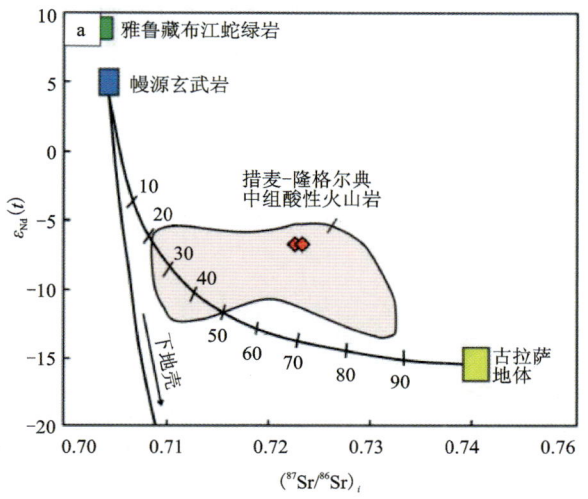

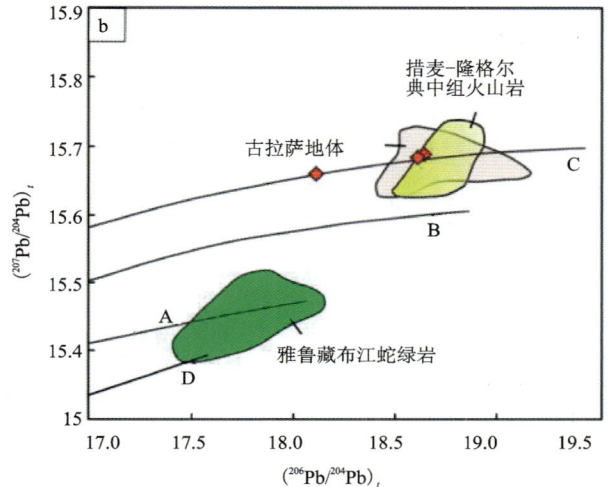

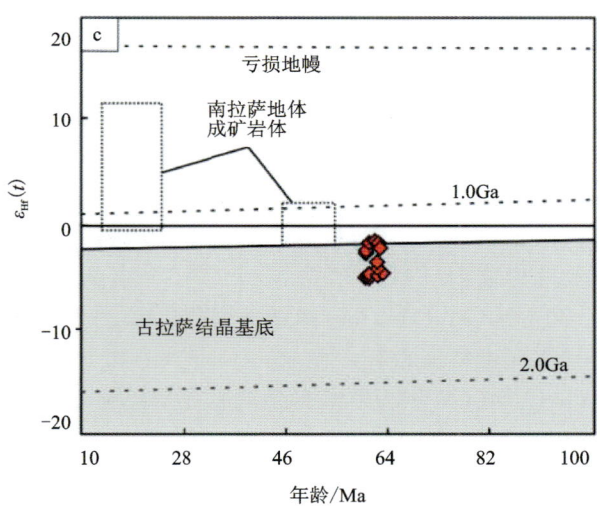

图 3-39 达若铜矿点含矿斑岩 Sr-Nd 同位素组成

(据李洪梁等,2019)

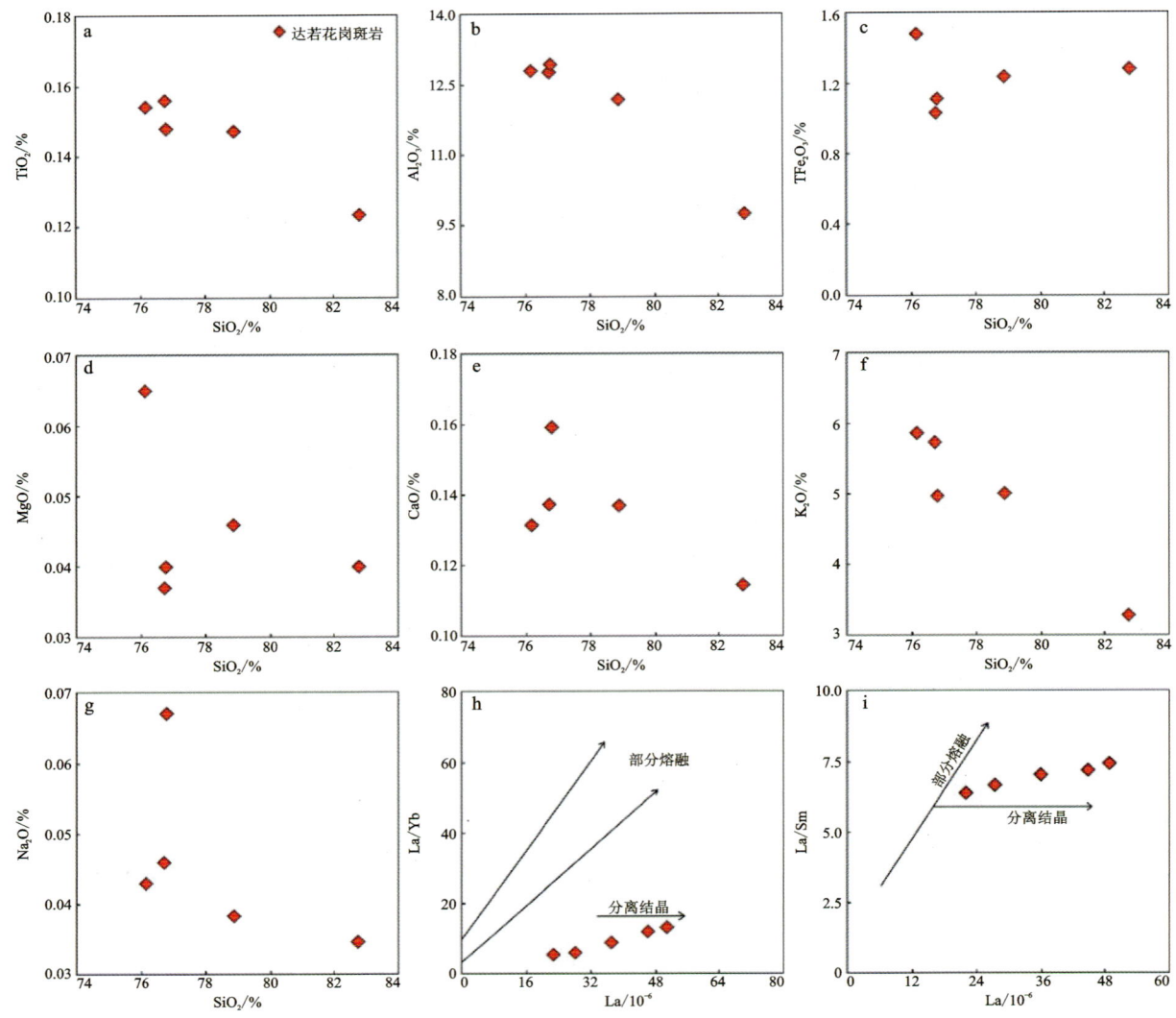

图3-40 达若铜矿点含矿斑岩哈克图解(a~g)与La/Yb-La、La/Sm-La图解(h~i)

可见，达若铜矿点含矿斑岩主要是由于幔源岩浆底侵入古老地壳之下，诱发地壳重熔并与少部分幔源岩浆混合后，经高程度的分离结晶作用而形成。这也间接说明，南冈底斯(SG)并非全部由新生地壳组成，至少在达若地区存在古老地壳。

Maineri等(2002)根据成岩构造环境的差异将花岗岩分7个大类，其中与造山运动相关的花岗岩包括大陆碰撞型(CCG)、大陆弧型(CAG)、后造山型(POG)和岛弧型(IAG)4类，并提出了多种判别图解。在(TFeO+MgO)-CaO图解上，样品均位于"IAG+CAG+CCG"区域，显示出弧花岗岩的特点，与微量及稀土元素特征相符。在Rb-(Y+Nb)和Rb-(Yb+Ta)构造判别图上，样品分布于"syn-COLG"及"syn-COLG"与"VGA"的边界区域，表明具有弧花岗岩特点的达若花岗斑岩形成于同碰撞造山环境(图3-41)。

已有的研究资料表明，冈底斯带在早—中二叠世时仍与冈瓦纳大陆连在一起；至晚二叠世，新特提斯洋在早期冈瓦纳大陆陆内裂谷的基础上，自东向西逐步打开，从冈瓦纳大陆北缘裂离，在晚三叠世时基本形成。随着裂谷的不断扩张演化，新特提斯洋壳先后经历了中侏罗世和晚侏罗世—早白垩世两次北向俯冲，由此形成了空间上近于平行展布的北部叶巴组弧火山岩和南部桑日群弧火山岩，属于欧亚大陆南缘典型"安第斯型陆缘弧"的重组成部分。到晚白垩世—古新世时期，新特提斯洋壳俯冲基本趋于尾声，并逐渐向陆陆碰撞作用转换，在此期间也成了响应新特提斯洋消亡和印度-欧亚大陆碰撞造山作

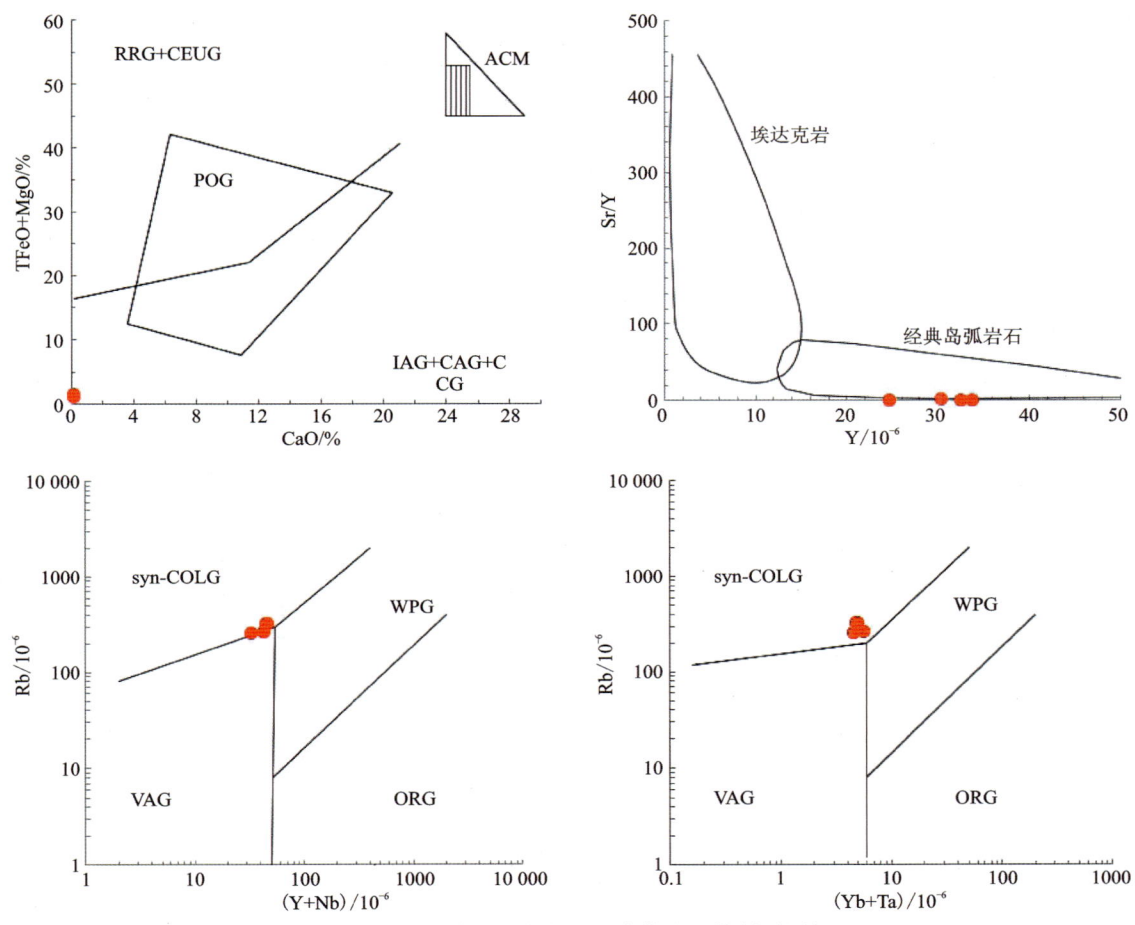

图 3-41 达若铜矿点含矿斑岩构造环境判别图解

用的林子宗群火山岩。同时,典中组、年波组和帕那组火山岩成岩时代及全岩地球化学特征也很好地诠释了从陆缘弧火山岩到板内火山岩转变这一过程。多学科的综合研究显示,青藏高原的隆升启动于 65~60Ma,随后便开启了主碰撞板块汇聚(65~41Ma)、晚碰撞构造转换(40~26Ma)和后碰撞伸展拆离(<25Ma)的 3 个阶段演化。达若铜矿点含矿斑岩 LA-ICP-MS 锆石 U-Pb 年龄为 61.5Ma,正处于印度-欧亚大陆主碰撞板块汇聚的早阶段,也与上述构造判别图解结果一致。

尽管达若花岗斑岩具有弧花岗岩的特点已经得到了本书岩石地球化学特征及众多学者研究成果的佐证,但似乎又与其产于同造山环境的结论相悖。鉴于此,笔者认为这可能是由于俯冲的雅鲁藏布特提斯洋壳相对滞后于地幔源区引起的。其一,达若花岗斑岩与北纳铅锌铜矿床花岗斑岩、林周盆地花岗斑岩的 Sr-Nd-Pb 同位素特征均体现出壳幔混合的特点,表明其形成于俯冲环境;其二,微量及稀土元素分析结果显示,达若花岗斑岩 Sr/Y 介于 0.53~1.48,明显小于俯冲洋壳板片熔融形成的岩石所具有的高 Sr/Y,表明其并非洋壳熔融的产物。同时,岩石低而均一的 Th/Yb、Th/Nb 和大范围变化的 Sr/Nd、Ba/Th(图 3-42),指示岩浆的形成与俯冲洋壳板片脱水产生的流体交代作用密切相关,说明岩浆源区至少在深度大于 100km 以下的(角闪)榴辉岩相条件下形成。虽然印度-欧亚大陆碰撞作用可使地壳加厚引发(角闪)榴辉岩的部分熔融,但在这种地质条件与构造背景下形成的岩石应该体现出与帕那组火山岩相似的板内环境特征,而达若花岗斑岩具有弧火山岩和同造山构造背景的双重属性,暗示新特提斯洋壳在古新世(65~60Ma)时正从俯冲背景向碰撞造山转换,同时也表明其母岩形成于滞后的俯冲新特提斯洋壳与地幔岩石的相互作用。

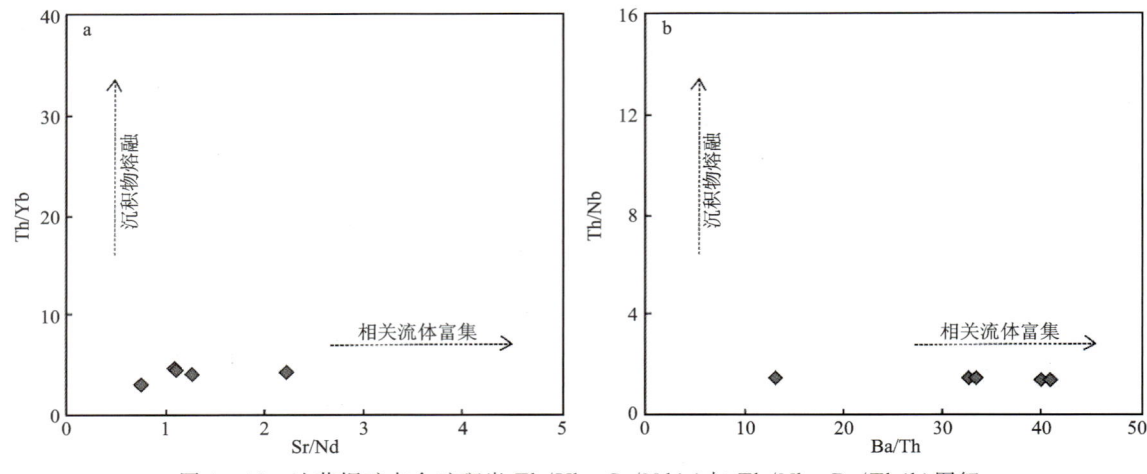

图 3-42 达若铜矿点含矿斑岩 Th/Yb-Sr/Nd(a)与 Th/Nb-Ba/Th(b)图解

综上即可很好理解为何达若花岗斑岩产于同造山环境,却具有弧花岗岩的特征。需要注意的是,尽管林子宗群典中组火山岩及侵位于其中的花岗斑岩等古新世中酸性岩浆岩广泛分布于南拉萨地块(SL),其形成也均经历了不同程度的幔源物质混染,但综合前人的研究成果可见,从南拉萨地块(SL)东段到西段,这套岩石的锆石 $\varepsilon_{Hf}(t)$ 值却表现出从正值到负值逐渐减小的变化趋势,指示岩浆源区存在差异性,即中段和东段显示地幔物质的加入较多,而西段则以古老地壳物质为主。

究其原因,笔者倾向于认为是南拉萨地块(SL)的岩石圈结构差异所致。拉萨地体主要为由新生地壳组成的南拉萨地块(SL)、北拉萨地块(NL)以及由太古宙—元古宙古老结晶基底组成的中拉萨地块(CL)3 个部分构成。但近年来随着研究的不断深入,前人发现在南拉萨地块(SL)西段朱诺、诺仓、打加错等地区均存在古老结晶基底,Hou 等(2015)通过对拉萨地体的 Hf 同位素填图也得出了相似的结论。拉萨地体西段达若花岗斑岩锆石 $\varepsilon_{Hf}(t)$ 值(-4.97~-1.54)为低弱的负值,小于岩浆源区以幔源组分为主的南拉萨地块(SL)中段萨果地区典中组火山岩[$\varepsilon_{Hf}(t)$=3.2~7.4],却远大于具太古宙地壳模式年龄、岩浆源区为古老结晶基底的中拉萨地块(CL)中的然乌、门巴、察隅等中生代花岗岩[$\varepsilon_{Hf}(t)$=-22~-16],表明其形成过程确实经历了幔源组分的混染,但由于南拉萨地块(SL)西段存在古老结晶基底,并且少量幔源组分的加入还不足以使花岗斑岩锆石 $\varepsilon_{Hf}(t)$ 值呈现正值,从而表现出低弱的负值。

3.3.3 矿床成因

1. 形成时代

在达若铜矿点选取了两件含矿斑岩样品(DR03-1 和 DR03-3)进行了 LA-ICP-MS 锆石 U-Pb 定年。从 CL 图像中可见,锆石多呈柱状或长柱状,长宽比为 2∶1~4∶1,结晶程度较好,内部结构简单,显示出清晰的震荡环带,与岩浆锆石特征相似。两件样品 Th 含量分别为 59.03×10^{-6}~$1\,012.24 \times 10^{-6}$(平均值为 147.48×10^{-6})、63.26×10^{-6}~$1\,302.10 \times 10^{-6}$(平均值为 394.43×10^{-6}),U 含量分别为 118.30×10^{-6}~963.09×10^{-6}(平均值为 208.24×10^{-6})、123.72×10^{-6}~1585.26×10^{-6}(平均值为 460.39×10^{-6}),两者之间正相关性明显,且 Th/U 值分别为 0.49~1.05(平均值为 0.60)、0.51~1.27(平均值为 0.77),均大于 0.1,表明两件含矿斑岩样品的锆石均为岩浆成因锆石(图 3-43)。

两件样品剩余的 31 个锆石测点(其中 DR03-1 测定 18 个点,DR03-3 测定 13 个点)在 U-Pb 谐和图中显示出良好的谐和性,表明 U-Pb 体系在锆石形成之后处于封闭状态,定年结果可代表岩石的结晶年龄。样品 DR03-1 锆石 $^{206}Pb/^{238}U$ 年龄为 62.7~60.2Ma,加权平均年龄为(61.9±0.3)Ma(MSWD=0.17);样品 DR03-3 锆石 $^{206}Pb/^{238}U$ 年龄为 62.3~59.1Ma,加权平均年龄为(61.1±0.6)Ma(MSWD=0.69);两件样品锆石 U-Pb 定年结果在误差范围内一致,表明含矿斑岩形成于古新世。

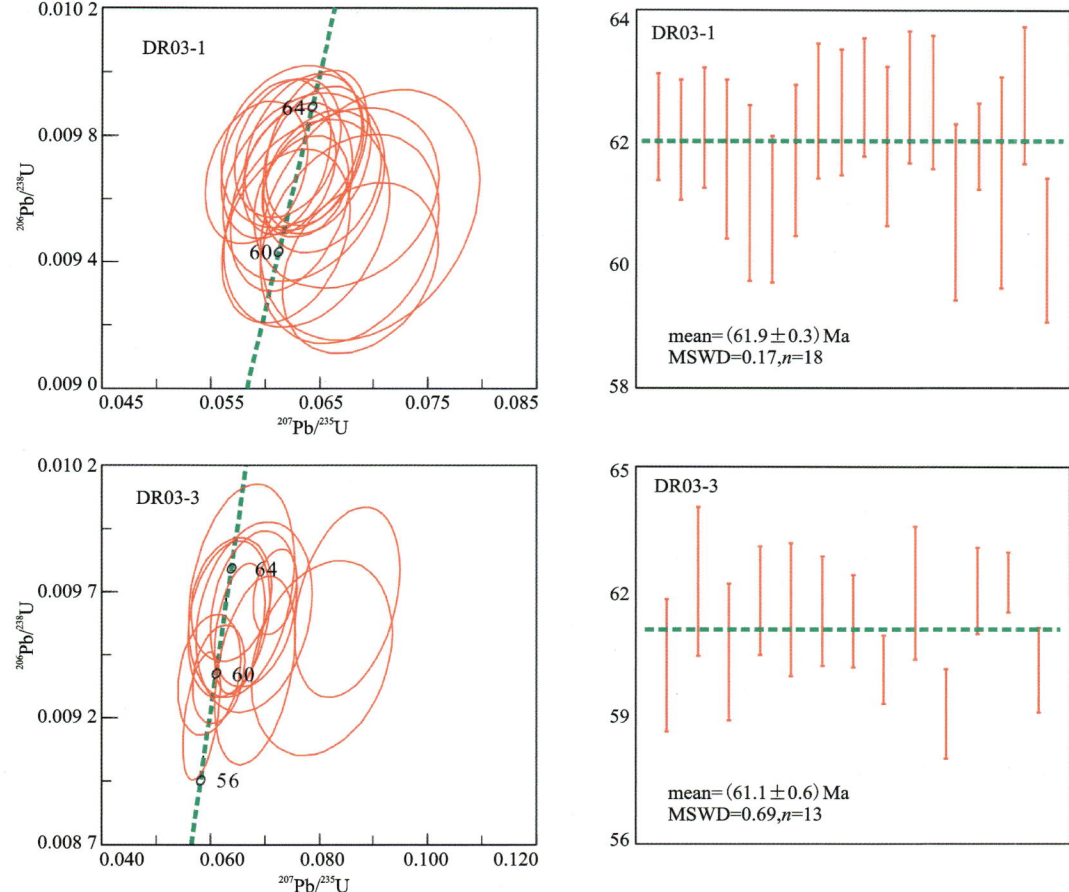

图 3-43 达若铜矿点含矿斑岩 LA-ICP-MS 锆石 U-Pb 定年结果(据李洪梁等,2019)

达若铜矿点花岗斑岩呈脉状产于林子宗群典中组火山岩中,LA-ICP-MS 锆石 U-Pb 年龄为 61.5Ma。作为响应雅鲁藏布特提斯洋壳北向俯冲以及印度-欧亚大陆碰撞造山作用的林子宗群火山岩已经积累了很多高质量的定年数据,也得到了众多学者的一致认可,认为典中组火山岩形成于 69~60Ma,而年波组和帕那组分别为 59~52.6Ma 和 52~40Ma。含矿斑岩成岩时代与典中组火山岩成岩时代晚期一致。

2. 成矿过程讨论

花岗斑岩的锆石 U-Pb 年龄约为 62Ma,为古新世岩浆活动的产物。已有的研究资料表明,雅鲁藏布特提斯洋在早—中二叠世从冈瓦纳大陆北缘裂离。在晚三叠世,雅鲁藏布特提斯洋壳向北俯冲至拉萨地块之下,形成叶巴组和桑日群等弧火山岩。到晚白垩世—古新世初期,雅鲁藏布特提斯洋闭合,并逐渐向陆陆碰撞作用转换,形成林子宗群火山岩。林子宗群典中组、年波组和帕那组火山岩成岩时代及全岩地球化学特征诠释了陆缘弧火山岩到板内火山岩转变的过程。由此可见,达若铜矿点花岗斑岩形成于印度-欧亚大陆主碰撞板块汇聚的早阶段。凝灰岩与铜矿具有成因联系,因而也指示达若铜矿点形成于古新世。

针对达若铜矿点的黄铜矿开展了原位微区 LA-MC-ICP-MS 硫同位素分析,其中 8 个黄铜矿测点的 $\delta^{34}S_{V-CDT}$ 值为 1.51‰~2.80‰(表 3-17)。达若铜矿点的硫同位素具有深源硫(地幔或下地壳, $\delta^{34}S_{V-CDT}=-3‰\sim+3‰$)的特征,表明成矿物质来源与深部的壳幔岩浆作用有关(图 3-44)。

表 3-17 达若铜矿点硫同位素组成　　　　　　　　　单位:‰

样号	矿物	$\delta^{34}S_{V-CDT}$	平均值
DR01	黄铜矿	2.18	
DR02	黄铜矿	2.80	
DR03	黄铜矿	2.03	
DR04	黄铜矿	2.13	0.96
DR05	黄铜矿	1.51	
DR06	黄铜矿	1.76	
DR07	黄铜矿	1.73	
DR08	黄铜矿	1.58	
地幔 $\delta^{34}S$ 值		$-3\sim+3$	

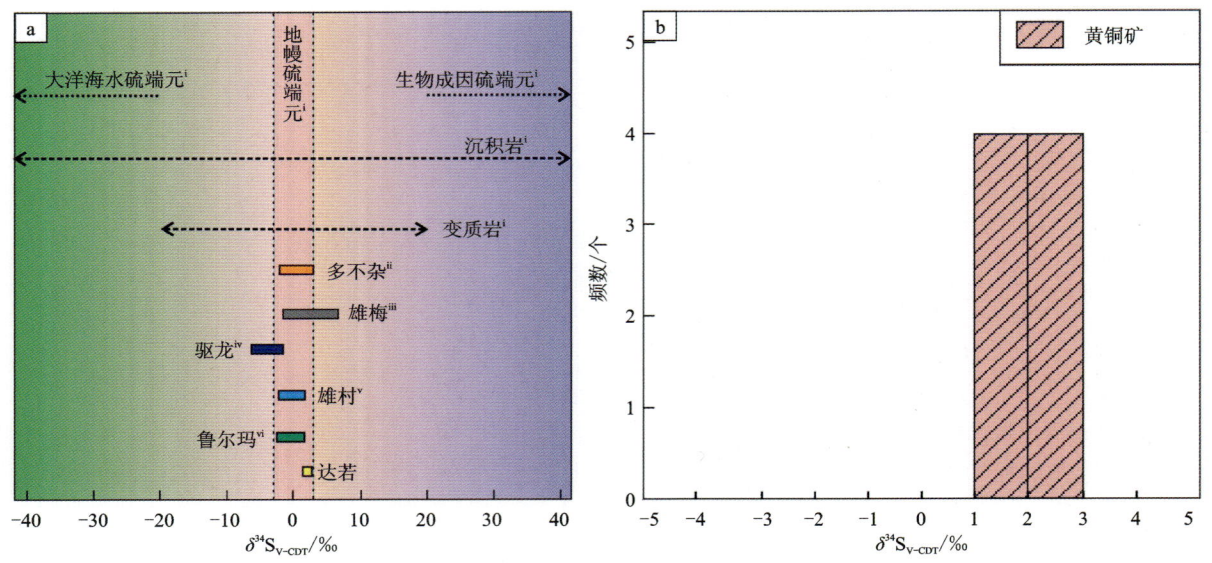

图 3-44 达若铜矿点 S 同位素组成

注：i 据(Ohmoto,1972;Taylor,1986;Chaussidon and Lorand,1990;韩吟文和马振东,2003); ii 据(何阳阳等,2016); iii 据(黎心远等,2018); iv 据(孟祥金等,2006); v 据(黄勇等,2011); vi 据(刘洪等,2019b)。

综上所述,达若铜矿点的形成过程可概括为:在白垩纪末期到古新世,发生板片回转的雅鲁藏布特提斯洋壳引起软流圈物质上涌,诱发幔源基性熔体和古老基底重熔形成长英质岩浆的混合,并在印度-欧亚大陆板块汇聚速率骤减时导致的碰撞造山带短暂的应力松弛阶段上升到达若地区。原始岩浆上升侵位到一定的深度,伴随着温度的进一步降低和岩浆的结晶作用,岩浆内开始发生流体初溶和挥发分的去气作用,在岩浆顶部形成斑岩型矿化,由于古近纪—新近纪火山岩的隔挡作用,部分成矿元素随流体在围岩裂隙中形成脉型矿化(图 3-45)。

3. 矿床成因类型

矿区出露地层为古近系林子宗群典中组,围岩与矿体接触界线清晰。矿石矿物主要为黄铜矿、方铅矿、闪锌矿以及黄铁矿,总体上为中低温的矿物组合。矿石具有细脉浸染状、网脉状构造,显示与次火山活动近似同期特征。以达若铜矿点为中心,围岩地层中发育硅化、泥化、青磐岩化等蚀变,铜矿体产于硅化、黄铁矿化蚀变带内,外围泥化带内见脉状铅锌矿。蚀变类型体现了近中性、中低温的流体性质。黄

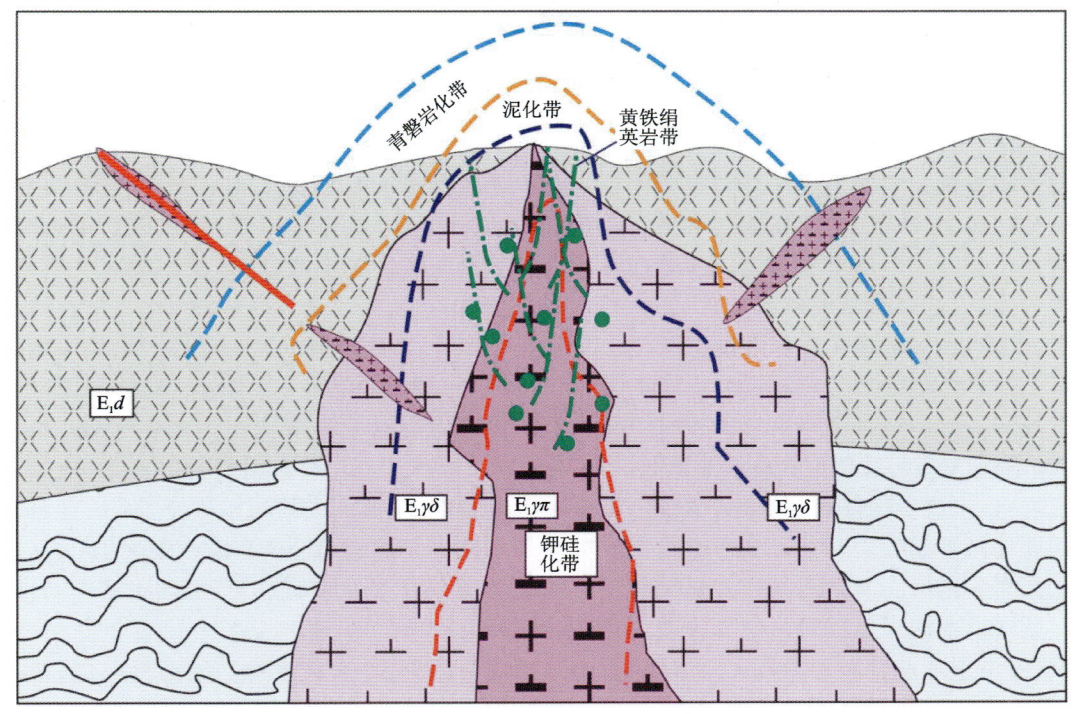

图 3-45 达若斑岩(次火山岩型)型矿点模式图
E_1d. 古新统典中组流纹岩；$E_1\gamma\delta$. 古新世花岗闪长岩；$E_1\gamma\pi$. 古新世花岗斑岩

铜矿的 $\delta^{34}S_{V\text{-}CDT}$ 值为 1.51‰~2.80‰,表明硫源较为单一,主要来源于深源岩浆硫。综上所述,达若铜矿点的成因类型为斑岩(次火山岩)型铜矿。

3.3.4 地球化学、地球物理异常特征

达若矿区异常整体上呈长轴近东西向的椭圆状,发育在强金火山机构放射状断裂和北北东向区域断层交会处。异常元素组合为 Ag、Pb、Zn、As、Cu、Au 等,Ag、Pb、Zn、As 等元素异常中心套合好,具二级以上浓度分带。异常地质背景对应于典中组火山岩。达若铜矿点电法测量表明,含矿斑岩体具有低阻高极化的特征,视电阻率为 800~1500Ω·m,视极化率为 2.2%~4.4%。

3.3.5 控矿因素与找矿标志

1. 控矿因素

斑岩型矿化主要受古新世花岗斑岩和次火山岩控制。

2. 找矿标志

氧化矿露头标志:次生氧化形成的孔雀石、蓝铜矿、铜蓝等含铜硫化物风化物。
围岩蚀变标志:黄铁矿化、硅化、绢英岩化、钾化、青磐岩化、角岩化等。
斑岩体标志:呈小岩株、岩脉形式产出的古新世花岗斑岩和次火山岩。
构造标志:斑岩体附近具有金属硫化物蚀变的构造破碎带。
地球化学标志:Ag、Pb、Zn、As、Cu、Au 组合异常。
地球物理标志:高阻低极化体。

3.4 红山-罗布真渐新世—中新世斑岩—浅成低温热液成矿系统

斑岩成矿系统在空间上由一套与斑岩体有关的矿床在空间上有序分布而组成，由岩体向外顺序构成一套完整的斑岩-矽卡岩-浅成低温热液成矿系统，类似于多龙-铁格隆南斑岩-浅成低温热液成矿系统。西藏昂仁县新发现的罗布真金（银）多金属矿床和红山斑岩型矿床毗邻，有望构成冈底斯成矿带西段首个斑岩-浅成低温热液成矿系统。

罗布真金（银）多金属矿床和红山矿床位于昂仁县秋窝乡，大地构造位置为南拉萨地块中的拉达克-南冈底斯-下察隅岩浆弧，其地层区划隶属于冈底斯-腾冲地层区的隆格尔-南木林地层分区，出露地层主要为古新统—始新统林子宗群（图3-46）。林子宗群火山岩自下而上依次为典中组（E_1d）、年波组（E_2n）和帕那组（E_2p），总体上为一套中酸性火山碎屑岩。典中组（E_1d）火山岩为一套钙碱性—高钾钙碱性系列岩石，形成于雅鲁藏布特提斯洋岩石圈俯冲晚期到印度-亚洲大陆初始碰撞阶段。年波组（E_2n）下段为一套钙碱性系列岩石，为印度-亚洲大陆碰撞的产物。年波组（E_1d）上段和帕那组（E_2p）火山岩则是板片断离的结果。矿区范围侵入岩大面积出露，时间序列上依次有始新世、渐新世和中新世多期岩浆事件。始新世花岗岩多以岩基的形式侵入林子宗群火山岩地层中，而渐新世和中新世花岗岩呈岩株状、岩脉状侵位于早期花岗岩体及火山岩中，构成一个复杂的火山-岩浆系统。始新世花岗岩岩浆源区为上地壳壳源物质，形成构造背景为印度-亚洲大陆碰撞背景。区内构造格架总体呈北东—北东东向，北东东向断裂构造控制了斑岩体和矿体的就位。

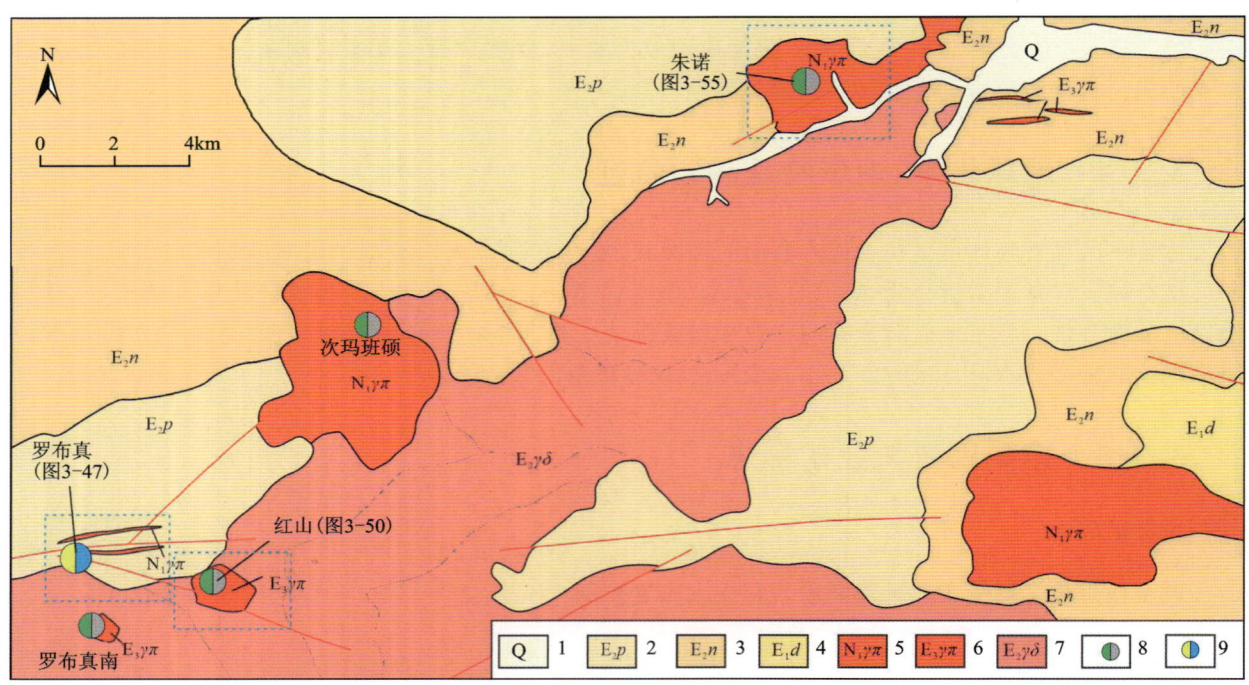

图3-46 罗布真—朱诺地区区域地质简图（据 Huang et al., 2019；黄瀚霄等，2019；刘洪等，2020，2021 修改）

1.第四系；2.始新统帕拉组；3.始新统年波组；4.古新统典中组；5.中新世中酸性斑岩；6.渐新世中酸性斑岩；7.始新世中性侵入岩；8.铜钼矿床（点）；9.金（银）矿床（点）

3.4.1 矿床地质特征

1. 罗布真金(银)矿床地质

罗布真金(银)矿区分布的地层主要为始新统林子宗群帕那组(图3-47)。帕那组主要岩性为英安岩、流纹岩,火山岩呈层状,总体向北东倾斜。地球化学研究显示,帕那组火山岩有着钾玄岩特征,岩石组合主要为英安岩、流纹岩及火山碎屑岩。

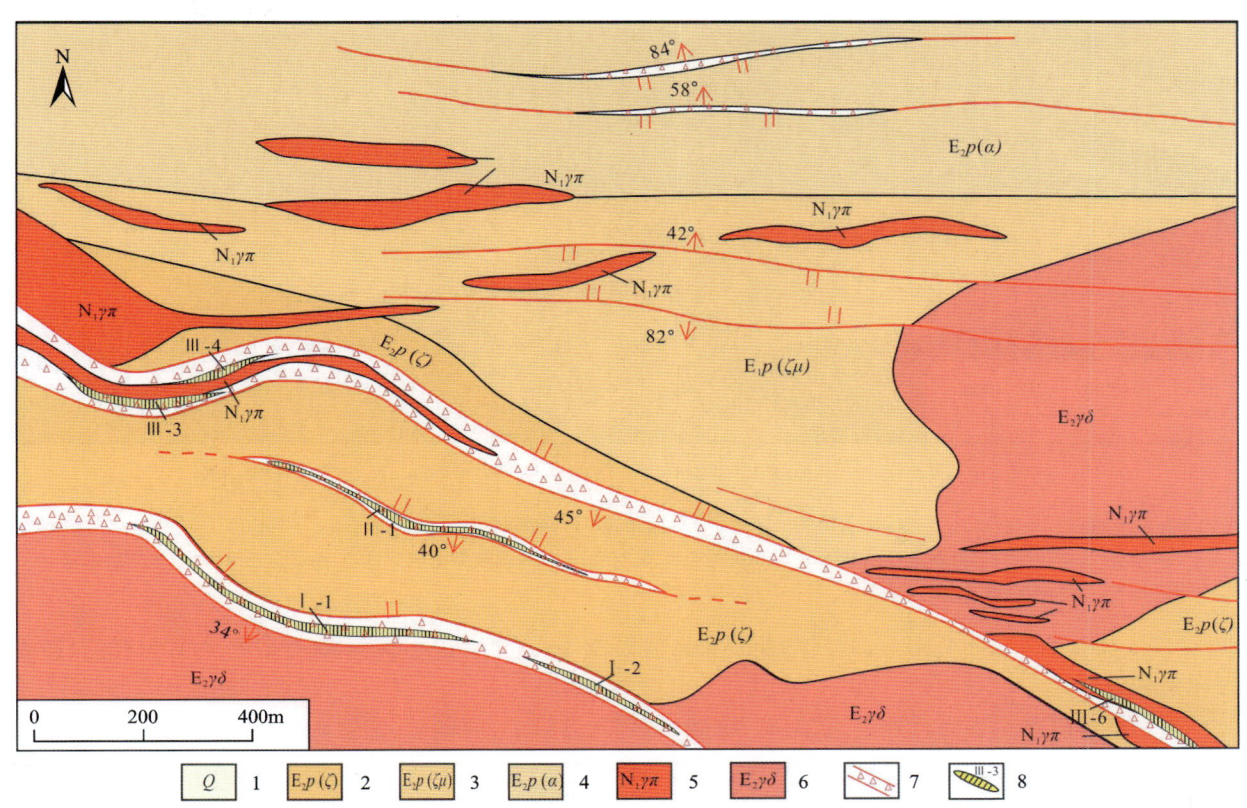

图3-47 罗布真金(银)矿床矿区地质图

1.第四系;2.始新统帕那组英安岩;3.始新统帕那组英安岩、流纹岩;4.始新统帕那组流纹岩;5.中新世花岗斑岩;6.始新世花岗闪长岩;7.破碎带;8.Ag-Au矿体

矿区发育大量中酸性侵入岩,侵入岩呈岩基或岩脉侵入帕那组火山岩地层中,岩性主要有花岗闪长斑岩、二长花岗斑岩等。花岗闪长斑岩分布在矿区南部,以岩基的形式产出(图3-47)。花岗闪长斑岩为灰白色,典型斑状结构,块状构造,斑晶主要为斜长石(20%)、石英(20%)和角闪石(5%),基质55%,并含有少量磁铁矿和磷灰石。二长花岗斑岩产状受近东西向断裂构造控制,呈岩脉侵位于前述花岗闪长斑岩或帕那组火山岩中。

矿区构造受东西向主构造线控制,发育一系列近东西向断裂。断裂规模大小不一,东西向出露长600~3000m不等,宽40~80m,断层面产状可向南或者向北,倾角40°~82°,大多断层具逆冲推覆性质。这些东西向构造是矿区内重要的控矿、导矿、赋矿构造(图4-48)。

矿调勘查评价初步成果显示,罗布真矿区已发现7条金(银)矿(化)带、38条金(银)多金属矿(化)体(图3-47)。银矿化受近东西向断裂构造控制,呈北西西向产于帕那组火山岩中或火山岩与二长花岗斑岩的接触界面。矿(化)体产状与断裂构造基本一致,完全受控于构造体系。探矿工程控制结果显示,已发现的金(银)矿(化)体长度一般为80~1000m,厚度为0.8~14.6m,在垂向上个别矿体延深可达

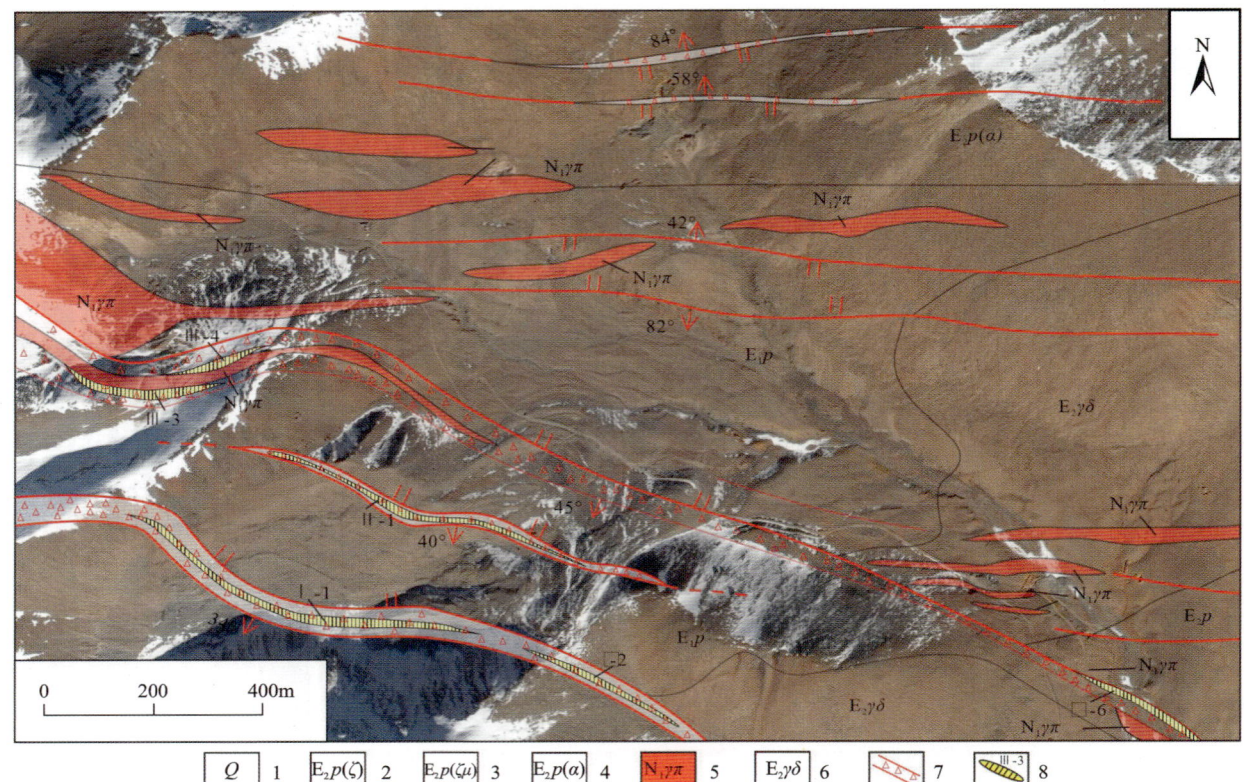

图 3-48 罗布真金(银)矿床矿区影像图

1.第四系；2.始新统帕那组英安岩；3.始新统帕那组英安岩、流纹岩；4.始新统帕那组流纹岩；5.中新世花岗斑岩；6.始新世花岗闪长岩；7.破碎带；8.Ag-Au 矿体

600m，Au 品位为 1.2~4.3g/t，共(伴)生 Ag 品位为 9.1~177.5g/t。矿体脉石矿物主要为石英、蚀变岩和角砾岩。

矿区矿石矿物主要为自然金、黄铜矿、硫砷铜银矿、方铅矿、闪锌矿、锑银矿、毒砂、黄铁矿等，脉石矿物主要有石英、绢云母、方解石、冰长石、绿泥石、玉髓等。

矿石结构主要为自形—半自形结构、半自形—他形结构，以及叶片状结构，石英、碳酸盐矿物以较粗粒度呈叶片状不均匀分布于矿石中。矿石构造主要有浸染状构造、网脉状构造，其次为条带状构造和角砾状构造。角砾状构造表现为石英、碳酸盐矿物胶结早期岩浆岩角砾，角砾具有隐爆角砾岩特点。条带状构造、网脉状构造主要在石英、玉髓沿断裂或裂隙充填过程中形成。根据矿石结构构造，矿石工业类型可分为角砾岩型、石英脉型和蚀变岩型 3 类(图 3-49)。

矿区围岩蚀变主要包括黄铁矿化、绢云母化、硅化、绿泥石化、碳酸盐化、毒砂化等，与金矿化密切相关的成矿蚀变为黄铁矿化、绢云母化、毒砂化、硅化等。矿脉到围岩通常发育黄铁绢英岩化、青磐岩化等，有着一定的侧向分带性，岩体到地表也同样有着深部绿泥石、绢云母、微细粒石英-玉髓脉到浅部伊利石、硅华、玉髓的垂向分带特征。

自然金主要以包裹体形式赋存于毒砂、黄铁矿中，或以裂隙金形式赋存于黄铁矿和褐铁矿的微裂隙中。碲银矿以显微包裹体的形式产于方铅矿等硫化物中，粒度为 0.05~0.50mm。载金矿物黄铁矿通常呈自形、半自形细粒状，且多以集合体产出，集合体呈团块状、细脉状，细脉多有穿插切交关系，且晚阶段黄铁矿多交代早阶段黄铁矿，显示黄铁矿有多阶段特征。赋矿黄铁矿多与黄铜矿、方铅矿、闪锌矿共生。显微特征显示，闪锌矿内部普遍发育固溶体结构黄铜矿，晚阶段金属矿物多沿边缘或顺裂纹交代早阶段金属矿物，特别是黄铁矿交代残余结构显著。毒砂等多以细粒半自形粉末状浸染散乱分布于矿石中，载金黄铁矿多为细粒粉末状，且主要以浸染状分布。

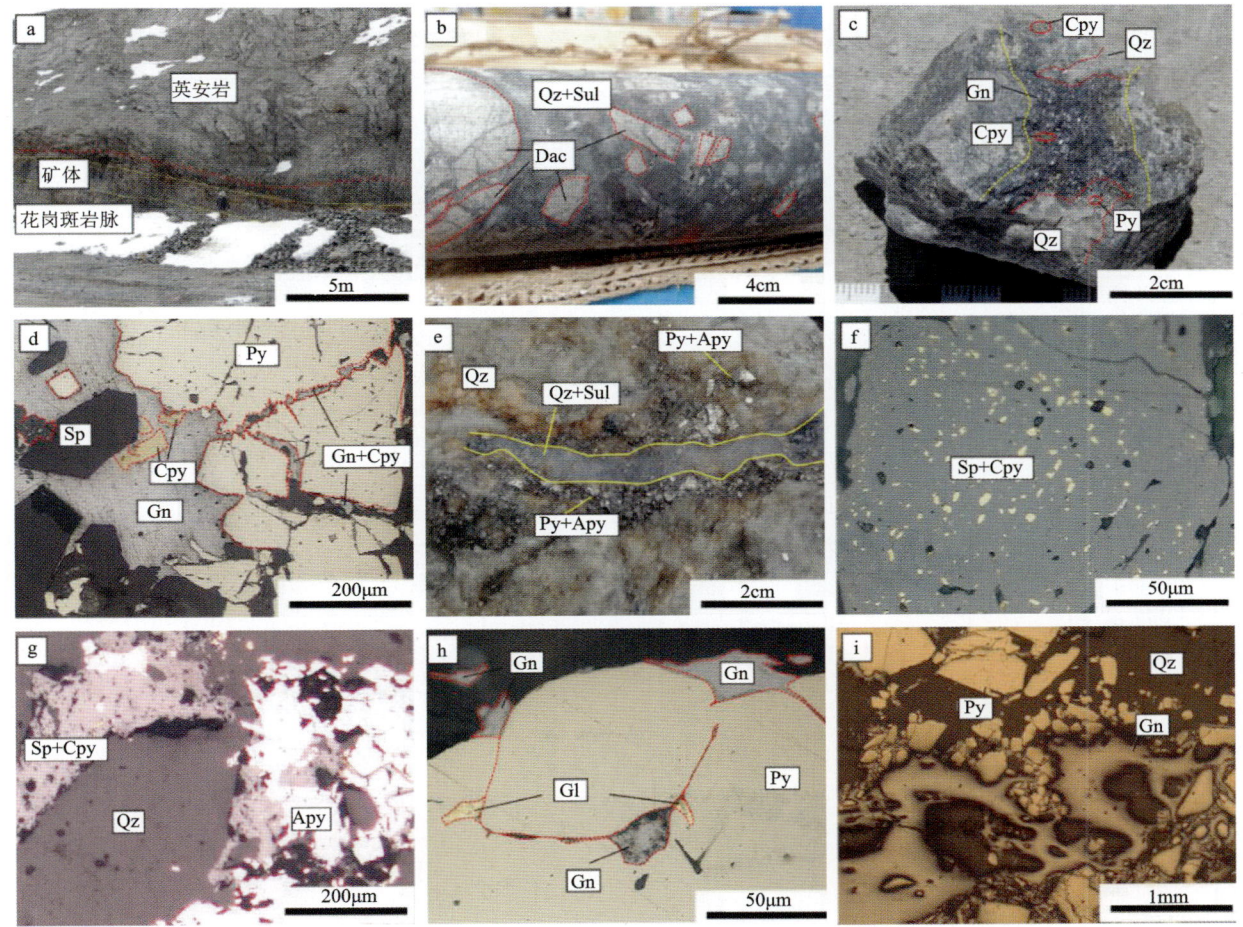

图 3-49 罗布真金(银)矿床矿石矿物野外照片

a. 产于破碎带中的Ⅲ-4金(银)矿体和二长花岗斑岩脉；b. 角砾状矿石；c. S2阶段蚀变岩型矿石；d. S1阶段自形—半自形黄铁矿被S2阶段方铅矿、黄铁矿、闪锌矿交代；e. S2阶段石英-多金属硫化物脉穿插S1阶段自形黄铁矿和石英；f. S2阶段闪锌矿和黄铜矿的乳滴状结构；g. S2阶段的闪锌矿和黄铜矿交代S1阶段的黄铁矿和毒砂；h. S2阶段自然金和方铅矿产于S1阶段黄铁矿裂隙中；i. S1阶段自形黄铁矿被S2阶段方铅矿交代；Dac. 英安岩；Qz. 石英；Ser. 绢云母；Ksp. 钾长石；Py. 黄铁矿；Cpy. 黄铜矿；Gn. 方铅矿；GL. 自然金；Sp. 闪锌矿；Tal. 电气石；Cal. 碳酸盐矿物；Sul. 金属硫化物；Mol. 辉钼矿；F. 破碎带

根据野外和镜下的金属矿物共生组合、脉体切穿关系及蚀变特征,可将矿床形成过程划分为热液期和表生期两个期次。其中,热液成矿期又可划分为3个成矿阶段(表3-18)。早期石英-黄铁矿阶段:石英多与黄铁矿呈脉状充填于裂隙之中,并在充填过程中交代脉体两侧围岩,形成硅化-黄铁矿化蚀变带。中期石英-玉髓-金-硫化物阶段:为金的主成矿阶段,主要形成含金黄铁矿-石英脉,并共伴生形成大量毒砂、方铅矿、闪锌矿等,并有微晶玉髓脉产出。晚期石英-碳酸盐脉阶段:主要形成后期石英和方解石脉,金属矿物含量较少,穿切围岩及早期脉体,为成矿晚阶段的产物。

2. 红山斑岩型铜矿床地质特征

红山斑岩型铜矿位于罗布真金(银)矿东南约2km处。矿区地层主要为林子宗群帕那组,分布于矿区的中部,岩性为一套灰白色英安山岩、安山质凝灰岩、安质凝灰岩等(图3-50)。始新世侵入岩呈岩基状侵入林子宗群火山岩中,岩性主要为花岗闪长岩、黑云母花岗闪长岩等。渐新世晚期—中新世花岗斑岩、二长花岗斑岩和黑云母花岗斑岩呈岩株状侵位于始新世花岗闪长岩体及帕那组火山岩中,其岩石类型主要为石英二长斑岩、花岗斑岩等。围岩热液蚀变作用强烈,主要类型有硅化、绢云母化、青磐岩化及碳酸盐化等。接触带附近的花岗闪长岩和花岗斑岩具有明显的黄铁绢英岩化,而上覆于石英二长斑岩的帕那组火山岩具有青磐岩化的特征。

表 3-18 罗布真金(银)矿成矿期、成矿阶段、矿物生成顺序表

成矿期\成矿阶段\矿物组合	热液期			表生期
	石英-黄铁矿阶段(S1)	玉髓化石英-金-多金属硫化物阶段(S2)	石英-碳酸盐矿物阶段(S3)	
石英	━━━━	━━━━	━━	
黄铁矿	━━━━	━━━━	·-·-·	
辉钼矿	──	──		
辉锑矿		-·-·-	──	
毒砂		━━━	──	
黄铜矿		──		
绢云母	──	──		
方解石		──	━━━	
方铅锌		━━━	·-·-·	
闪锌矿		━━━		
车轮矿		──		
自然金		──		
碲银矿		──		
含银锌锑黝铜矿		──		
绿泥石			·-·-·	
褐铁矿				━━━

━━━ 大量出现　── 少量出现　·-·-· 偶见

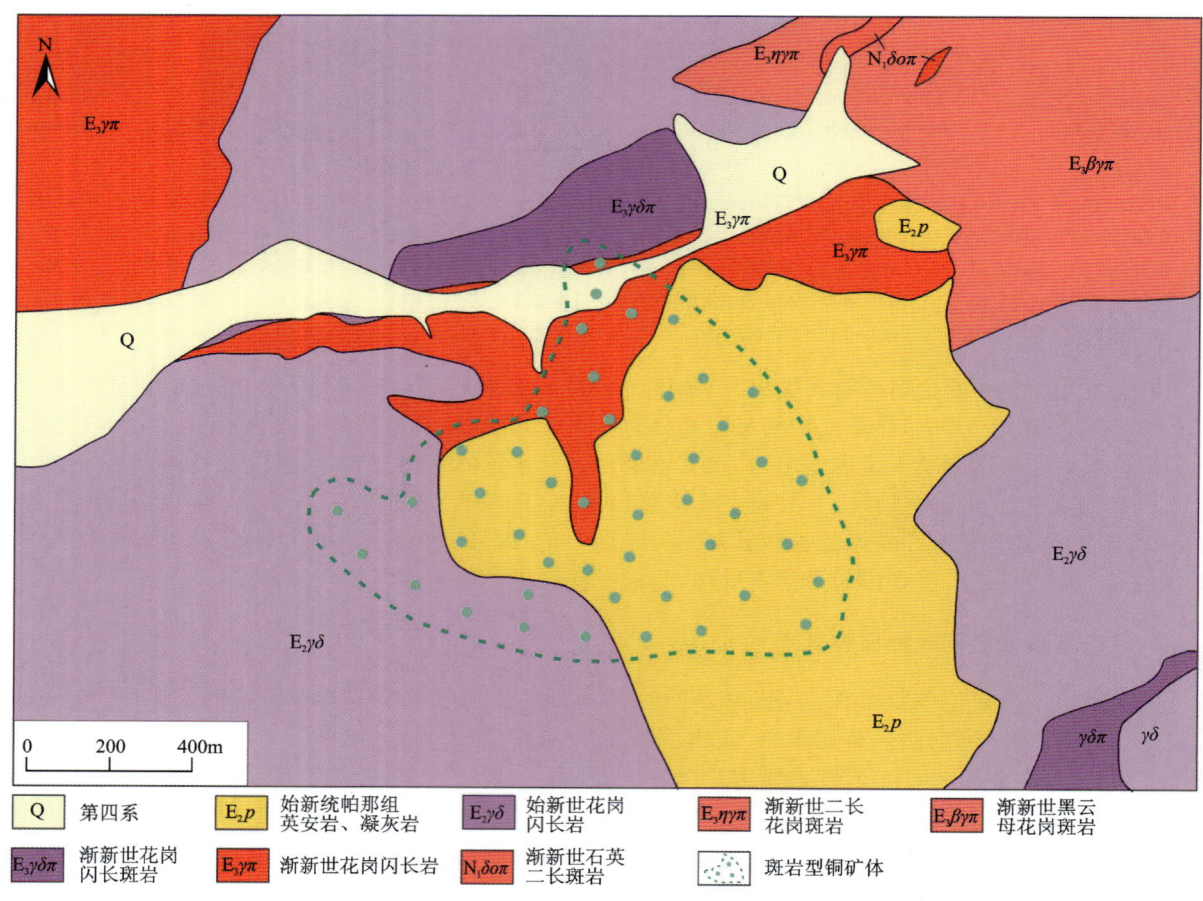

图 3-50 红山斑岩型铜矿床地质简图

铜矿体主要赋存于花岗斑岩其外接触带的花岗闪长岩和帕那组中,地表形态为不规则椭圆形,呈北东-南西向展布,矿化面积约0.6 km²。矿化类型主要为脉状、网脉状,以及细脉浸染状等。

矿石矿物主要有黄铜矿、蓝铜矿、孔雀石、黄铁矿等。黄铜矿、黄铁矿、辉钼矿等与石英构成石英硫化物脉产于石英二长斑岩和花岗闪长岩中或裂隙面上。

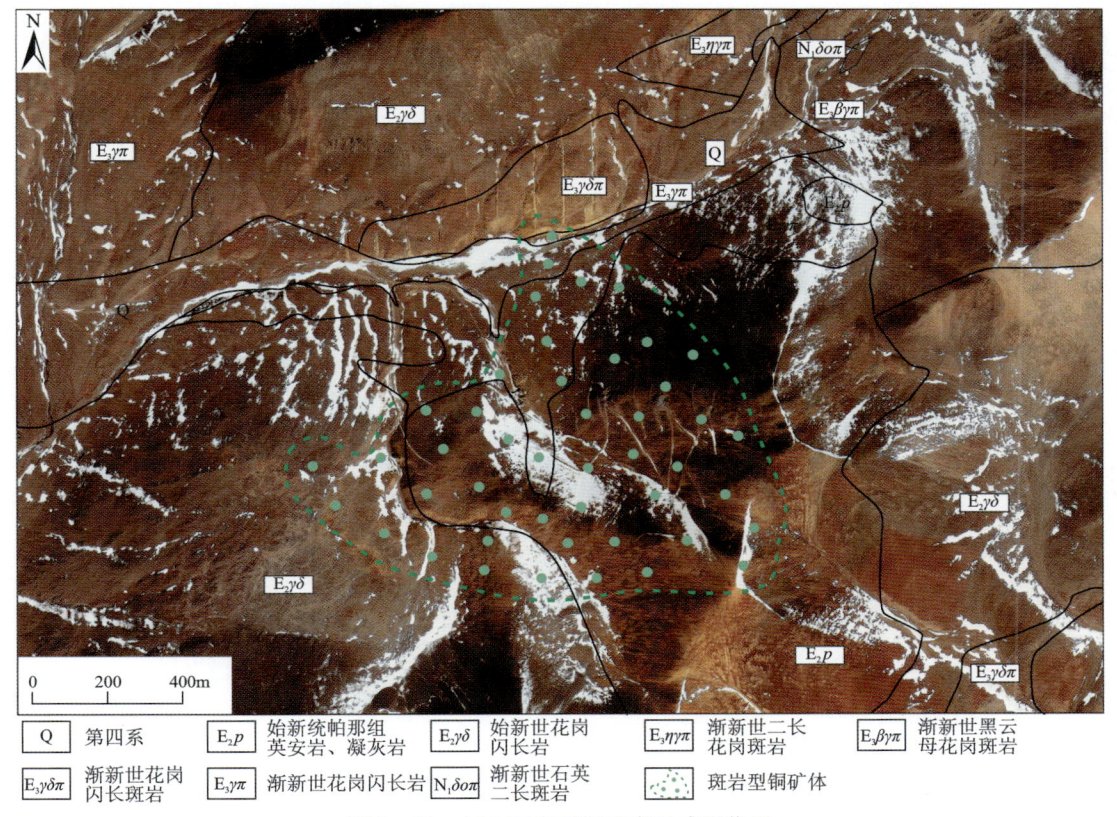

图 3-51 红山斑岩型铜矿床遥感影像图

矿石构造以细脉浸染状为主,其次是土状、蜂窝状、团块状、胶状、星点状。结晶结构和交代结构等是矿石的主要结构类型(图 3-52)。

红山铜矿床的热液成矿期可划分为3个成矿阶段:钾硅酸盐化-多金属硫化物阶段、石英-多金属硫化物阶段、青磐岩化-多金属硫化物阶段(表 3-19)。

3.4.2 矿床成因分析

1. 形成时代

利用Isoplot程序计算出罗布真石英Rb-Sr等时线年龄为(21.1 ± 1.8)Ma,$n(^{87}Rb)/n(^{86}Sr)$初始值为(0.7065 ± 0.0015),MSWD=0.19(Huang et al.,2019)。罗布真金(银)矿床的矿体与中新世花岗斑岩脉在空间上共生,具有紧靠岩脉矿体含金品位高等现象,其锆石U-Pb加权平均年龄为(20.0 ± 0.4)Ma,斑岩脉形成时代与矿体形成时代在误差范围内一致,指示罗布真金(银)矿床形成于中新世。用Isoplot对红山斑岩型铜辉钼矿样品进行等时线年龄拟合,获得的等时线年龄为(22.6 ± 4.5)Ma(Huang et al.,2019),红山斑岩型铜钼矿床花岗斑岩锆石U-Pb加权平均年龄为(23.7 ± 0.1)Ma(Huang et al.,2019),指示含矿斑岩和矿体形成于渐新世,是渐新世花岗斑岩侵位后的岩浆热液活动的产物。

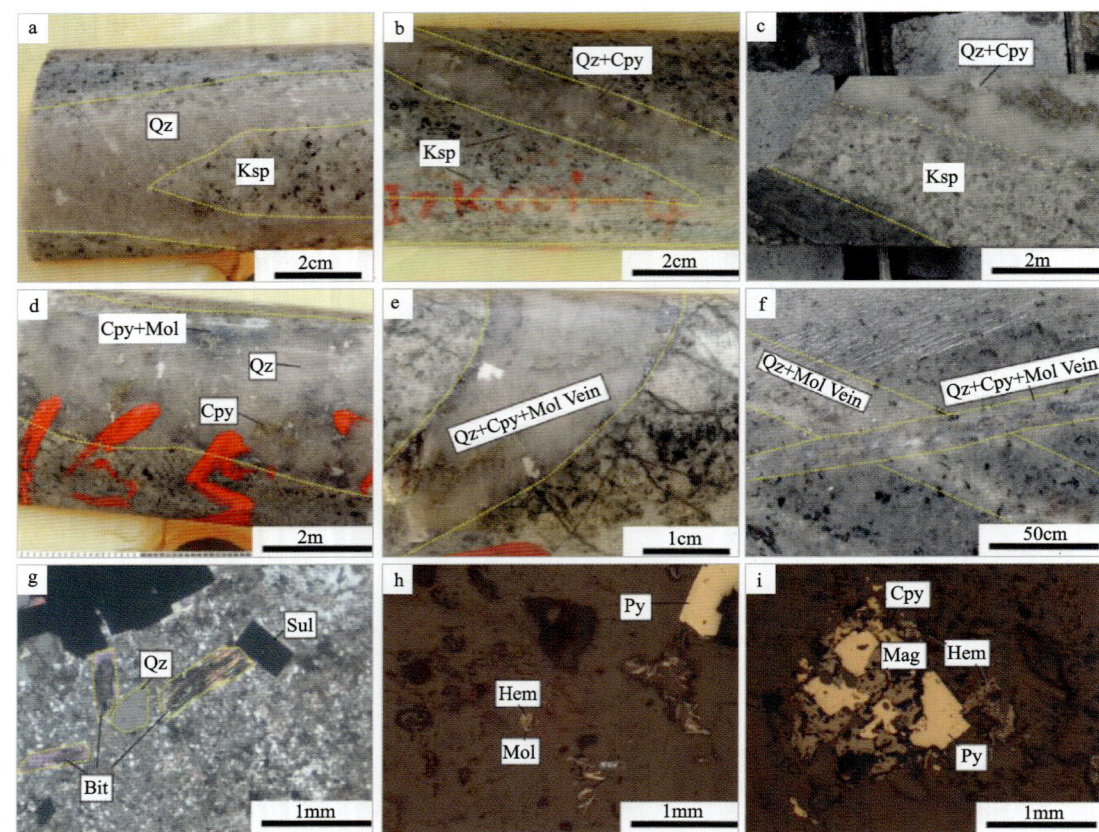

图 3-52 红山斑岩型铜矿床红山含矿斑岩标本及镜下照片

A 脉(a~c):a.钾硅化脉与钾化蚀变晕;b.含黄铜矿钾硅化脉与钾化蚀变晕;c.石英-黄铜矿钾硅化脉与钾化蚀变晕;C 脉(d~f);d.石英-黄铜矿-辉钼矿脉;e.石英-黄铜矿-辉钼矿脉切割钾硅化脉;f.石英-黄铜矿-辉钼矿细脉切割石英辉钼矿钾硅化脉;g.A 脉蚀变晕镜下特征;h.多金属硫化物镜下特征;i.黄铜矿、赤铁矿与磁铁矿交代黄铜;Sul.硫化物;Cpy.黄铜矿;Mol.辉钼矿;Mag.磁铁矿;Qz.石英;Ksp.钾长石;Bit.黑云母;Hem.赤铁矿

表 3-19 红山斑岩型铜矿床成矿期、成矿阶段、矿物生成顺序表

主要矿物 \ 成矿期 成矿阶段	热液期		
	钾硅酸盐化-多金属硫化物阶段(S1)	石英-多金属硫化物阶段(S2)	青磐岩化-多金属硫化物阶段(S3)
石英	━━━━━	━━━━━	━━━━━
钾长石	━━━		
黑云母	━━━		
磁铁矿	━━━		
黄铜矿	━━━━━	━━━━━	━━
黄铁矿	━━━	━━━━━	━━
辉钼矿	━━	━━━	
方铅矿		━━━	━
闪锌矿		━━━	━
绢云母		━━━━	
方解石		━━━━	━━
辉锑矿		━━━	
绿帘石			━━━━━
绿泥石			━━━━

2. 成矿过程讨论

罗布真金(银)矿床周边出露的地质体有帕那组火山岩、始新世花岗闪长岩、渐新世和中新世花岗岩等。帕那组火山岩的锶同位素 $^{87}Sr/^{86}Sr$ 数据的平均值为0.705 43，始新世花岗闪长岩 $^{87}Sr/^{86}Sr$ 初始值变化于0.704 6～0.706 3之间，渐新世花岗斑岩的 $^{87}Sr/^{86}Sr$ 值为0.707 1～0.707 8，中新世花岗岩的 $^{87}Sr/^{86}Sr$ 值为0.707 1～0.707 8(Huang et al.，2019)。中新世花岗岩与渐新世花岗斑岩的 $^{87}Sr/^{86}Sr$ 初始值相当，这可能是渐新世花岗斑岩和中新世花岗岩具有相似的岩浆源区(Huang et al.，2019)。含金石英的 $^{87}Sr/^{86}Sr$ 初始值为0.708 03～0.749 60，平均值为0.713 885，与渐新世和中新世花岗岩的 $^{87}Sr/^{86}Sr$ 初始值相当。结合矿床成矿时代特征结果，罗布真金矿床成矿作用与渐新世花岗岩存在成因联系。红山斑岩型铜钼矿床的辉钼矿 Re-Os 同位素中的 Re 含量为 $449×10^{-6}$～$678×10^{-6}$，平均值为 $599×10^{-6}$ (Huang et al.，2019)，指示矿床成矿物质来源为岩浆。矿床流体包裹体和 H、O、S、Pb 同位素(刘洪等，2020，2021)研究结果也支持上述结论。

罗布真浅成低温热液型金(银)矿床和红山斑岩型铜钼矿床成矿时代仅相差约2Ma，成矿物质同源，表明两个矿床形成于同一期岩浆热液矿化事件。这两个矿床以渐新世花岗斑岩(约24Ma)侵入体为中心，构成斑岩-浅成热液成矿系统(图3-54)。当然该结论还需要更多的关于成矿过程等研究的支持。冈底斯斑岩铜矿带与中新世成矿相关的岩体成岩年龄集中在17.8～14.8Ma，其中朱诺铜矿床是该期成矿作用的典型代表。朱诺铜矿床在空间上和红山斑岩型铜钼矿床仅相差约20km，其含矿花岗斑岩锆石 SHRIMP U-Pb 年龄为15.6Ma，与红山斑岩型铜钼矿床含矿岩体年龄相差约8Ma，其次朱诺花岗斑岩中存在约22Ma的继承锆石，这说明两个矿床与成矿有关岩浆活动属于不同期次。约24Ma的岩浆事件具有一定的区域性，在努日、冲江以及阿木雄均有发现。该期岩浆岩表现出高 Sr、低 Y、无 Eu 异常的岩石地球化学特征，其 Rb-Sr、Sm-Nd、Pb 同位素组成与冈底斯带中新世成矿岩体基本一致，说明其岩浆源区具壳幔混源特征，形成于加厚新生下地壳部分熔融。

一般认为，印度-欧亚大陆在65～55Ma开始碰撞，并在40～45Ma完成碰撞，其中约50Ma的岩浆活动与雅鲁藏布特提斯洋壳板片断离诱发幔源岩浆底侵有关。25Ma左右，冈底斯造山带由汇聚造山转换为伸展走滑。软流圈幔源岩浆底侵加厚新生下地壳，下地壳部分熔融产生的长英质岩浆与幔源岩浆有限混合，在地壳伸展环境形成斑岩体有关的成矿系统。红山铜矿床花岗闪长岩锆石 U-Pb 年龄 $(50.1±3.60)Ma$，与冈底斯造山带大陆碰撞期间幔源岩浆底侵事件时间一致；而花岗斑岩成岩年龄为 $(23±3.6)Ma$，虽有别于朱诺、驱龙等与中新世成矿相关的岩浆活动，但仍与冈底斯造山带伸展走滑过程中的壳幔相互作用时间一致。由此可见，罗布真浅成低温热液型金(银)矿床和红山斑岩型铜钼矿床与朱诺、驱龙等斑岩型矿床具有同样的动力学背景，即成矿作用与印度-欧亚大陆后碰撞伸展环境下岩石圈地幔减薄和软流圈上涌有关。

3. 罗布真金(银)矿床成因类型

金矿床类型分类，常见的类型有造山型、卡林型(类卡林型)、浅成低温热液型、斑岩型、铁氧化物型、富金 VHMS 型和 SEDEX 型等。

通常认为造山型金矿床产出在变质岩地体中(Goldfarb et al.，2001)，而卡林型金矿床通常产出在沉积岩系中(王登红，2000)，罗布真金(银)多金属矿体赋存于围岩侵入岩内，与这两种矿床有显著区别。矿(化)体空间展布受断裂控制，矿化多沿各次级断裂充填，形成石英大脉型、细脉浸染型和角砾岩型矿体。矿区矿石硫化物极其发育，且发育热液矿床的矿石典型组构，矿石组构及硫化物的发育，显著区别于与中酸性岩体相关的斑岩型金矿床，也区别于层控型矿体的富金 VHMS 矿床和 SEDEX 型矿床(Lyons et al.，2006；Gu et al.，2007)，同样区别于贫硫化物、富铁氧化物矿石的铁氧化物型铜金矿(Williams et al.，2005)。

罗布真金(银)矿床大量发育角砾岩型矿石，角砾岩型矿石的胶结物通常为成矿期热液物质，胶结物

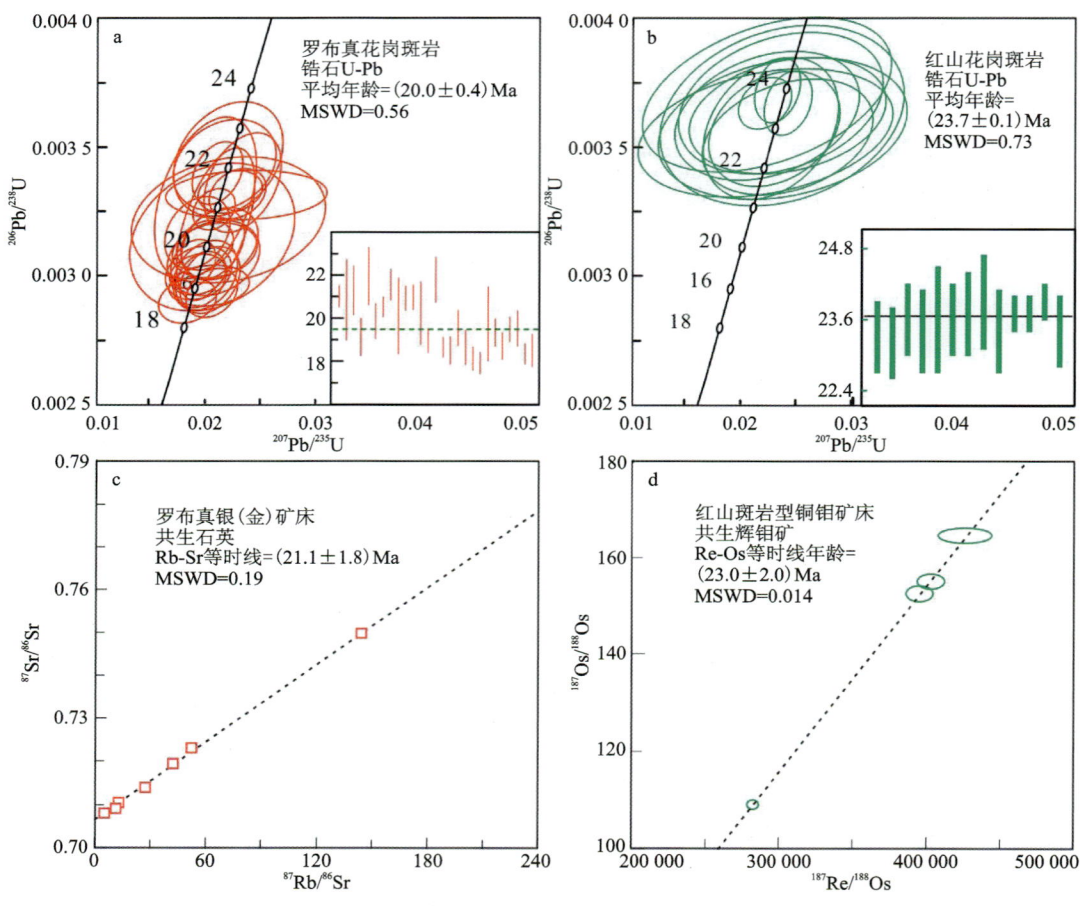

图 3-53 罗布真-红山斑岩-浅成低温热液矿床年代学

注：b～d 图数据据（Huang et al.，2019）。

含大量的硫化物，且硫化物多形成石英-硫化物脉，这种现象与早期岩浆侵位时局部超高压导致的岩体外围岩石爆碎密切相关，压力释放后岩浆热液充填爆碎裂隙胶结成矿，这个过程类似于斑岩成矿系统的理论过程（Cooke，2001）。罗布真矿区叶片状组构矿石形成于流体快速沸腾，脉状石英硫化物通常为含矿热液充填的条带状构造裂隙所致（张元厚等，2009；杨永胜等，2015），这些矿石组构均属于典型岩浆热液矿床中的矿石组构类型。矿物特征显示，闪锌矿颜色偏浅、半透明，显微特征显示其有显著的强内反射，这一特征与低温闪锌矿的特征相吻合（Kullerud，1953），指示矿床成矿温度较低。矿物测温研究显示，绢云母通常形成温度不高于 350℃（Maineri et al.，2002），而非晶质硅质矿物玉髓通常形成于高 pH 和中低温环境，是高温热液迅速进入浅地表环境、温度压力迅速下降、快速冷却沉淀的产物（张元厚等，2009）。这些特征均指示出矿床形成于浅地表低温环境。

罗布真金（银）多金属矿床流体特征显示，其包裹体以水单相包裹体为主，发育少量含子矿物的三相包裹体（刘洪等，2020，2021；欧阳海涛等，2015），包裹体类型明显区别于造山型金矿床（包裹体类型包括富 CO_2 包裹体）和岩浆控制的高温热液型矿床（含多类子晶的包裹体），同样区别于卡林型金矿床（缺含子晶包裹体的）（陈衍景等，2007），而与浅成低温热液成矿系统的流体包裹体组合相同。包裹体测温显示，其均一温度为 240～320℃（刘洪等，2020，2021），估算其成矿深度小于 1.5km，属于浅成低温成矿。综上所述，罗布真金（银）矿床属于与岩浆作用密切有关的浅成低温热液型金（银）多金属矿床。

依据成矿流体中 S 的价态，浅成低温热液矿床可划分为高硫化型、低硫化型以及中硫化型 3 种常见类型（Sillitoe and Hedenquist，2003；Hedenquist et al.，2000）。特征性硫化物和蚀变矿物组合能进一步指示浅成低温热液型矿床亚类型（Heald et al.，1987）。罗布真金（银）多金属矿区的主要金属硫化物组合为:方铅矿-闪锌矿-黄铁矿-毒砂等,硫化物组合明显区别于中硫化型矿床(发育中等硫化物态的矿物组合)和高硫化型矿床(高价态的硫酸盐矿物组合)(Sillitoe and Hedenquist,2003),而类似于低硫化型矿床的磁黄铁矿-黄铁矿-闪锌矿-毒砂矿物组合。蚀变矿物组合为石英-绢云母-方解石-玉髓,反映出近中性—碱性的成岩环境,这与低硫化型矿床蚀变矿物组合特征类似。从蚀变特征来看,矿床顶部发育硅华-玉髓层-伊利石,深部逐渐过渡到微细粒石英-玉髓化石英脉-绿泥石-绢云母蚀变带,类似于低硫化型浅成低温热液型矿床的分带特征(Corbett,2002)。主成矿阶段流体主要来源于大气降水,区别于高硫型矿床以岩浆水为主导的混合流体(江思宏等,2004;Rye,1993),与低硫型浅成低温热液型金矿床的流体特征相吻合。鉴于此,本书初步认为罗布真金(银)矿床属于低硫型浅成低温热液金(银)多金属矿床(图3-54)。

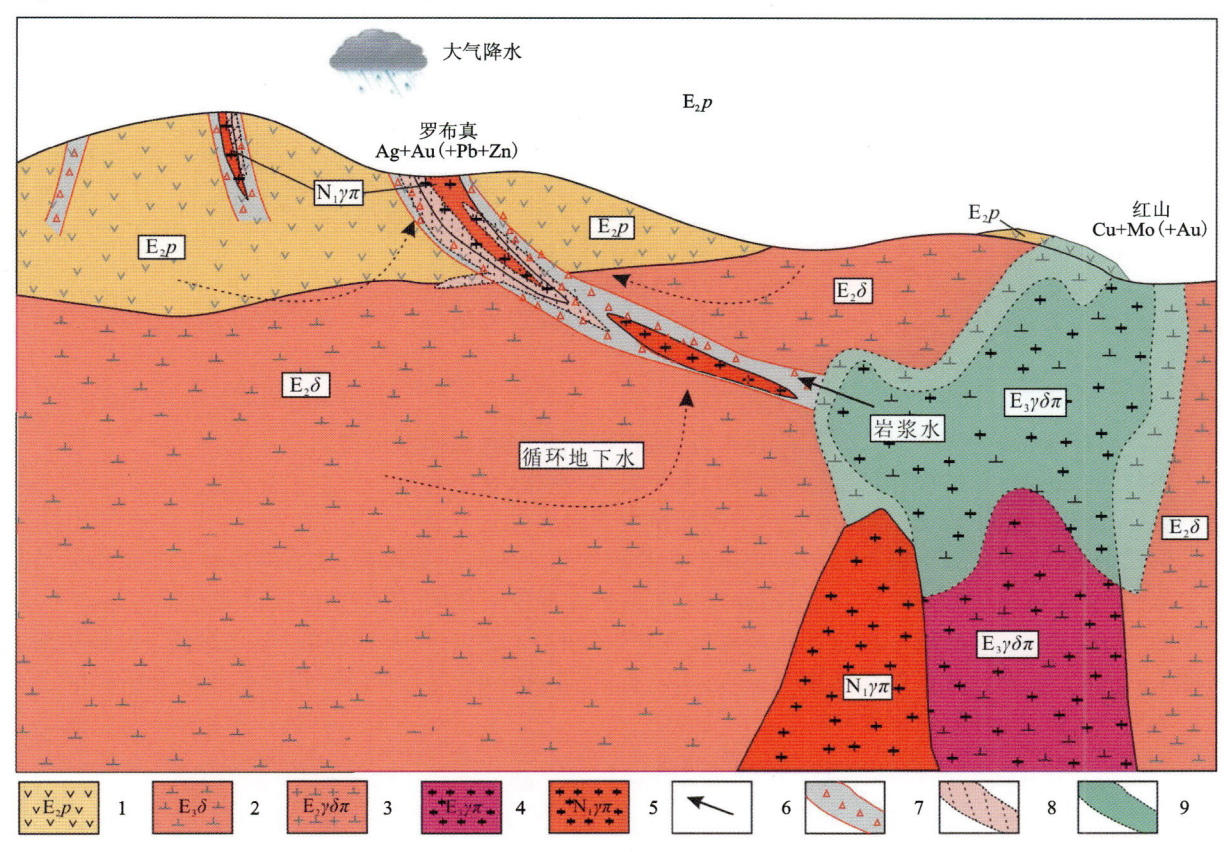

图3-54 红山-罗布真斑岩-浅成低温热液型成矿系统模式图

1.始新统帕那组安山岩;2.始新世二长花岗岩;3.始新世花岗闪长斑岩;4.渐新世花岗斑岩;5.中新世花岗斑岩;6.成矿流体;7.破碎带;8.浅成低温热液金型金(银)矿体;9.斑岩型铜矿体

4. 红山铜矿床类型

红山铜矿床是一个典型的斑岩铜矿床。矿化主要以交代蚀变岩的形式产出,矿体中石英、硫化物、碳酸盐等热液矿物,主要以细脉状、细网脉状、细脉浸染状、浸染状产出,缺乏宽大的热液脉。矿床中既有产于火山岩和花岗闪长岩的蚀变交代型矿体,又有产于石英二长斑岩体的细脉浸染型矿化。红山铜矿床的形成过程可能与朱诺斑岩型铜矿床相似,上侵定位的岩浆房内岩浆二次沸腾,分馏出独立流体相,富碱质、富硅富挥发组分和矿质。流体冷凝的顶部斑岩和邻近的围岩发生交代作用,产生碱质硅酸盐交代岩。受流体交代蚀变的影响,矿体围岩既有钾硅酸盐化、黄铁绢英岩化、绿泥石化和碳酸盐化等典型的斑岩型矿床蚀变组合,局部又有高岭石等代表酸性溶液蚀变的高级黏土化矿物叠加。

3.4.3 物化遥特征

罗布真-红山矿区处于冈底斯铜多金属成矿异常带,异常带总体呈近东西向分布,以Cu、W、Mo、Pb、Zn、Au、Ag等成矿元素为组合特征。矿区1∶1万岩石地球化学测量结果显示,红山铜矿区以Cu、Mo、W等中高温元素异常为中心,在其外围伴生Pb、Zn、Au、Ag等低温元素组合呈半环状异常连续分布。Cu、Mo、W异常范围与中酸性岩体出露位置相吻合。罗布真金(银)矿区以Pb、Zn、Au、Ag、As等低温元素组合为特征。异常呈明显的条带状,其分布范围与近东西向断裂带基本一致。

遥感影像解译发现罗布真-红山矿区线性、环形构造极其发育。线性构造呈近东西向,与断裂相对应;环形构造与中酸性侵入岩体位置相吻合,主要分布在矿区东南部。红山铜矿位于线环构造的交叉部位,而罗布真金(银)矿位于线环构造的边部。

3.4.4 控矿因素与找矿标志

1. 控矿因素

斑岩型铜矿化主要受古新世花岗斑岩和次火山岩控制。
浅成低温热液型金(银)矿化主要受近东西向构造破碎带控制。

2. 找矿标志

氧化矿露头标志:次生氧化形成的孔雀石、蓝铜矿等含铜硫化物风化物。
围岩蚀变标志:黄铁矿化、硅化、玉髓化、绢英岩化、钾化、青磐岩化。
斑岩体标志:呈小岩株、岩脉形式产出的渐新世花岗斑岩。
构造标志:浅成低温热液型金(银)矿体产状受控于北西西向断裂构造,在岩体接触带的火山岩地层英安岩中,受岩体侵位动力影响,接触破碎带为矿体赋存提供了空间,是勘查区找矿的直接标志。
地球化学标志:化探显示勘查区东部地区有着较好的Cu、Mo、W套合异常,是寻找铜、钼、钨矿的有利部位,而勘查区西部地区低温元素Au、Ag、Pb、Zn异常较好,是寻找金、银、铅锌矿体的有利部位。
地球物理标志:高阻低极化体。

3.5 朱诺中新世斑岩型铜金矿床

3.5.1 矿床地质特征

1. 矿区地质

日喀则市昂仁县朱诺斑岩型铜金矿床位于冈底斯火山-岩浆弧西段。区内出露石炭系浅变质岩系构成的结晶基底,晚侏罗世—下白垩统、古近纪火山-沉积地层及第四纪沉积盖层。断裂构造以近东西向断裂为主,也有北东向和近南北向断裂。北东向和近南北向断裂具有拉张、走滑的特征。火山岩以林子宗群为代表,形成于晚白垩世至始新世。侵入岩活动主要发生在始新世和中新世,表现为大量中酸性复式岩体、岩株及中酸性岩脉侵入(黄勇等,2015;Huang et al.,2017;郑有业等,2006)。中新世花岗斑岩捕获的有渐新世锆石,说明朱诺铜金矿床中可能存在渐新世的隐伏岩体(郑有业等,2007)。

矿区出露地层为年波组和帕那组。年波组、帕那组主要为一套中到酸性的火山熔岩。年波组火山岩属于钙碱性和高钾钙碱性系列,具有岛弧火山岩特点。年波组年龄为(59.7 ± 1.8)Ma,帕那组年龄为

(48.9±0.8)Ma(梁银平等,2010)。二长花岗岩、黑云母花岗斑岩等始新世岩体受北东向构造控制,呈岩基产出;中新世的岩体为花岗斑岩、花岗闪长斑岩等组成的杂岩体。该杂岩体以岩株或岩脉的形式侵位于始新世花岗岩基和林子宗群火山岩中。其中,花岗斑岩和石英斑岩为含矿斑岩。

2. 矿体特征

目前在矿区内圈定了3个浅成—超浅成斑岩体,其中与矿体有关的主要为Ⅰ号斑岩体。Ⅰ号斑岩体为花岗斑岩,主要呈小岩株-岩枝状,地表出露面积约 $0.6km^2$,产状陡立,岩石侵位浅,剥蚀程度低,以被动式侵位于西北部的黑云母二长花岗岩和南部的斑状角闪二长花岗岩中,分界线基本清楚。

朱诺矿区共有6个矿体,其中CuⅠ工业意义最大,其他5个矿体规模较小。CuⅠ矿体属于半隐伏矿体,地表形态为不规则椭圆形,呈北东-南西向展布,长轴长1700m,短轴长1100m,面积约 $1.5km^2$ 。矿体主要赋存于Ⅰ号花岗斑岩体及其外接触带的斑状角闪二长花岗岩和黑云母二长花岗岩中(图3-55)。

矿石矿物主要为孔雀石、蓝铜矿、黄铜矿、黄铁矿、辉钼矿、黑铜矿、辉铜矿、赤铜矿、自然铜等。黄铜矿、黄铁矿在矿床浅部少见,一般呈星点状、脉状产于斑岩和花岗岩中,或在裂隙面上构成多金属硫化物脉,或与石英构成石英硫化物脉。辉钼矿一般呈鳞片状晶型,或与石英构成石英辉钼矿脉,或单独产于岩石裂隙中,星点状分布,零星少见。蓝铜矿仅以薄膜状、皮壳状分布于岩石裂隙面或地表。孔雀石多呈薄膜状、皮壳状分布于裂隙面上或交代铁碳酸盐矿物后呈立方体假象及星点状存在于斑岩中。赤铜矿、自然铜一般充填于裂隙之中,最宽可达数厘米,并与孔雀石、蓝铜矿一起构成矿床中的富矿石。

3. 蚀变特征

朱诺铜金矿床的热液蚀变类型包括钾硅酸盐化、青磐岩化、黄铁绢英岩化、泥化及碳酸盐化等,其中黄铁绢英岩化和碳酸盐化与矿化密切相关。钾硅酸盐化主要分布在二长花岗斑岩和斑状黑云母二长花岗岩中,青磐岩化主要分布在流纹斑岩中,黄铁绢英岩化主要分布在二长花岗斑岩和石英斑岩中。

朱诺铜金矿床的脉体从早到晚分为成矿早期的A脉,转换阶段的B脉,以及成矿晚期的D脉。成矿早期的A脉呈不规则状及板状产出,通常延伸不远,包括钾长石蚀变晕的石英脉、石英-钾长石±硬石膏±黄铜矿脉、石英-黄铜矿±黑云母±辉钼矿脉和黑云母-石英-钾长石-黄铁矿脉。转换阶段的B脉不发育蚀变晕,硫化物在脉体中对称发育,包括石英-辉钼矿脉、石英-黄铁矿脉和石英-黄铜±辉钼矿±黄铁矿脉。成矿晚期的D脉常平直,发育有长石分解蚀变晕,主要包括黄铁矿脉和石英-黄铁±辉钼±黄铜矿脉。

3.5.2 矿床成因分析

朱诺铜金矿床花岗斑岩具有高钾富碱、富集强不相容元素、亏损高场强元素和弱的Eu负异常的特征,同时具备埃达克岩亲和性(黄勇等,2015;Zeng et al.,2017;Huang et al.,2017),这与冈底斯带上同期花岗岩特征相似(侯增谦等,2004,2005,2012;Yang et al.,2015;Zheng et al.,2016)。朱诺铜金矿床花岗斑岩有较大范围的Sr-Nd同位素组成[$(^{87}Sr/^{86}Sr)_i$值为0.707 42~0.711 8;$\varepsilon_{Nd}(t)$为-10~-6.3]和古老的Nd模式年龄(TDM)(1.34~1.08Ga),这可能是岩浆源区不均一性或遭受不同程度古老地壳物质的混染所致(Zeng et al.,2017;Huang et al.,2017)。研究认为,含矿斑岩是下地壳和古基底重熔混合作用形成的埃达克岩(郑有业等,2007;黄勇等,2015;Huang et al.,2017;Zeng et al.,2017)。

朱诺铜金矿床流体具有中高温、较高盐度的特征,属于 $H_2O-CO_2-NaCl-SO_4^{2-}$ 型溶液体系(李淼等,2015),显示出岩浆流体的特点,并具有明显的钾化带→绢英岩化带→青磐岩化带同心圆状的斑岩型矿床蚀变分带(图3-56)。

花岗斑岩锆石U-Pb年龄为(15.6±0.6)Ma,代表了其成岩年龄,矿石中获得的辉钼矿Re-Os等时线年龄为(13.72±0.62)Ma,代表了辉钼矿的形成年龄(郑有业等,2007)。辉钼矿和黄铜矿等金属硫化物与辉钼矿共生,因此辉钼矿Re-Os同位素年龄代表了朱诺铜金矿床的成矿年龄。辉钼矿年龄和

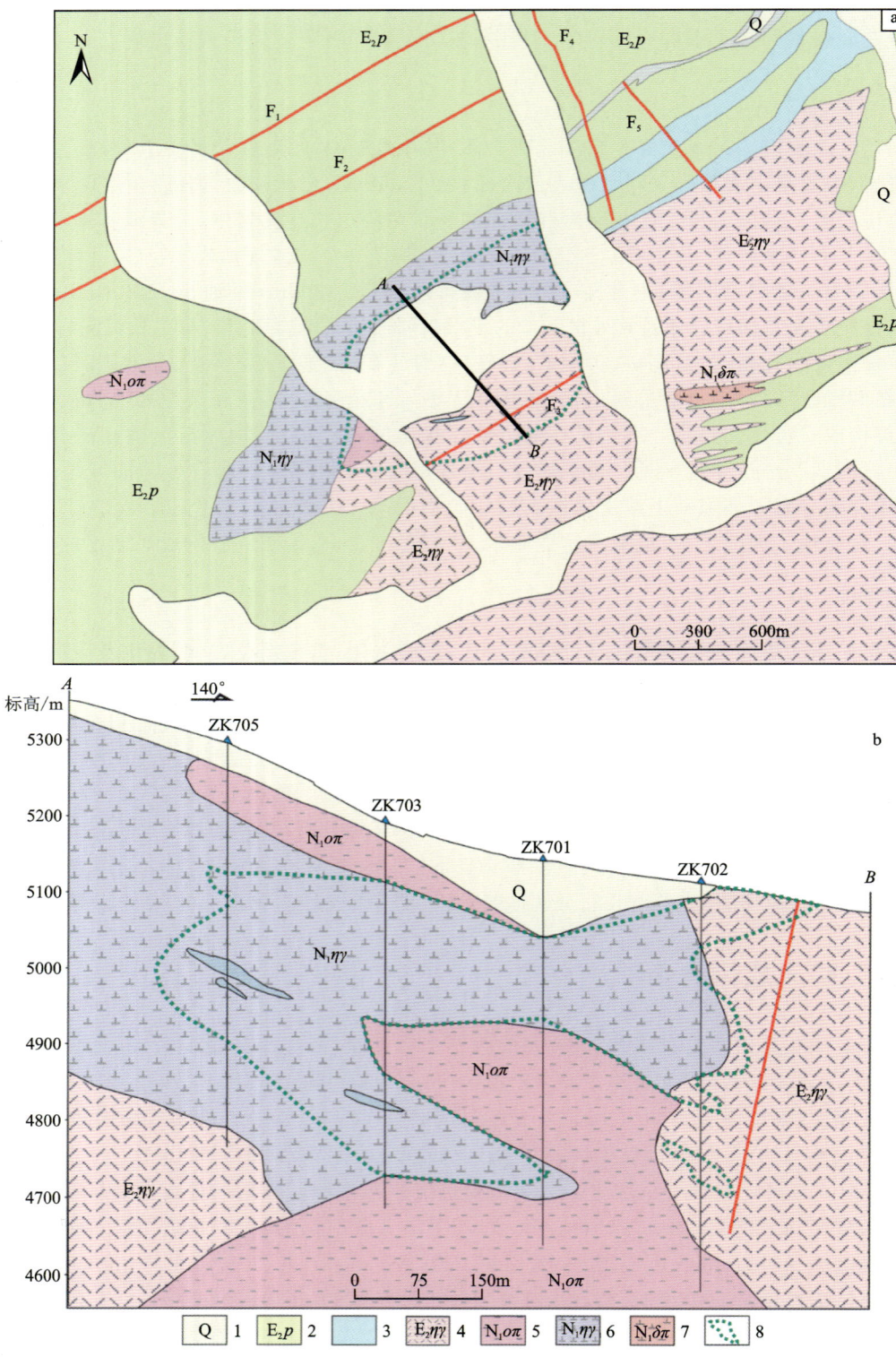

图3-55 朱诺铜金矿床地质简图与勘探线剖面图（据 Huang et al.,2017 修改）

1.第四系；2.帕那组；3.安山岩脉；4.花岗闪长岩；5.石英斑岩；6.二长花岗斑岩；7.花岗闪长斑岩；8.铜矿体

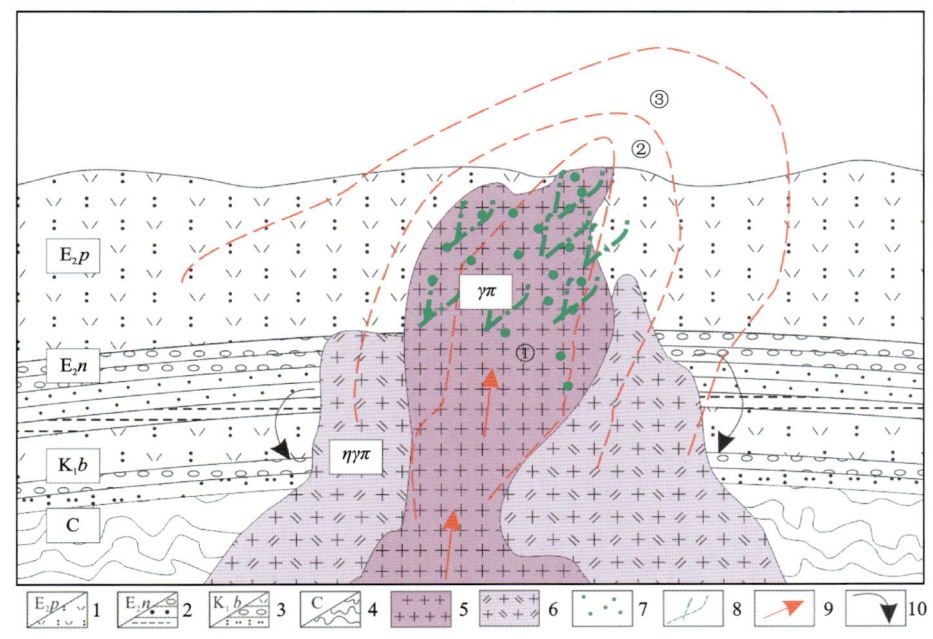

图 3-56 朱诺斑岩型铜金矿床成矿模式图

1.古近系始新统帕那组;2.古近系始新统年波组;3.下白垩统比马组;4.石炭系浅变质岩结晶基底;5.花岗斑岩;
6.二长花岗斑岩;7.浸染状铜矿(化);8.细脉状铜矿(化);9.岩浆热液(水);10.循环地下水;①钾化带;②绢英岩
化带;③青磐岩化带

花岗斑岩锆石 U-Pb 年龄在误差范围一致,说明花岗斑岩是成矿母岩。多学科的综合研究显示,青藏高原的隆升启动于 65~60Ma,随后便开启了主碰撞板块汇聚(65~41Ma)、晚碰撞构造转换(40~26Ma)和后碰撞伸展拆离(<25Ma)3 个阶段演化(侯增谦等,2006a,2006b,2012)。朱诺铜矿正处于印度-欧亚大陆后碰撞伸展拆离阶段。

朱诺铜金矿床的形成过程可概括为:①晚三叠世至始新世,雅鲁藏布特提斯洋板块向北俯冲,在拉萨地块南缘形成一系列岛弧性质的岩浆岩,交代地幔楔形成的玄武岩浆在弧下形成新生地壳(朱弟成等,2008),新生地壳继承了弧岩浆的特征;②自 65~40Ma 的印度-欧亚大陆碰撞拼合之后,青藏高原处于板内构造环境(侯增谦等,2012);③中新世,新生下地壳增厚大于 55km(Chung et al.,2009),且地壳底部开始不稳定,岩石圈地幔变薄导致软流圈逆流上升,拉萨地体新生地壳和古基底的重熔混合形成含矿的埃达克岩浆,岩浆在地壳浅部有利部位形成斑岩铜金矿床。

3.5.3 控矿因素与找矿标志

1. 控矿因素

构造因素:北东向断裂带与近南北向正断层系统的交会,主导岩浆和矿液运移与容纳。一些构造破碎带中还存在浅成低温热液型矿化。

岩浆岩因素:多期次、多类型的岩浆活动和构造作用为成矿提供了必要的地质条件,含矿斑岩为中新世小型中酸性岩体(石英斑岩、花岗斑岩及斑状黑云母二长花岗岩),斑岩型矿化赋存在含矿斑岩体内部及附近。

2. 找矿标志

氧化矿露头标志:次生氧化形成的孔雀石、蓝铜矿、铜蓝等含铜硫化物风化物。

原生矿露头：由于矿区主矿体除地表现代冰川、倒石堆覆盖外，大部分矿体为地表矿。矿石矿物多呈细脉浸染状、浸染状直接出露于地表。因此，原生矿为矿区最重要的、最直接的找矿标志。

围岩蚀变：由于矿区矿化，蚀变作用较强烈，地表呈大面积火烧皮分布，与围岩具明显色调差异。直接与矿化关系密切的矿化蚀变有黄铁矿化、硅化、绢英岩化、钾化（黑云母化）等，蚀变类型互相交织叠加。

构造标志：北东向断裂带与南北向正断层系统的一系列交会处。

岩性标志：角闪二长花岗岩、黑云母花岗岩岩基中呈小岩株、岩脉形式产出的花岗斑岩、石英斑岩等为铜矿化的岩性标志。

地球化学标志：Cu、Mo、W异常区是寻找斑岩型矿体的标志，Au、Ag、Pb、Zn异常区是寻找浅成低温热液型矿体的标志。

地球物理标志：高阻低极化体。

4 成矿作用及矿床时空分布规律

4.1 矿床时空分布特征

近年来,随着矿产地质调查工作的全面深入开展,冈底斯成矿带西段发现了朱诺超大型斑岩型铜矿床,也相继发现了鲁尔玛、达若、罗布真、红山等一系列中小型矿床(点)(图1-1、图2-10、图4-1、图4-2),显示了寻找斑岩-浅成低温热液型矿床巨大潜力。

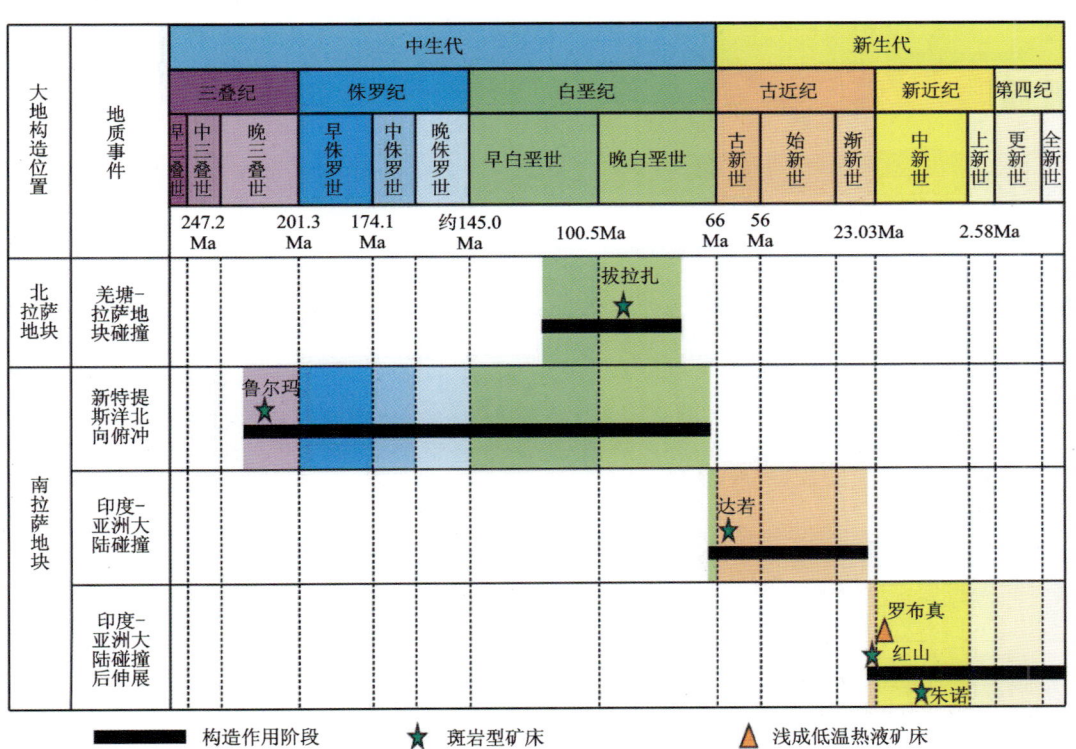

图4-1 冈底斯成矿带西段构造作用阶段与斑岩-浅成低温热液型-矽卡岩型矿床分布图

冈底斯成矿带西段主要矿床的成矿年龄及测试方法详见表4-1。这些矿床点成时代跨度大,鲁尔玛铜(金)矿点、拔拉扎斑岩铜(钼)矿床、达若铜矿点、红山铜矿床、罗布真金(银)多金属浅成低温热液型矿床和朱诺铜金矿床,分别形成于晚三叠世、晚白垩世、古新世、渐新世、中新世。

由于研究区受中-雅鲁藏布特提斯洋构造演化控制,研究区矿床在空间上的分布有东西成带的特征,但归因于研究区地质工作程度的差异性、欠缺性,致使带内已经发现的矿床(点)相对集中。已发现的矿床主要分布在冈底斯火山-岩浆弧内,即鲁尔玛、朱诺、红山和罗布真等;而斑岩-矽卡岩型矿床(点)极少量分布于中拉萨地块北部内,如拔拉扎铜钼矿床。

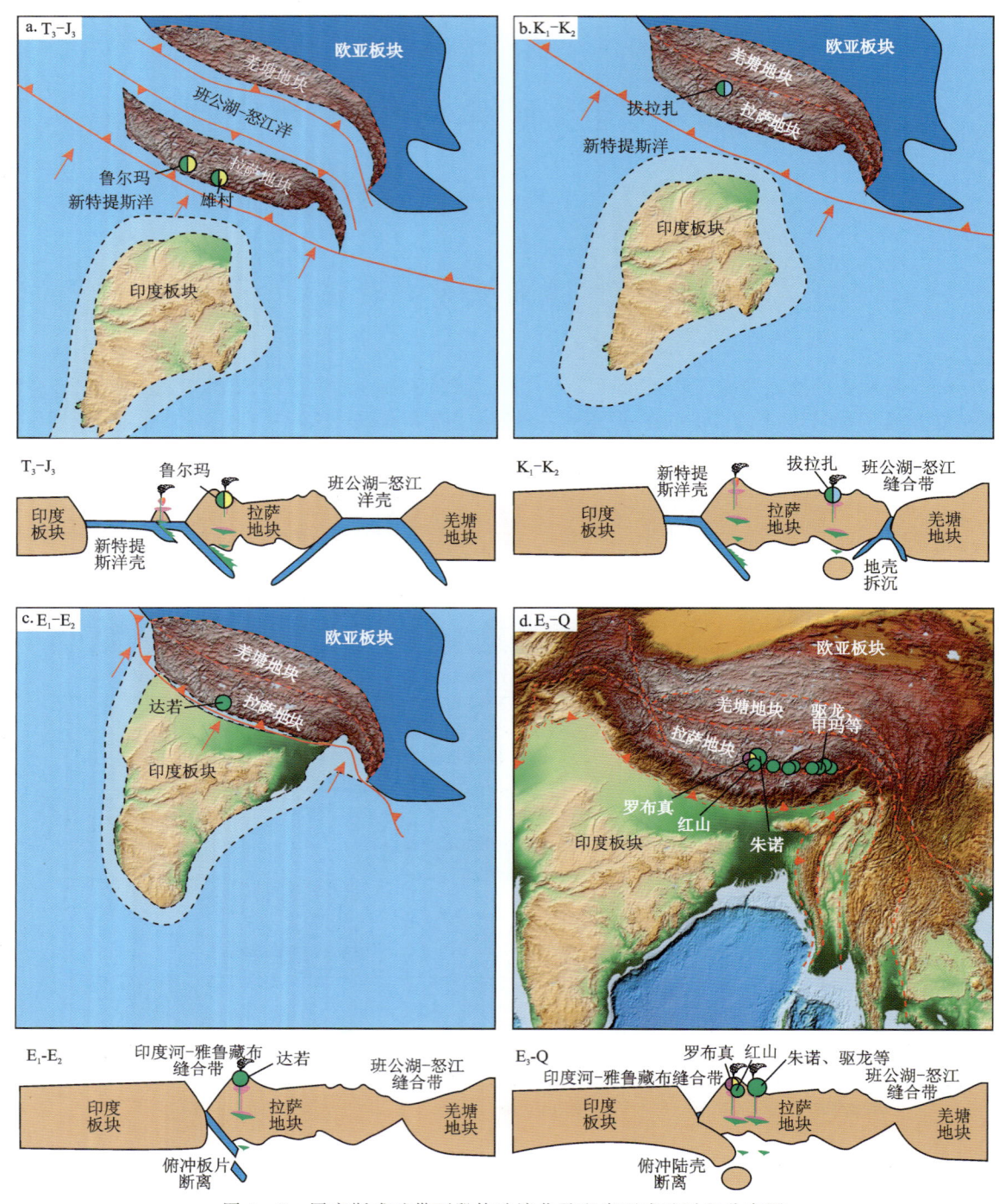

图 4-2 冈底斯成矿带西段构造演化及斑岩型成矿时空分布图

表 4-1 冈底斯成矿带西段代表性矿床成矿时代特征表

矿化集中期	矿区	矿床类型	岩石/矿石	测试对象	测试方法	年龄/Ma	资料来源
新特提斯北向洋俯冲阶段	鲁尔玛铜(金)矿点	斑岩型	石英二长斑岩	锆石	LA-ICP-MS	212±1	刘洪等,2019a
			矿石	辉钼矿	Re-Os	212±3	
羌塘-拉萨地块碰撞阶段	拔拉扎铜钼矿床	斑岩+矽卡岩型	二长花岗斑岩	锆石	LA-ICP-MS	88.0±1.6	黄瀚霄等,2013;余红霞等,2011
			二长花岗斑岩	锆石	LA-ICP-MS	88.0±1.6	
印度-欧亚大陆碰撞阶段	达若铜矿点	斑岩型	英安斑岩	锆石	LA-ICP-MS	61.1±0.6	李洪梁等,2019
印度-欧亚大陆碰撞后伸展阶段	红山铜矿床	斑岩型	矿石	辉钼矿	Re-Os	23.0±2.0	Huang et al.,2019
			花岗斑岩	锆石	LA-ICP-MS	23.7±0.1	Huang et al.,2019
	罗布真金(银)多金属矿床	浅成低温热液型	矿石	石英	Rb-Sr	21.1±1.8	Huang et al.,2019
			花岗斑岩脉	锆石	U-Pb	20.0±0.4	本书
	朱诺铜金矿床	斑岩型	花岗斑岩	锆石	SHRIMP	15.6±0.6	郑有业等,2007
			矿石	辉钼矿	Re-Os	13.7±0.6	Huang et al.,2017

4.2 区域成矿作用的时空分布

冈底斯成矿带西段自三叠纪以来经历了雅鲁藏布特提斯洋和班公湖-怒江特提斯洋南北两大特提斯洋的张裂、俯冲及碰撞造山的复杂过程,并形成有相关的斑岩-浅成低温热液-矽卡岩型矿床,这些成矿作用可划分为 4 个矿化集中期(图 4-1、图 4-2):①晚三叠世成矿(铜金),成矿作用与雅鲁藏布特提斯洋向北俯冲密切相关;②晚白垩世成矿(铜钼),成矿作用与羌塘-拉萨地块碰撞密切相关;③古新世成矿(铜铅锌),成矿作用与印度-欧亚大陆碰撞密切相关;④渐新世—中新世成矿(铜金多金属),成矿作用与印度-欧亚大陆后碰撞伸展密切相关。

1. 晚三叠世与雅鲁藏布特提斯洋北向俯冲有关的斑岩型铜金成矿作用

在冈底斯成矿带南缘,广泛发育与雅鲁藏布特提斯洋壳俯冲相关的三叠纪—白垩纪的岩浆岩。这个阶段的斑岩型矿床(点)目前仅发现有冈底斯西段的鲁尔玛晚三叠世斑岩型铜(金)矿点,冈底斯中段的雄村中侏罗世斑岩型铜(金)矿床。在冈底斯西段,雅鲁藏布特提斯洋俯冲阶段(三叠纪—白垩纪)矿床目前仅发现 1 处,既近几年发现的鲁尔玛晚三叠世斑岩型铜(金)矿点。鲁尔玛矿点处于冈底斯火山-岩浆弧上,赋矿地层为昂杰组。铜矿体主要赋存在石英二长岩和昂杰组角岩裂隙中。石英二长岩锆石 U-Pb 年龄为(212±2)Ma,矿石中辉钼矿 Re-Os 年龄 212Ma,说明斑岩型矿床的成矿作用与石英二长岩有关,矿床形成于晚三叠世。石英二长岩地球化学特征类似于岛弧火山岩,显示其为雅鲁藏布特提斯洋壳俯冲过程中释放出的流体再次交代地幔的产物。成矿流体主要来自大气降水和岩浆水的混合,属富 CO_2、N_2 和 Na^+ - K^+ - Ca^{2+} - Cl^- - SO_4^{2-} - HS^- - CO_3^{2-} 的体系,显示其金属成矿元素主要来源于深部岩浆。

2. 晚白垩世与羌塘-拉萨地块碰撞有关的斑岩型铜钼成矿作用

中拉萨地块北部存在大量与羌塘-拉萨地块相关的晚白垩世中酸性岩浆岩,发育有拔拉扎、尕尔穷、江拉昂宗、安门弄勒等一系列晚白垩世矿床(点),拔拉扎为该带上的一个典型斑岩-矽卡岩型铜钼矿点。拔拉扎矿床地表发育矽卡岩型铜矿体,勘查显示其深部存在细脉浸染状矿化的斑岩型钼矿体,属于斑岩型-矽卡岩型复合矿床。拔拉扎铜(钼)矿与成矿关系密切的斑岩锆石 U-Pb 年龄为 (88.0 ± 1.6) Ma,与铜矿体密切共生的辉钼矿 Re-Os 年龄为 (88.8 ± 1.5) Ma,成矿时代为晚白垩世。岩石地球化学特征显示,与成矿关系密切的斑岩有埃达克质岩石学特征,为下地壳拆沉诱发板片部分熔融的产物(余红霞等,2011)。前述典型矿床研究显示布东拉金矿床是与斑岩成矿系统相关的浅成低温热液型矿床,据矿体、蚀变特征判断,成矿与晚白垩世中酸性侵入岩密切相关,其深部可能存在斑岩型矿化。

3. 古新世与印度-欧亚大陆碰撞有关的斑岩型铜铅锌成矿作用

古新世—渐新世是印度-欧亚欧亚大陆碰撞阶段,在冈底斯成矿带上广泛发育该阶段的中酸性岩浆岩。在冈底斯东段,该阶段产出吉如等斑岩型矿床,在冈底斯西段昂仁县达若地区,新发现与斑岩成矿作用密切的达若斑岩型铜矿点。矿体赋存于古新世花岗斑岩中,围岩为古新统典中组流纹岩。含矿斑岩锆石 U-Pb 年龄约为 62Ma,代表了矿床的形成年龄。矿石中金属矿物主要为黄铜矿、方铅矿、闪锌矿以及黄铁矿,总体上为中低温的矿物组合。矿石具有细脉浸染状、网脉状构造,显示与次火山活动近似同期特征。以达若铜矿点为中心围岩地层中发育硅化、泥化、青磐岩化等蚀变分带,铜矿体位于硅化、黄铁矿化蚀变带内,外围泥化带内见有脉状铅锌矿。蚀变类型体现了近中性、中低温的流体性质。黄铜矿的 $\delta^{34}S_{V-CDT}$ 值为 $1.51‰ \sim 2.80‰$,具有深源硫的特征,成矿物质可能与深部的壳幔岩浆作用有关。

4. 渐新世—中新世与印度-欧亚大陆碰撞后伸展有关的斑岩型铜金多金属成矿作用

渐新世—中新世为印度-欧亚大陆碰撞后伸展阶段,在冈底斯东段,存在驱龙、甲玛、厅宫等一系列大型—超大型中新世碰撞后阶段斑岩型矿床,并具有东西成带南北成串的特征。冈底斯成矿带西段已发现的斑岩-浅成低温热液型矿床集中分布于朱诺矿集区,此外在阿木雄地区还发现与斑岩体有关的夏垅隐爆角砾岩型矿点。前文研究显示,朱诺铜(金)矿为中新世斑岩型矿床。地球化学特征显示,其含矿斑岩有富钾、高碱特征,岩浆可能来源于加厚的下地壳和富集地幔的部分熔融(黄勇等,2015;Huang et al.,2017)。流体研究显示,成矿初始流体是 H_2O-CO_2-$NaCl$ 体系,成矿金属元素主要来源于成矿岩体,且携带古老地壳的信息(黄勇等,2015;李森等,2015;Huang et al.,2019;刘洪等,2020)。罗布真金(银)矿床属于朱诺矿集区,矿体产出在林子宗群火山岩地层与花岗岩内外接触带,受近东西向断裂构造控制,矿体东西向带状展布。与成矿有关的花岗岩年龄约为 20Ma,矿化蚀变石英的 Rb-Sr 同位素等时线年龄为 (21.1 ± 1.8) Ma,成岩成矿时代的一致性指示其成矿时代为渐新世—中新世。流体包裹体同位素研究显示,其成矿流体主要来源于岩浆水,且包裹体测温结果显示流体为中温—中低盐度 H_2O-CO_2-$NaCl$ 体系,金属成矿物质源区为深部岩浆(欧阳海涛等,2015;Sun et al.,2017;刘洪等,2020)。罗布真南部的红山斑岩型矿测年显示成矿时代同样为渐新世—中新世,与前述远端罗布真浅成低温金(银)矿构成了斑岩-浅成低温热液成矿系统(Sun et al.,2017)。

4.3 晚三叠世—中新世洋陆演化与斑岩成矿作用

已有研究表明,新特提斯洋于中二叠世就已经开启(李奋其等,2012;Zeng et al.,2017;Liu et al.,2023),在南拉萨地块形成安第斯型活动大陆边缘,随着中三叠世古特提斯洋闭合,雅鲁藏布特提斯洋开始向北俯冲于活动大陆边缘弧之下(于云鹏,2020),在俯冲过程中逐渐形成富含铜金的新生下地壳。晚三叠世—晚侏罗世,与新特提斯洋继续向北俯冲,俯冲板片脱水熔融产生的熔体诱发岩石圈地幔和早期的新生地壳物质重熔,在大陆内侧形成了以鲁尔玛为代表的铜金背景值高大陆边缘弧及鲁尔玛斑岩矿点(刘洪等,2021),在大陆外侧形成了以雄村为代表的铜金背景值高大洋岛弧及雄村斑岩铜矿(Wang et al.,2024)。

白垩纪,拉萨地块南缘,雅鲁藏布特提斯洋俯冲形成的新生下地壳已经达到硫化物饱和,意味着这个时期新生下地壳里面沉淀了大量的铜的硫化物,而残余的岩浆已经不足以形成大型斑岩铜矿(Sun et al.,2024),渐新世—中新世的冈底斯斑岩铜矿提供了成矿物质来源。在拉萨地块中北缘,羌塘-拉萨地块碰撞后环境下拆沉下地壳部分熔融,形成了拔拉扎含矿岩体及矿床。

古新世,新特提斯洋壳俯冲基本趋于尾声,并逐渐向陆陆碰撞作用转换,发生板片断离(或回转)的雅鲁藏布特提斯洋壳引起软流圈物质上涌,诱发幔源基性熔体和古老基底重熔形成长英质岩浆的混合,形成了富含铜元素的岩浆,并形成达若等铜矿点。

渐新世—中新世,青藏高原处于板内构造环境(侯增谦等,2012),新生下地壳增厚,且地壳底部开始不稳定。岩石圈地幔变薄导致软流圈逆流上升,导致拉萨地体新生地壳和古基底的重熔混合形成含矿的埃达克岩浆,岩浆在地壳浅部有利部位形成斑岩-浅成低温热液型铜钼(金)矿床,其中渐新世矿床(如红山-罗布真、努日-托浪拉等)靠南,而中新世矿床(驱龙-甲玛、朱诺等)则在渐新世矿床的北边。

4.4 区域控矿因素与找矿标志

4.4.1 控制因素

1. 地层控矿因素

斑岩型矿床矿化通常发生在岩体与围岩的内外接触带,围岩岩性对斑岩铜矿床的成矿有重要影响。冈底斯成矿带西段斑岩型矿床的围岩地层通常为硅铝质岩浆岩,矿化主要发生在斑岩体顶部、岩体内,几乎不进入围岩中,如鲁尔玛斑岩型铜矿床等。当围岩地层受地应力强烈而导致裂隙特别发育时,含矿热液能顺裂隙进入围岩发生矿化,发育细脉状矿化,细脉状矿化几乎无蚀变。含矿热液顺导矿构造断裂迁移,在外围形成浅成低温热液型矿床。中拉萨地块北部内,成矿岩浆一般侵位于富含碳酸盐的地层,如下白垩统郎山组等,岩浆与碳酸盐岩地层的内外接触带发育典型的矽卡岩化蚀变,并形成"鸡窝状"矽卡岩型矿床,一起构建了斑岩-矽卡岩型成矿系统。

冈底斯成矿带西段斑岩型铜矿床以岩体为中心发育面型蚀变。冈底斯火山-岩浆弧斑岩型矿床的围岩以硅铝质岩石为主,因而从成矿岩体中心向外依次出现钾质蚀变带→石英-绢云母化带→泥质蚀变带→青磐岩化带→角岩化带。而中拉萨地块北部内斑岩型矿床的围岩主要为碳酸盐岩,因而缺少青磐岩化带。

2. 构造控制因素

从研究区斑岩型矿床分布特征来看,冈底斯成矿带西段斑岩型矿床空间上有东西呈带南北成串的分布特征。斑岩型矿床就位于构造交会部位的次级断裂构造系统中,主碰撞带近东西向展布,南北向正断层系统及其限定的裂谷地堑横切主碰撞带,构造交会部位为埃达克质熔融体的运移和就位提供了有利的通道与场所。中拉萨地块北部内斑岩型矿床仅发现拔拉扎矿床,该矿床产出位置明显受近南北向和近东西向两组构造控制。

斑岩型矿床含矿岩体及其附近常出现含矿的爆发角砾岩体。角砾岩是由挥发分从岩浆中逸出而引起的膨胀造成的。夏坞铅锌矿发育含矿角砾岩预示深部可能存在斑岩型矿床,而达若、罗布真等浅成低温热液型矿床或火山热液型矿床也是深部含矿热液沿断裂运移至浅部而形成的。

3. 侵入岩控制因素

侵入岩是斑岩型矿床最重要的控制因素。南拉萨地块发育各时代侵入岩,包括晚三叠世—中侏罗世、晚白垩世末—始新世初、渐新世—中新世,以及中拉萨地块北部内的早白垩世和晚白垩世侵入岩。化探结果显示,早白垩世和古新世冈底斯岩浆岩带侵入岩为 Cu、Zn、Ag、W 元素异常,白垩世措勤-申扎岩浆岩带侵入岩为 W、Au、As、Sb 元素异常。

南拉萨地块晚三叠世—晚白垩世成矿斑岩体具有岛弧花岗岩的特征,岩体规模小;而始新世为主碰撞阶段,花岗岩体规模较大;碰撞后阶段的渐新世—中新世,形成岩体产状相对复杂,包括岩基状—斑状二长花岗岩,岩株状花岗斑岩、石英斑岩等。中拉萨地块北部成矿岩体集中分布在 115Ma±、90Ma± 和 80Ma± 三个时间段内。与斑岩成矿密切的主要为 90Ma± 时期的成矿岩体,该岩体具有埃达克岩的地球化学性质,形成于同碰撞期。总体来看,与斑岩成矿作用有关的岩体一般为中酸性、钙碱性浅成或超浅成的小型斑岩侵入体,SiO_2 含量 62%~68% 的斑岩体成矿以铜矿化为主,SiO_2 含量大于 68% 的斑岩体成矿以钼矿化为主。

4. 火山岩控制因素

火山热液型或与火山岩相关的矿床常是斑岩型矿床的浅部表达。研究区成矿关系密切的火山岩主要为林子宗群火山岩,其次为则弄群火山岩,与前者相关的典型矿床为达若,有利成矿元素为铜金元素。达若矿床特征显示,矿脉呈脉状或角砾状,矿体空间展布受火山机构、火山-次火山岩浆热液、次级断裂多方控制。目前普查发现的与则弄群火山岩相关的矿床有限,发现的矿点、矿化点规模均较小,有利成矿元素为 Cu、Ag。矿体产状受火山断陷盆地边缘断层和火山机构共同控制。

4.4.2 找矿标志

据研究区斑岩-浅成低温热液-矽卡岩型成矿系统的矿床组合特征、找矿标志、找矿预测要素,将找矿预测对象总结为两个组合。

第一组:预测区(冈底斯成矿带西段)南部,产于南拉萨地块内,与雅鲁藏布特提斯洋壳北向俯冲和印度-欧亚大陆碰撞作用有关的斑岩-浅成低温热液型成矿系统,该组矿床主要形成晚三叠世—中侏罗世、古新世和渐新世—中新世 3 个时代,代表性矿床(点)有鲁尔玛、达若、朱诺、红山-罗布真等。对应南拉萨地块斑岩-浅成低温热液型成矿系统的地物化遥找矿标志。

第二组:预测区(冈底斯成矿带西段)北部,产于中拉萨地块北部内,与羌塘-拉萨地块碰撞作用有关的斑岩-矽卡岩型,以及浅成低温热液型矿床,该组矿床主要形成晚白垩世。代表性矿床有拔拉扎、布东拉等。对应中拉萨地块北部内的斑岩-矽卡岩型铜金多金属矿床和浅成低温热液矿床的地物化遥找矿标志。

1. 地质找矿标志

(1)大地构造位置:南拉萨地块、中拉萨地块北部。

(2)岩体:南拉萨地块内晚三叠世—晚白垩世等中酸性小斑岩体,尤其是晚三叠世—中侏罗世中酸性小斑岩体;古新世—始新世斑状二长花岗岩、花岗斑岩等中酸性小斑岩体;渐新世—中新世多期次复式中酸性小斑岩体。中拉萨地块北部内晚白垩世闪长岩类。

(3)构造:南拉萨地块关注南北向构造和近东西向构造交会部位,中拉萨地块北部北东向近等距性分布的断裂构造与北西西向构造交会部位。

(4)典型矿化蚀变:与成矿关系密切的矿化蚀变包括钾硅化蚀变、黄铁绢云岩化、青磐岩化等,且通常发育大规模的火烧皮、铁染。

2. 地球物理标志

朱诺、鲁尔玛等斑岩型矿床,以及罗布真、布东拉等与斑岩型矿床相关的浅成低温热液型矿床均处于航磁正异常外围或边部,异常形态主要为近东西向椭圆状,团块状;磁法显示正磁异常的长轴跟区域构造主线有高度的吻合性。斑岩型矿床处于高重力异常与低重力异常之间的过渡带、异常轴线明显错动的部位、串珠状的异常带、封闭异常等值线突然变宽或变窄的部位、两侧异常特征明显不同的分界线以及等值线同形扭曲部位。鲁尔玛、朱诺等斑岩型矿床的激电中梯测量结果显示,该类矿床普遍具有中低电阻率、较高极化率的特征。

3. 地球化学标志

朱诺斑岩型铜钼矿区的化探结果显示,1∶50万主要异常元素为Au,同时有弱的Ag、Cd、Cu、W、Mo、Pb、Zn等异常;鲁尔玛斑岩型铜矿床1∶50万的化探异常元素主要为Cu、Au、Pb、Zn、Ag;拔拉扎斑岩-矽卡岩型铜钼矿的地球化学异常组合为Cu、Mo、Au、Pb、Zn、Ag。因此,根据上述特征建立冈底斯火山-岩浆弧内斑岩型铜金多金属矿床主要异常组合标志为Cu、Mo、Au、Ag、W、Bi、Pb、Zn;中拉萨地块北部的斑岩型铜金多金属矿床则主要是Cu、Mo、Au、Ag、Pb、Zn等元素,异常元素通常不少于4个,异常元素有很好的空间套合性,且有部分元素峰值相对高,表现为Cu含量峰值大于10×10^{-6},或Au含量峰值大于20×10^{-9},或Mo含量峰值大于3×10^{-6},或W含量峰值大于10×10^{-6}。

4. 遥感解译标志

将已经研究的矿床矿体分布特征、遥感解译出的线状构造、矿化蚀变空间展布特征,在空间上进行套合,由三者显示的相互关系可知:斑岩型矿床主要分布在环形构造附近、线环状构造相切处、线环状构造相交处、放射线状构造与蚀变矿化信息耦合处,多为多构造交切处,仅朱诺斑岩型矿床发育在单一的线性构造内;蚀变发育,表现为羟基和铁染的叠加。

5 区域综合找矿信息分析

5.1 地质-地球物理找矿信息

重磁异常与区域矿产的分布存在密切联系,重磁异常反映的隐伏岩体、深大断层是本区寻找斑岩型铜矿的重要找矿标志之一。前人在冈底斯西段成矿带中的研究成果表明,重磁异常对与矿产形成有关的地层、岩浆岩和断裂构造等具有明显的反映。与中酸性岩浆岩有关的斑岩型、矽卡岩型和热液型矿床,在重磁区域平面异常图中表现为低重力与磁异常梯度带、低重力与中高磁异常的特征。而与深部隐伏侵入岩浆活动有关的矿床,基本都受区域性大断裂及其次级断裂控制,冈底斯西段成矿带中北西西向和近东西向断裂与北西向和北东向次级断裂的两者交会部位是矿床富集成矿的有利位置。

前文第 3 章第 3.1 小节以鲁尔玛斑岩型铜矿为典型矿床,建立了多尺度、多参数、多层级地球物理异常与有利找矿靶区圈定的数据模型。通过对冈底斯西段成矿带以往区域地球物理成果资料的系统梳理,形成了完整覆盖冈底斯西段的卫星重力数据和区域航磁数据。本书对全区重磁资料进行了多阶小波位场分离处理,详细分析了不同阶的小波细节、逼近重磁异常特征,圈定了与斑岩型铜矿成矿关系密切的有利构造、隐伏岩体等,为本区"斑岩型铜矿"地球物理异常找矿预测因子的建立奠定了证据支持。

5.1.1 多尺度重力异常特征

李伟林(2014)对冈底斯成矿带内矽卡岩型矿床的重磁异常规律进行了研究,提出矽卡岩型矿床的中酸性岩体大都表现为局部重力低、磁高特征,而碳酸盐岩的磁异常和重力异常均较弱,可以通过上述两类综合异常特征进一步圈定出中酸性岩体与碳酸盐岩的接触带,进一步缩小找矿靶区。张明华等(2015)对青藏高原重磁异常与矿产分布的关系进行了归纳总结(图 2-6),认为:①火山-沉积岩型矿床主要位于重力低以及高低异常的过渡带上,同时具有较为明显的航磁异常,异常展布方向与矿(化)点分布方向基本一致;②与中酸性侵入岩浆活动有关的斑岩型、矽卡岩型等矿床主要位于岩体内及岩体与围岩的接触带上,同时具有明显的正磁异常特征,且异常的强度、范围等一般较大;③与超基性有关的蛇绿岩型的铬铁矿床主要位于重力高异常及高、低异常的过渡带上,同时磁异常表现明显,呈带状展布,目前已知的矿床大都位于重高、磁高异常带内或其边部地带;④与基性—超基性侵入岩有关的矿床,其局部重力异常往往表现为等轴状或条带状正异常,矿床大都位于正异常边部,同时具有正磁异常特征;⑤与断裂构造有关的矿床,其局部重力异常往往表现为条带状重力低异常或异常等值线"错断"特征。大量学者的研究成果均表明,区内成矿大概率与区域性断裂及其控制的岩浆岩相关。

使用磁法勘探软件系统(MAGS)对全区卫星重力资料进行多阶小波分析,将冈底斯成矿带西段已查明的斑岩型铜矿床点的分布位置与卫星重力数据不同阶的小波分析结果进行综合研究。特区域重力数据经过小波分解剥离后,对冈底斯成矿带西段由浅表→基底→地壳→莫霍面深度的密度差异地质体进行分层级切片成像,低阶小波分解对应浅部埋深地质体产生重力异常,高阶小波分解结果对应深部埋深地质体产生的重力异常。本区一阶到四阶小波分解结果分别如图 5-1 所示,各阶小波分解后的重力异常分布特征及其地质含义如下。

冈底斯西段卫星重力小波一阶细节主要反映浅部岩石密度差异和断裂信息等(图 5-1a),其等效深度为 1km。整体异常特征表明,冈底斯的南北边界均以串珠状正异常为主,区域型深大断层以近东西走向的重力梯度带为界,区内已发现的铜(金)矿点位于金沙江缝合带以南、印度河-雅鲁藏布缝合带以北区域。一阶小波细节中能够反映出局部的次一级导矿构造信息,所有铜(金)矿点均分布于重力正、负异常梯度带周缘,已知矿床点的空间位置与重力异常中区域性一级深大断层间的空间距离一般小于 80km,与次一级导矿构造(深部热液通道)的空间距离一般小于 30km,因此可以结合已有的区域性地质资料,以一级构造带为边界、以二级构造带为中心,建立"精细尺度"的重力异常找矿预测缓冲区。

冈底斯西段卫星重力二阶小波细节主要反映中部岩石密度差异和断裂信息等(图 5-1b),其等效深度为 4km 以上。冈底斯的北边界以正异常为主,南边界以负异常为主,北部正异常主要由蛇绿混杂岩引起,南部负异常主要由沉积盆地、花岗岩引起。二阶细节反映信息比卫星布格重力异常分辨率略低,铜矿点大部分仍位于重力负异常区,铜金矿、金矿点分布于重力正异常区。

冈底斯西段卫星重力小波三阶细节主要反映中深部岩石密度差异和断裂信息等(图 5-1c),其等效深度为 10km 以上。冈底斯的北边界以正异常为主、南边界以负异常为主。铜矿点大部分仍位于重力负异常区,铜金矿、金矿点分布于重力正负异常梯度带。

冈底斯西段卫星重力小波四阶细节主要反映深部岩石密度差异和断裂信息等(图 5-1d),冈底斯的南、北边界以正异常为主,中部以负异常为主;铜矿点、铜金矿、金矿点分布于重力正负异常梯度带。因此,可以以重力正负异常梯度带为中心建立"区域尺度"的重力异常找矿预测缓冲区。重力小波四阶逼近主要反映下地壳深部的密度差异,其等效深度为 35km 以上。西南部为重力异常高值区,对应喜马拉雅造山带;东北部为重力异常低值区,对应班公湖-怒江缝合带。重力异常这样的分布特征与现今地质情况吻合。各矿点均位于布格重力异常区梯度带内,因此,可以以重力梯度带为界,建立"宏观尺度"的重力异常找矿预测缓冲区。

区域重力布格异常的小波分解结果揭示了冈底斯西段浅部、中部、深部的地质构造特征,成矿带的各矿点受到深大断裂控制,不同深度的重力异场高值区对应深部岩浆的上侵通道。

5.1.2 区域航磁异常的多阶小波分析

冈底斯成矿带西段航磁 ΔT 化极等值线图(图 2-7)利用中国自然资源航空物探遥感中心(http://www.agrs.cn/)公开的数据编制。航磁异常总体呈现北西向成带、南东向分块、正负异常相间的特征,磁异常强度为 $-300 \sim 600$ nT。

(1)中拉萨地块北部负磁异常区 ΔT 化极异常磁异常强度较弱,负磁异常强度为 $-200 \sim 0$ nT,地质上为白垩纪和新近纪侵入岩。该带北部高磁异常强度为 $20 \sim 200$ nT,可能是由部分基性岩体引起的。南部正负磁异常梯度带附近以铜金、金矿为主,矿体出现位置磁异常值为 $-50 \sim 10$ nT。

(2)中拉萨地块南部正磁异常区航磁 ΔT 化极异常磁异常强度较强,异常强度为 $80 \sim 400$ nT。该带北部航磁 ΔT 化极异常为高磁异常,强度为 $20 \sim 300$ nT;南部航磁 ΔT 化极异常以负磁异常为主,磁场强度为 $-180 \sim 0$ nT,异常形态比较规则,为东西向条带状异常。

(3)南拉萨地块负磁异常区航磁 ΔT 化极异常东、西两段磁异常强度分界明显,西段以正磁异常为主,异常强度为 $50 \sim 600$ nT;东段以负磁异常为主,异常强度为 $-300 \sim -50$ nT,东段负磁异常边部以铜、金和铅锌矿为主;大部分矿点位于负磁异常区,异常值为 $-200 \sim -50$ nT。

冈底斯西段航磁 ΔT 一阶小波细节主要反映了浅部岩石磁性差异和断裂信息等(图 5-2a),其等效深度为 1km 以上。冈底斯西段的南、北边界均以串珠状正磁异常为主。铜矿点大部分位于磁异常梯度带,铜金矿、金矿点分布于正磁异常中心及边部,空间位置一般小于 10km。因此,可以以正磁异常边部为界,

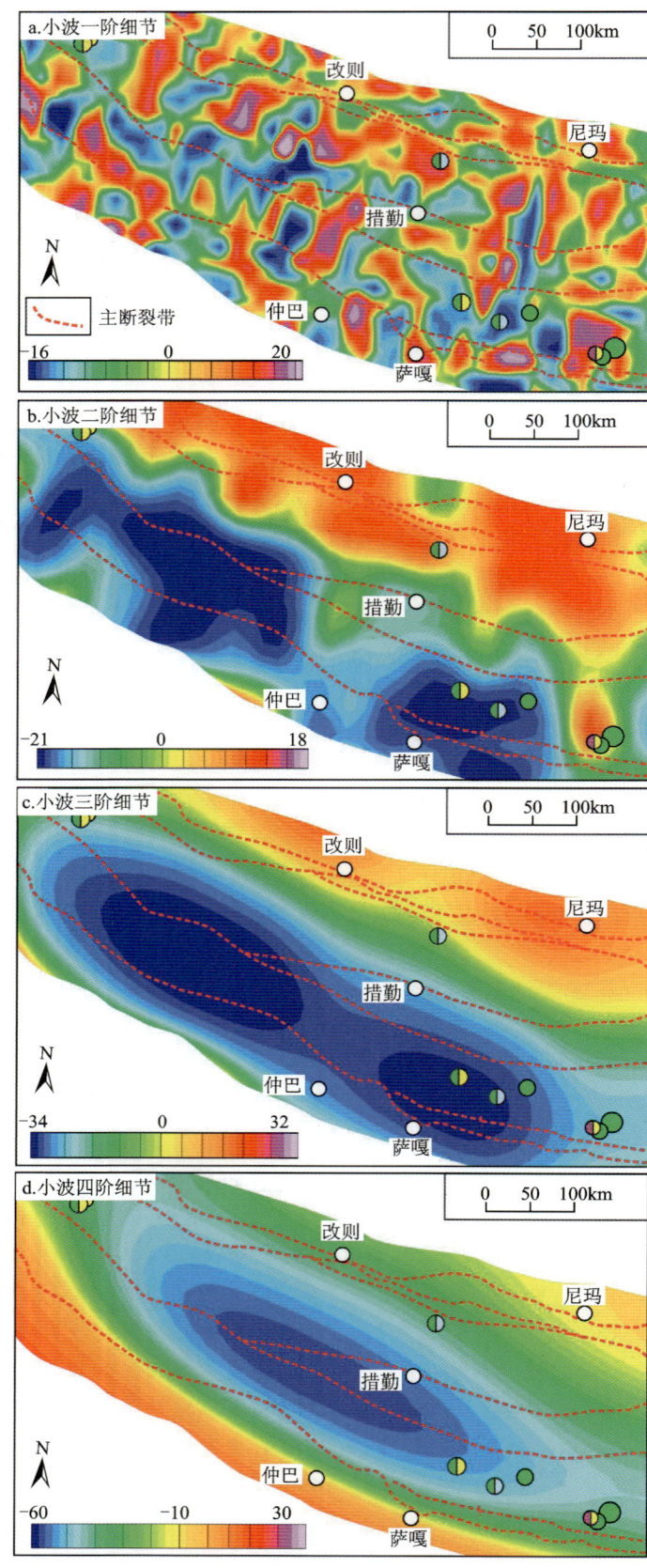

图 5-1 冈底斯成矿带西段卫星重力小波分析细节图

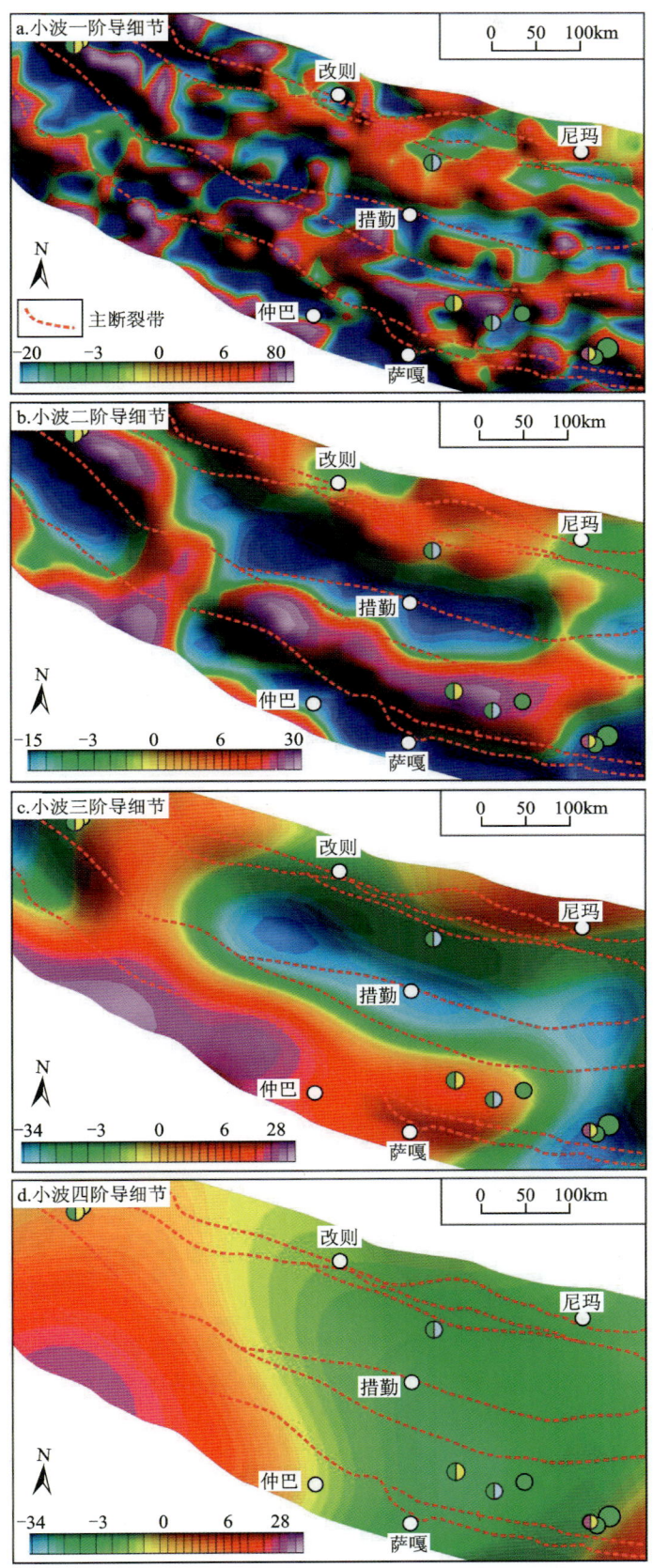

图 5-2 冈底斯成矿带西段航磁 ΔT 小波分析逼近图

建立"精细尺度"的一阶小波磁异常找矿缓冲区。冈底斯西段航磁 ΔT 二阶(图 5-2b)、三阶(图 5-2c)小波细节主要反映中深部岩石的磁性差异和断裂信息等,其等效深度分别为 4km 以上和 10km 以上。冈底斯西段的南、北边界均以磁异常梯度带为界;铜矿点大部分位于磁异常梯度带,个别位于正磁异常中心,铜金矿、金矿点分布于磁异常梯度带。因此,可以以磁异常梯度带为界,建立"区域尺度"的磁异常找矿预测缓冲区。冈底斯西段航磁 ΔT 四阶小波细节主要反映深部岩石磁性差异和断裂信息等(图 5-2d),冈底斯西段西部与东部表现为正磁异常,中部表现为负磁异常;铜矿点、铜金矿、金矿点分布于磁异常梯度带。

5.1.3 重磁综合异常特征与区域矿床预测

冈底斯成矿带西段的基本构造格架由印度河-雅鲁藏布缝合带和狮泉河-纳木错缝合带组成。在板块俯冲和碰撞作用影响下,两带之间形成了多岛弧盆体系及相关的岩浆岩带,岩浆岩带的超基性、基性以及中、酸性岩体分布是控制矿床产出的重要因素。将上述本区重磁资料多阶小波分解异常特征构建的"宏观"→"区域"→"精细"尺度的找矿缓冲区"求交"合并,在斑岩型铜矿地质成矿理论指导下,以重磁异常为主推断的岩体与矿点的对应关系如图 5-3 所示。由图 5-3 可知,主要斑岩型矿点分布于冈底斯成矿带西段的北部与南部,区内已知铜矿点的分布大都与推断的酸性—中酸性岩体有关,大部分铜矿点位于岩体边界,少量铜矿点位于岩体内部;个别金矿点的分布与推断的基性岩体分布有关,金矿点位于岩体边界。

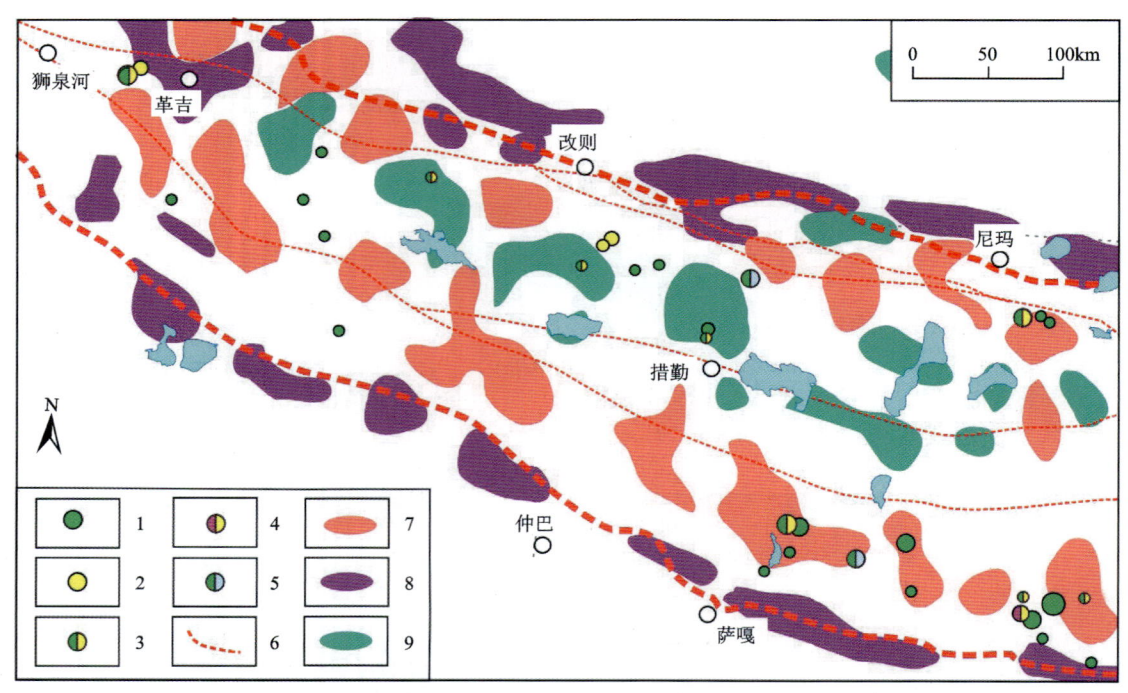

图 5-3　冈底斯成矿带西段航磁 ΔT 化极磁异常推断岩体分布图

1.铜矿;2.金矿;3.铜金矿;4.银金矿;5.铜钼矿;6.研究区范围;7.推测酸性岩体;8.推测中性岩体;9.推测基性超基性岩体

5.2　地质-地球化学找矿信息

选取冈底斯成矿带西段 19 045 个水系沉积物样品的 Ag、Au、As、Co、Cr、Cu、Mo、Ni、Pb、Sb、Sn、W

和 Zn 共 13 种元素数据（来源于中国地质调查局青藏高原地质大调查数据，比例尺 1∶20 万）。在矿床研究的基础上，对这些数据进行 R 型相关分析、R 型聚类分析和 R 型因子分析，研究冈底斯成矿带西段地球化学元素组合和分布，并解释可能存在的找矿信息，探讨找矿潜力和方向。

5.2.1 地球化学多元统计分析

因子分析方法可将多个地球化探的元素变量，综合压缩为几个成矿元素组合（吴越等，2010；赵少卿等，2012；刘洪等，2014b，2015；欧阳渊等，2016b）。本书使用的冈底斯成矿带西段地球化学数据通过 Bartlett 球度检验和 KMO 校验（表 5-1），同时各大部分相关系数都小于 0.3（表 5-2），本书用于地球化学分析的数据满足因子分析的要求。

表 5-1 Bartlett 球度校验和 KMO 校验分析表

方法	Bartlett 球度校验			KMO 校验
数值	卡方检验值	自由度	概率	0.638
	62 025.1	78	0	

注：Bartlett 球度校验概率小于 0.05，同时 KMO 校验小于 0.6 即适合因子分析。

表 5-2 冈底斯成矿带西段成矿元素（变量）相关系数矩阵

	Ag	Au	As	Co	Cr	Cu	Mo	Ni	Pb	Sb	Sn	W	Zn
Ag	1.00												
Au	0.01	1.00											
As	0.11	0	1.00										
Co	−0.09	0	0.06	1.00									
Cr	−0.08	0	−0.02	0.82	1.00								
Cu	0.20	0	0.15	0.48	0.12	1.00							
Mo	0.24	0.01	0.07	−0.07	−0.09	0.06	1.00						
Ni	−0.08	0	−0.02	0.87	0.94	0.17	−0.09	1.00					
Pb	0.66	0.01	0.03	−0.02	−0.02	0.24	0.08	−0.02	1.00				
Sb	0.09	0	0.27	0.02	−0.01	0.06	0	−0.01	0.01	1.00			
Sn	0.14	0.78	0.05	−0.03	−0.03	0.04	0.04	−0.04	0.05	0.01	1.00		
W	0.11	0.01	0.13	−0.04	−0.06	0.04	0.23	−0.07	0.03	0.03	0.09	1.00	
Zn	0.60	0	0.15	0.19	0.02	0.48	0.20	0.03	0.54	0.02	0.13	0.05	1.00

本书以累计方差贡献率大于 74% 为标准，提取 5 个主因子（5 个主因子方差综合占所有变量的 74.28%）（表 5-3），且旋转前后的总累计贡献率没有发生变化；同时，从第 6 个因子开始，特征值差异很小（图 5-4），因此提取 5 个主因子合理。根据旋转因子载荷（表 5-4，图 5-5）得到以下几个因子变量对应的元素组合类型：f_1 代表 Ni-Co-Cr 元素组合，f_2 代表 Cu-Pb-Zn-Ag 元素组合，f_3 代表 Au-Sn 元素组合，f_4 代表 As-Sb 元素组合，f_5 代表 W-Mo 元素组合。

下一步对本书数据进行聚类分析和相关分析，Ni-Co-Cr、Cu-Pb-Zn-Ag、Au-Sn、As-Sb、W-Mo 等每一组元素组合内部各元素有较好的相关性（图 5-6、图 5-7）。

表5-3 冈底斯成矿带西段R型因子分析特征值和累计方差贡献率

因子	初始特征值			被提取的因子载荷平方和			旋转后的因子载荷平方和		
	总体	方差贡献率/%	累计贡献率/%	总体	方差贡献率/%	累计贡献率/%	总体	方差贡献率/%	累计贡献率/%
f_1	2.91	22.40	22.40	2.91	22.40	22.40	2.87	22.07	22.07
f_2	2.57	19.79	42.19	2.57	19.79	42.19	2.42	18.65	40.72
f_3	1.75	13.45	55.64	1.75	13.45	55.64	1.78	13.69	54.41
f_4	1.30	10.01	65.65	1.30	10.01	65.65	1.31	10.10	64.51
f_5	1.12	8.62	74.28	1.12	8.62	74.28	1.27	9.77	74.28

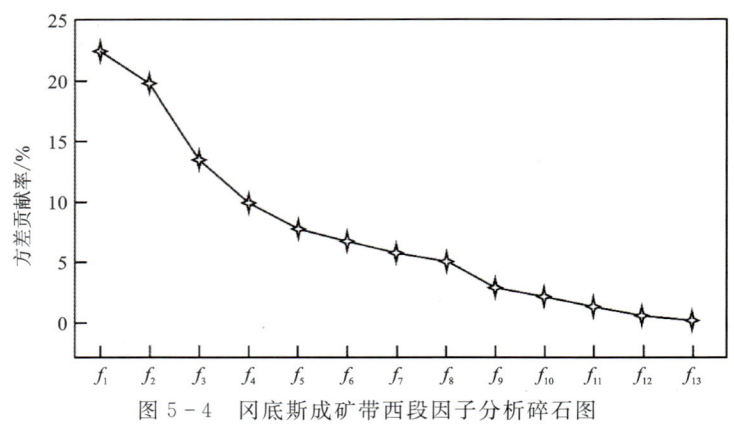

图5-4 冈底斯成矿带西段因子分析碎石图

表5-4 冈底斯成矿带西段R型因子分析正交旋转因子载荷矩阵

元素	因子载荷				
	f_1	f_2	f_3	f_4	f_5
Ni	0.959	−0.027	−0.008	−0.046	−0.051
Co	0.955	0.093	−0.010	0.081	−0.037
Cr	0.937	−0.041	−0.003	−0.063	−0.042
Zn	0.097	0.846	0.037	0.085	0.103
Pb	−0.063	0.833	0	−0.081	−0.049
Ag	−0.125	0.829	0.050	0.024	0.145
Cu	0.352	0.518	0	0.246	0.029
Au	0.007	−0.021	0.944	−0.009	−0.014
Sn	−0.024	0.093	0.939	0.022	0.059
Sb	−0.029	0.010	−0.004	0.784	−0.090
As	0.015	0.081	0.016	0.770	0.163
Mo	−0.062	0.177	−0.011	−0.059	0.756
W	−0.028	−0.021	0.049	0.119	0.788

注:标计单元格代表不同变量中因子载有较大的元素,因子分组的依据。

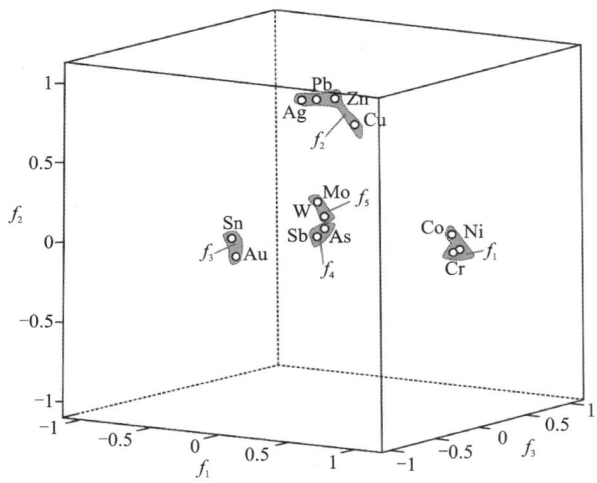

图 5-5　冈底斯成矿带西段旋转后因子载荷图

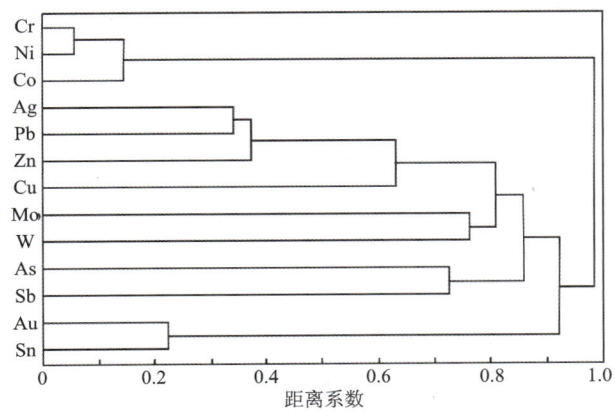

图 5-6　冈底斯成矿带西段化学元素聚类分析图

5.2.2　地球化学找矿信息

冈底斯成矿带 Cu、Au、Mo 为斑岩型矿床的主要成矿元素,其中 Cu 元素与 Au 元素分布(图 5-8a、b)情况相似,两种元素的高值区域主要在冈底斯成矿带南北缘岩浆岩分布区,为零星状、星点状、孤岛状的异常。Mo 元素高值区位置与铜金异常相似,但面积较大(图 5-8c),主要集中在朱诺、达若、鲁尔玛、玛旁雍错东北及拔拉扎一带。

对冈底斯成矿带西段 19 045 个水系沉积物样品的 13 种元素数据进行因子分析后,计算出每个样品对 5 个因子变量的得分,绘制了与斑岩型矿床相关的 Cu、Au、Mo 元素地球化学图(图 5-8a～c)以及 f_2 因子(Cu-Pb-Zn-Ag 元素组合,图 5-8 d)以及 f_3 因子(Au-Sn 元素组合,图 5-8e)得分等值线图。

这些因子得分高值区和已发现矿点对应较好。根据每个样品的最大得分因子变量,归纳地球化学因子分区(如 x 样品和 y 样品的最大得分为 f_3 因子,则它们都归纳到 f_3 因子分区)。根据因子得分值将样品归纳到 5 个分区,绘制了因子分区图(图 5-8f)。从图上可以看出 f_2 因子(Cu-Pb-Zn-Ag 元素组合)分区主要分布在冈底斯成矿带南北缘,分布面积较大,与中拉萨地块北部和冈底斯-工布江达复合岛弧带的岩浆岩分布范围较为吻合,说明本区具有寻找斑岩型铜矿的重大潜力。f_3 因子分区(Au-Sn 元素组合)主要分布在冈底斯成矿带西段的北部,可能代表了中拉萨地块北部浅成低温热液型金矿和矽卡岩型金矿的元素背景;f_5 因子(W-Mo 元素组合)零星分布在 f_2 因子分区的周边,可能与斑岩型铜钼成矿作用相关。

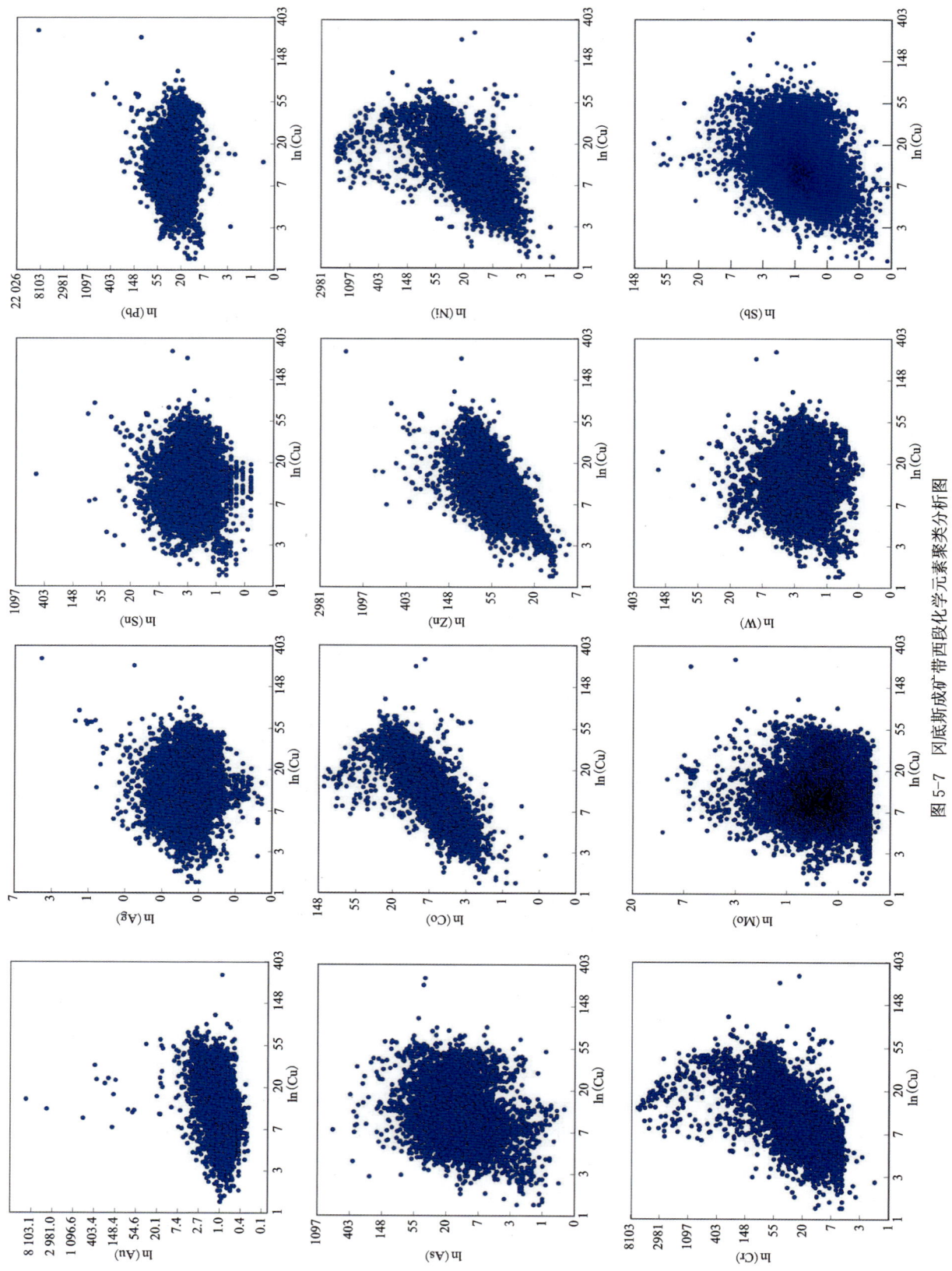

图 5-7 冈底斯成矿带西段化学元素聚类分析图

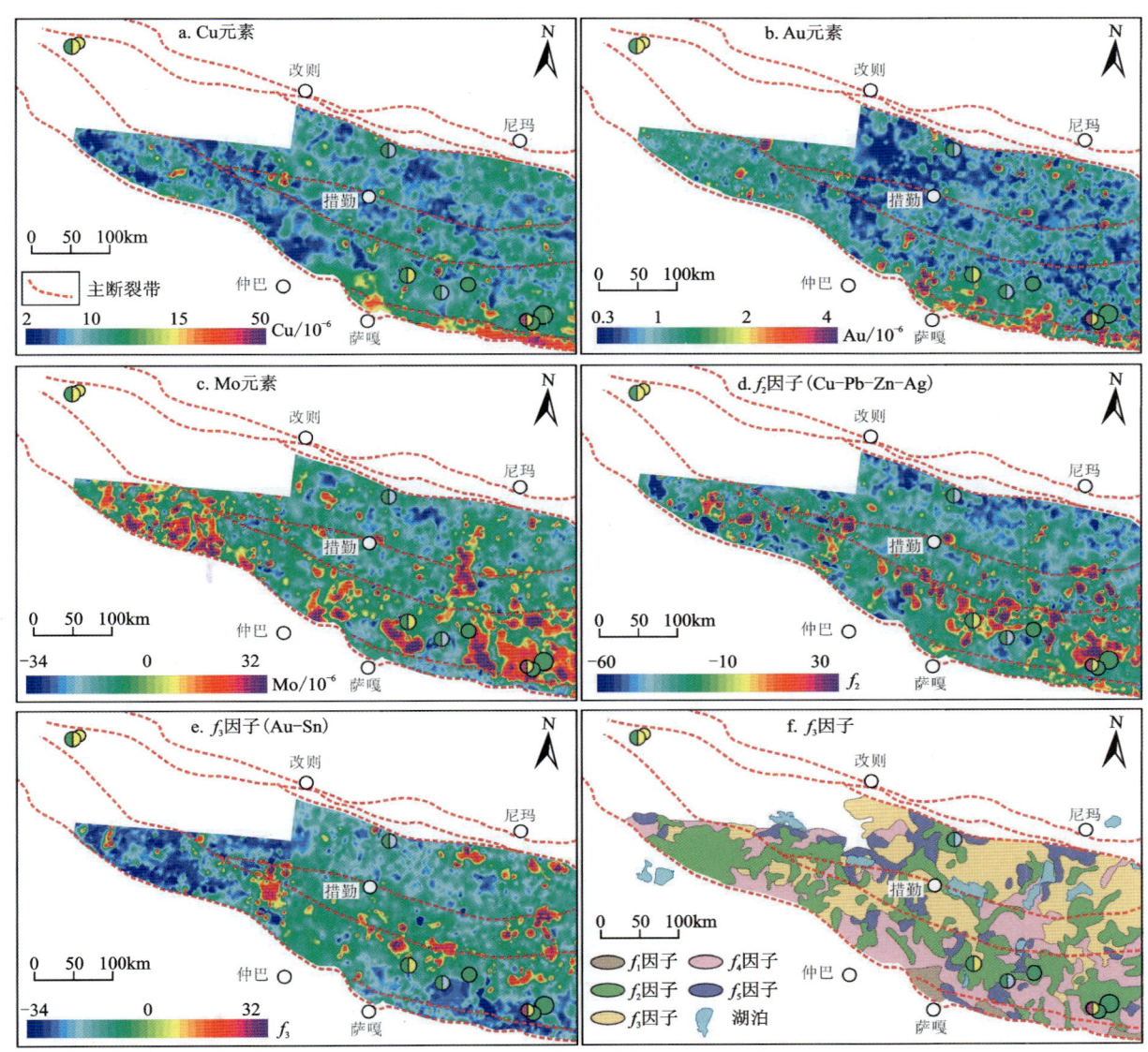

图 5-8　冈底斯成矿带西段地球化学图(a、b、c)、因子得分等值线图(d、e)和因子分布区图(f)

通过多元统计分析,将冈底斯成矿带西段的 13 种元素降维为 5 个因子变量:f_1 因子(Ni-Co-Cr 元素组合)、f_2 因子(Cu-Pb-Zn-Ag 元素组合)、f_3 因子(Au-Sn 元素组合)、f_4 因子(As-Sb 元素组合)、f_5 因子(W-Mo 元素组合)。其中,f_2 因子(Cu-Pb-Zn-Ag 元素组合)、f_3 因子(Au-Sn 元素组合)和 f_5 因子(W-Mo 元素组合)为与斑岩型铜成矿作用相关的变量,因此本书将就这 3 个因子变量进行找矿信息讨论。

f_2 因子(Cu-Pb-Zn-Ag 元素组合)分区为本区斑岩型铜矿主要成矿元素分区。该因子变量对应的分区主要分布在研究区南部的南拉萨地块中,与冈底斯岩基的产出较为一致,并与朱诺、红山、达若、鲁尔玛等已发现斑岩型铜矿较为吻合;另外研究区北部的中拉萨地块北部,与拉萨地块北缘晚白垩世的岩浆作用有关,并与已发现的拔拉扎等矿点吻合。该分区具有寻找斑岩型铜矿的潜力。

f_3 因子(Au-Sn 元素组合)分区为本区斑岩型铜矿主要伴生元素分区,同时代表了金矿的近矿元素组合(刘洪等,2013)。该因子变量对应的分区主要分布在研究区北部的中拉萨地块北部,与拉萨地块北缘的晚白垩世岩浆作用有关,并与已发现的江拉昂宗、布东拉、天宫尼勒和安门弄勒等矽卡岩型、浅成低温热液型金矿吻合。因此,认为在该分区中具有寻找矽卡岩型、浅成低温热液型金矿的潜力。

f_5因子(W-Mo元素组合)分区为本区斑岩型铜矿主要伴生元素分区。该因子变量对应的分区主要零星分布在研究区北部的中拉萨地块北部和南部的南拉萨地块中f_2因子(Cu-Pb-Zn-Ag元素组合)分区的周边,并与已发现的拔拉扎斑岩-矽卡岩型铜钼矿吻合。该分区具有寻找斑岩型铜及指示斑岩型铜矿的潜力。

5.3 地质-遥感异常找矿信息

从20世纪80年代遥感技术应用于地质找矿以来,国内外学者就致力于遥感地质理论和遥感信息提取技术的研究(刘燕君,1991;赵英时,2003;Zadeh et al.,2014),逐步构建了一套系统的遥感信息增强提取方法和流程。在西藏地区地表裸露的环境下,利用遥感技术开展矿产勘查具有先天优势,在斑岩型铜矿的勘查上也有许多成功案例,如通过比较主分量分析法、光谱角法和比值法等方法的优缺点,建立了基于TM/ETM+"去干扰异常主分量门限化技术流程",在藏南甲玛-驱龙矿区取得了较好的应用效果(张玉君等,2003),在多不杂矿集区开展了蚀变信息提取及找矿靶区圈定研究,为找矿远景区的圈定提供了更为可靠的依据(代晶晶等,2010)。

本书采用的数据来自于目前容易获取的24景Landsat 7 ETM遥感数据(表5-5),主要提取解译断裂、隐伏断裂、线性构造、岩浆热液环、隐伏岩体、出露岩体和推测岩体等信息,编制形成相应的1:50万线环构造解译图和遥感异常分布图。

5.3.1 遥感线环构造的地质分析

地质构造形迹可以由遥感图像呈现,环形构造及相关的环状、放射状遥感大节理与地下隐伏构造隆起在空间上有一定对应关系(杨武年和朱章森,1997)。对于地质构造的提取,首先,需要获得相关的地质与成矿数据以及相应的地理数据,将各种数据整理并进行二次加工分析,建立成矿构造的解译标志;其次,获取原始的遥感数据,对遥感影像进行辐射校正、几何校正、图像增强及裁剪融合等处理并结合由地形数据生成的DEM,实现地形的可视化;再次,进行成矿构造信息的提取,提取出线性构造与环形构造,并对构造信息进行检验和修正;最后,将与可视化的地形结合。对于提取的地质构造,通过概率模型法、网格与加权法和多因素异常叠加分析评判法进行综合评判,找出成矿与控矿构造,再次进行综合研究,并作为找矿预测的判别指标之一。

从遥感线环构造解译图来看(图5-9a),区内各个期次的构造相互穿插交切,共同组成本区的构造格架,构造-成矿带的交会部位为铜多金属矿化富集区,同时环形构造在区内分布较为广泛,其形态多为圆形、似圆形、椭圆形等形态,其成因较为复杂,本次工作重点解译与晚三叠世—中侏罗世雅鲁藏布特提斯洋壳俯冲环境相关的中酸性斑岩体、晚白垩世羌塘-拉萨地块碰撞环境相关的中酸性斑岩体、古新世—始新世印度-欧亚大陆同碰撞环境相关的中酸性斑岩体、渐新世—中新世印度-欧亚大陆碰撞后环境相关的中酸性斑岩体引起的环形构造,以及与隐伏岩体和火山机构有关的环形构造,这对寻找斑岩铜矿具有重要的指示意义。尤其关注线形构造与环形构造的交切,通过统计线形构造交点频度和线环构造交点频度与已知矿床(点)的叠加空间分析来看(图5-9b、c),线形构造交点频度高值区和线环构造交点频度高值区与已知矿床(点)套合较好,可以利用高值区来指示斑岩型铜矿的有利区。本次选主成分分析法提取研究区的羟基异常和铁染异常(图5-9d),为了去除羟基矿物提取过程中铁氧化物的干扰,提取含羟基矿物异常时,利用ETM1、4、5、7波段组合进行主分量分析。由于铁氧化物在可见光谱段较为敏感,在提取含铁染矿物异常时选择ETM1、3、4、5组合进行主分量分析。

表 5-5 24 景 Landsat7 ETM 遥感数据信息

序号	条带号	行编号	数据标识	成像日期
1	140	37	LE71400372002133EDC00	2002.5.13
2	140	38	LE71400382003104ASN00	2003.4.14
3	140	39	LE71400392000144SGS00	2000.5.23
4	140	40	LE71400402001098SGS00	2001.4.8
5	141	37	LE71410372000167SGS00	2000.6.15
6	141	38	LE71410382003063SGS00	2003.3.4
7	141	39	LE71410392002188SGS00	2002.7.7
8	141	40	LE71400402002060SGS00	2002.3.1
9	142	37	LE71420372000110SGS00	2000.4.19
10	142	38	LE71420382002115SGS01	2002.4.25
11	142	39	LE71420392003150ASN00	2003.5.30
12	142	40	LE71420402003150ASN00	2003.5.30
13	143	37	LE71430372001183SGS00	2001.7.2
14	143	38	LE71430382002074SGS00	2002.3.15
15	143	39	LE71430392001183SGS00	2001.7.2
16	143	40	LE71400402000085SGS00	2000.3.25
17	144	37	LE71440372002177SGS00	2002.6.26
18	144	38	LE71440382003148ASN00	2003.5.28
19	144	39	LE71440392000124SGS00	2000.5.3
20	144	40	LE71440402003100ASN00	2003.4.10
21	145	37	LE71450372003091ASN00	2003.4.1
22	145	38	LE71450382003091ASN00	2003.4.1
23	145	39	LE71450392001293SGS00	2001.10.20
24	145	40	LE71450402003091ASN00	2003.4.1

5.3.2 斑岩型铜矿带蚀变遥感异常分析

本次选择主成分分析法提取了冈底斯成矿带西段的羟基异常和铁染异常(图 5-10)。

前文第 3 章系统总结了 5 个典型矿床的成矿规律,指出区内斑岩型铜矿的蚀变分带特点如下。

(1)鲁尔玛矿点:钾硅化带(石英脉、钾长石、黑云母、孔雀石、铜蓝)→黄铁绢英岩化带(黄铁矿、孔雀石、铜蓝、绢云母、石英脉)→泥化带(高岭土)→青磐岩化带(绿帘石、绿泥石)→角岩化带(火烧皮)。

(2)拔拉扎矿床:钾硅化带(石英脉、钾长石、黑云母、孔雀石、铜蓝)→黄铁绢英岩+青磐岩化带(黄铁矿、孔雀石、铜蓝、绢云母、石英脉、绿泥石、绿帘石)→青磐岩化+矽卡岩化带(绿帘石、绿泥石+石榴石等)。

(3)达若矿点:黄铁绢英岩化带(黄铁矿、孔雀石、铜蓝、绢云母、石英脉)→泥化带(高岭土)→青磐岩化带(绿帘石、绿泥石)。

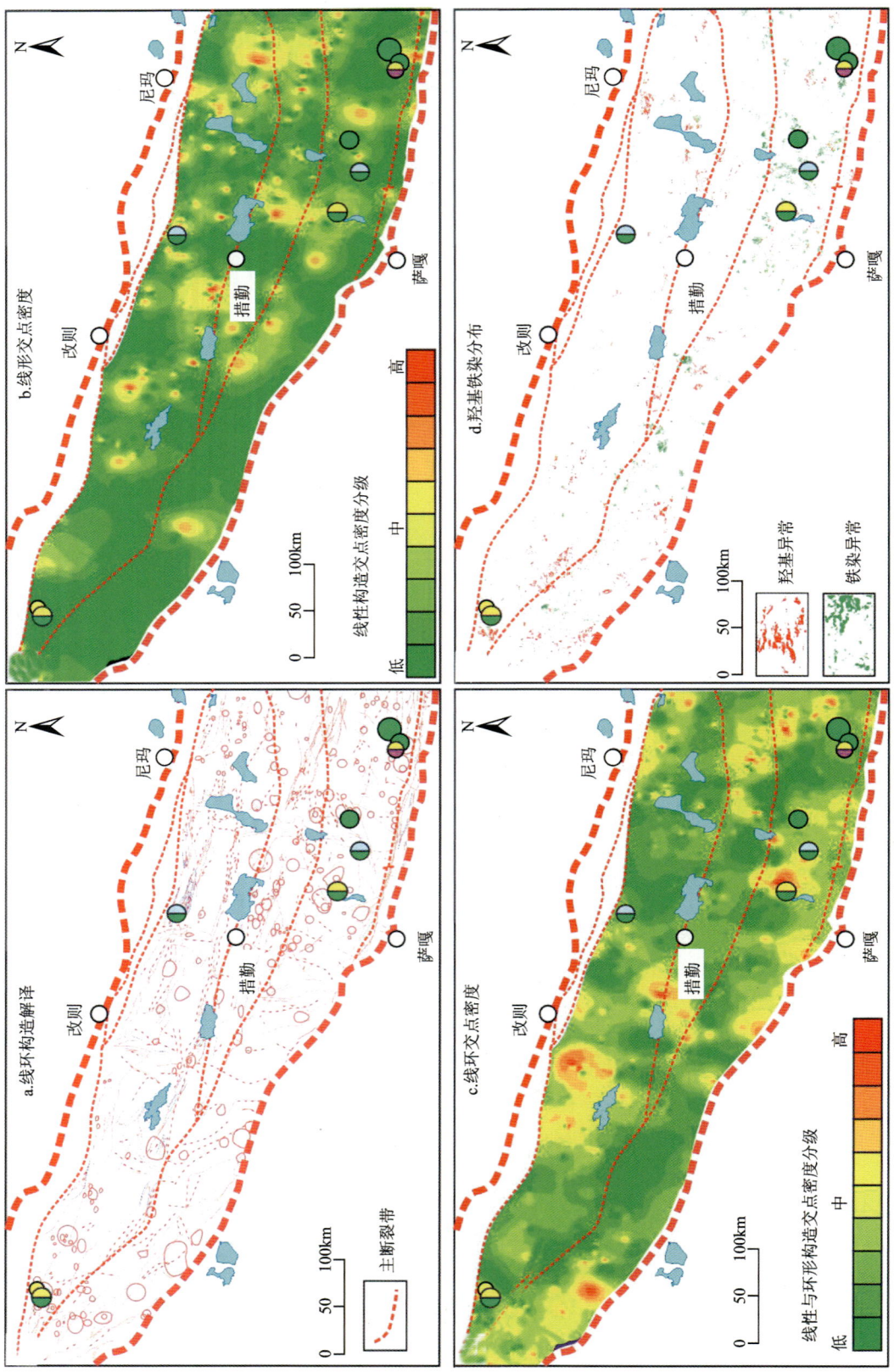

图 5-9 冈底斯成矿带西段线环构造解译图

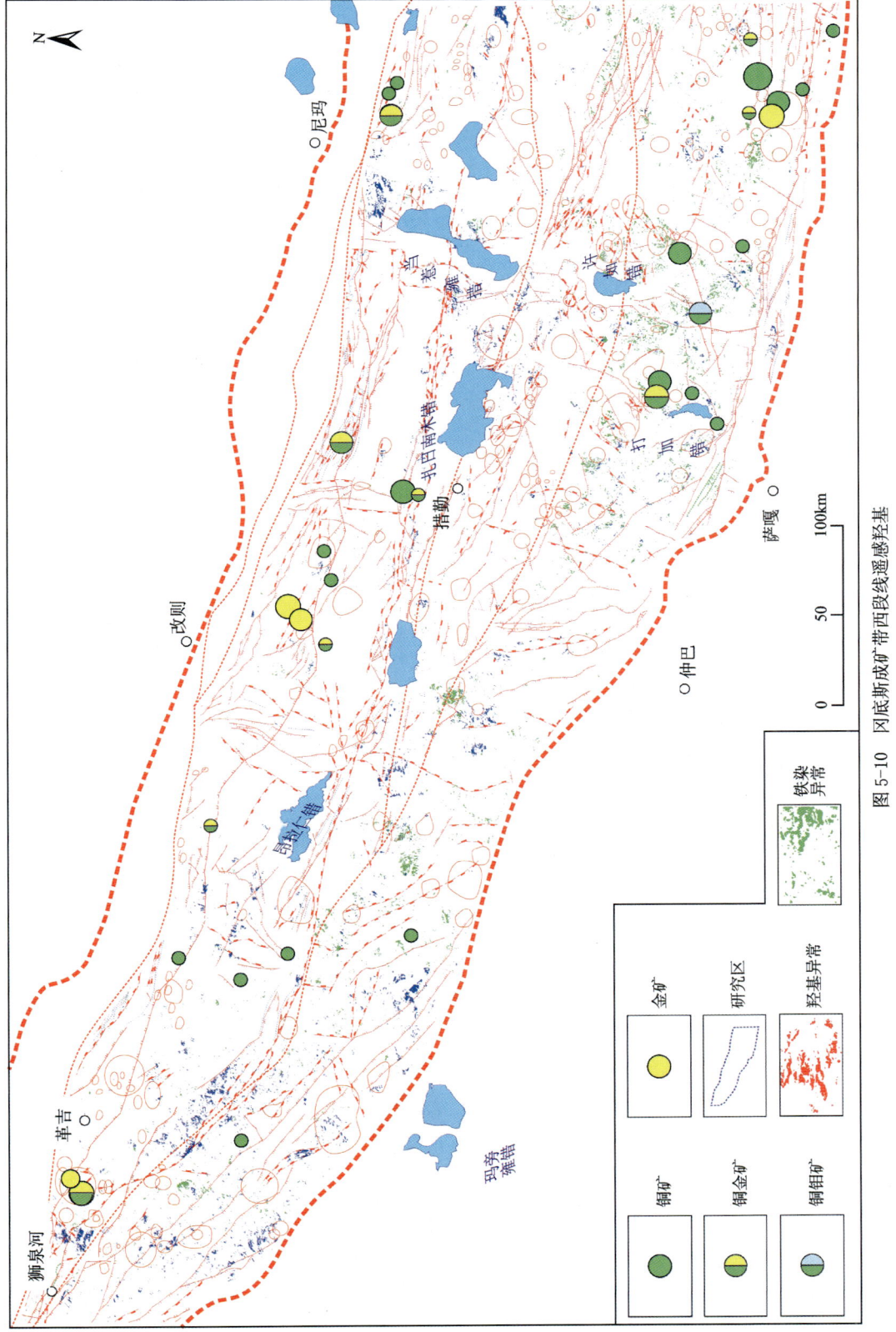

图 5-10 冈底斯成矿带西段线遥感羟基

(4)红山矿床:钾硅化带(石英脉、钾长石、黑云母、孔雀石、铜蓝)→黄铁绢英岩化带(黄铁矿、孔雀石、铜蓝、绢云母、石英脉)→泥化带(高岭土)→青磐岩化带(绿帘石、绿泥石)。

(5)朱诺矿床:钾硅化带(石英脉、钾长石、黑云母、孔雀石、铜蓝)→黄铁绢英岩化带(黄铁矿、孔雀石、铜蓝、绢云母、石英脉)→青磐岩化带(绿帘石、绿泥石)→角岩化带(火烧皮)。

结合研究区典型矿床的成矿条件、矿床成矿模式,可总结出区内斑岩型铜矿的特征蚀变矿物组合为绿泥石、绢云母、黑云母等,反映了羟基矿物特征谱带特性。黄铁矿、角岩化带等反映了铁染矿物特征谱带特性。可以通过组合异常密度的计算,得到羟基异常和铁染异常重叠区域,叠加已知矿点进行空间分析,结果表明,高异常区与已知矿床(点)相关性好,可以利用羟基+铁染组合异常的高值区来指示斑岩型铜矿的有利区(图5-10)。

5.3.3 斑岩型铜矿与地貌特征分析

地貌是地质构造运动在地表留下的形迹,区域地貌受区域构造控制,故其是遥感影像上重要的空间信息之一。前人研究表明,在特殊地区的地质找矿中,地貌可以为找矿和矿化分析提供重要线索。

冈底斯成矿带西段处于高海拔、深切割区。通过对SRTM(Shuttle Radar Topography Mission,航天飞机雷达地形测绘任务)和数字高程模型(Digital Elevation Model,DEM)数据进行分析,研究区最高海拔为6557m,最低海拔为3902m,平均海拔为5091m,山高谷深,区内相对高差多在2000m以上,最大相对高差为3465m,为中国重要的造山带,呈现出典型的高山峡谷地貌景观(图5-11)。在地理信息系统中,使用SRTM DEM进行坡度分析,获得研究区坡度图(图5-12),然后将冈底斯西段已知的铜多金属矿(化)点与DEM和坡度图进行空间分析,提取矿点的海拔高程值与坡度值,结果见表5-6。

从表5-6和图5-11可以看出,研究区已知的39个矿点中,38个分布在海拔4500~6000m高程范围内,31个矿点分在坡度10°以下,表明海拔4500~6000m、坡度15°以下的地貌区域矿点分布较集中。

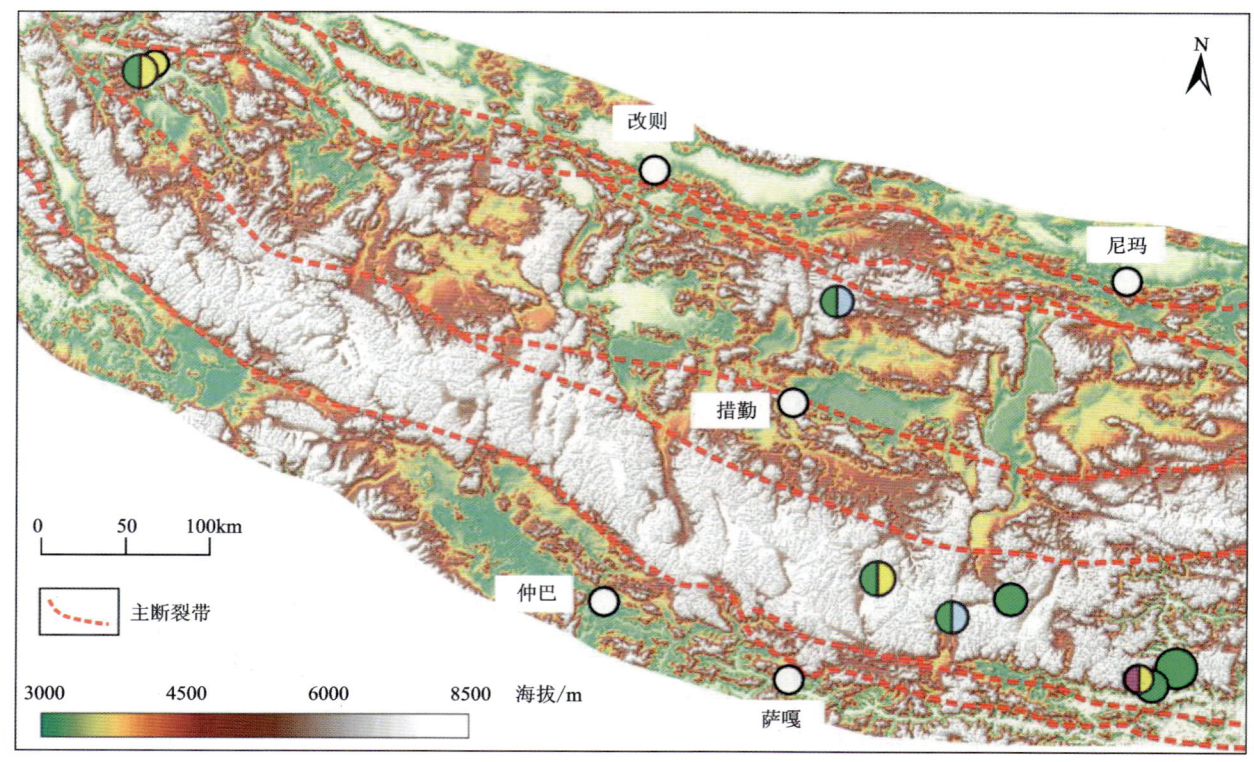

图5-11 冈底斯成矿带西段海拔图

这类地区地貌成因与地质构造发育演变、矿化富集有一定的联系,矿化部位构造破碎明显,容易遭受侵蚀、剥蚀。另外,区内斑岩型铜矿的蚀变矿物较为软弱,也容易风化剥蚀而呈现出与周围地貌景观相异的微地貌特征,从而分布在坡度较缓的地方。因而,可以认为区内海拔4500~6000m、坡度＜10°的地段为矿体保存的有利地段。

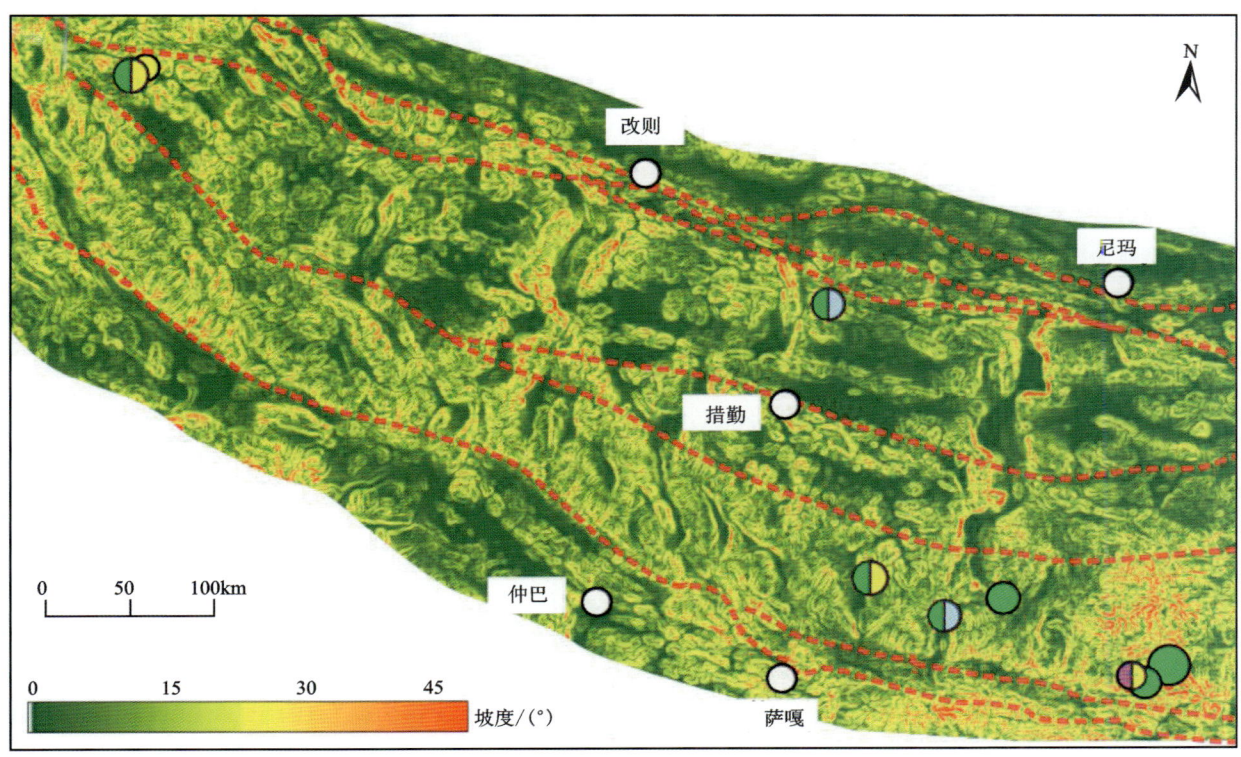

图5-12 冈底斯成矿带西段坡度图

表5-6 矿点海拔、坡度与坡度统计表

海拔/m	矿(化)点数/个	坡度范围/(°)	矿(化)点数/个
＜4500	1	＜5	17
4500~5000	13	5~10	14
5000~5500	15	10~15	5
＞5500	10	＞15	3

6　找矿预测与远景区优选

找矿预测是通过选取各种地质变量而建立起最优的预测模型,来反映其成矿特征(赵元洪等,1995)。地质变量的选取和预测模型的建立,必须有特征图层信息的支持,地质变量与计算参数又是依据建立预测模型所选择的基本条件而确立的,它们之间是互相联系的。本次研究以寻找斑岩型铜矿为主攻方向,在多元地学信息找矿有利性分析的基础上,通过应用 GIS 的空间叠置分析、缓冲区分析、图层属性条件检索和统计分析等方法技术,对地球物理异常、地球化学异常、遥感异常与有利的地质控矿因素之间,以及它们与区内已发现矿床(点)的空间耦合度进行综合研究,优选出可比的有利综合评价标志变量。同时,本书基于地质异常找矿预测理论,应用欠采样-随机森林模型,建立适合研究区的智能化综合预测量化模型,实现综合信息靶区定位预测。

6.1　欠采样-随机森林模型

对于中小比例尺区域的找矿预测,综合地质、物探、化探、遥感信息的预测数据具有高维和极不平衡的特点。当遇到这类数据不平衡的问题时,应用以总体分类精度为学习目标的传统分类算法会不可避免地过多关注多数类样本,使得少数类样本的分类性能低下(季梦遥和袁磊,2017)。为此,本书选用融合了机器学习随机森林算法和欠采样方法的欠采样-随机森林模型为预测模型。

6.1.1　随机森林

随机森林算法(Random Forests,简称 RF)是一个广泛应用于各种应用领域的一种集成学习(Ensemble Learning)方法,由已故美国科学院院士 Leo Breiman 和 Adele Cutler 在 2001 年提出。该算法采用 Breiman 于 1996 年提出的套袋法(Bagging,即 Bootstrap Aggregating)集成策略,通过多个决策树的叠加来强化分类的效果,相比单棵决策树更稳健,泛化性能更好。套袋法集成策略通过独立同分布选取的训练样本子集训练弱分类器,同时各个弱分类器之间也是平权的,使在偏差保持基本不变的同时降低方差以及弱分类器之间相关值的平均。当独立同分布的弱分类器的相关值和偏差都较小时,总的分类误差也可以降低。随机森林算法具体过程如图 6-1 所示,步骤如下。

(1)通过自助法重采样技术从训练集 D 中有放回地随机采样选择 n 个样本。
(2)从特征集中选择 m 个特征,利用这 m 个特征和(1)中所选择的 n 个样本建立决策树。
(3)重复(1)和(2)步骤 k 次,直至生成所需的 k 棵决策树,形成随机森林。
(4)对于测试数据,经过每棵树决策判断,最后投票确认分到哪一类。

随机森林由于其天然的并行特性,良好的模型可解释性,优秀的鲁棒性和泛化特性而被广泛研究和应用(Culter, et al.,2007),其优点如下。

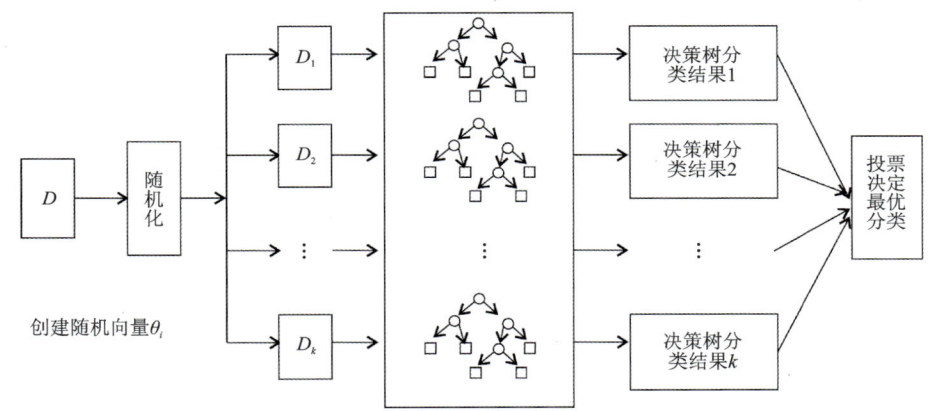

图 6-1 随机森林模型示意图

(1)大数定理证明随着决策树的增加,训练集的误差与测试集的误差是收敛的,所以不用担心过拟合的问题。

(2)随机森林在处理高维数据时,不需要进行特征选择,并且在训练完成后刻画输入变量重要性。

(3)训练速度快,树与树之间是相互独立的,容易做成并行处理。

(4)对于不平衡数据,随机森林可以平衡误差。

6.1.2 欠采样

经典的分类算法以数据平衡为前提,在现实应用实践中,数据之间往往会有重叠,数据无法完全独立,且许多数据集是不平衡的。数据的类间不平衡会导致少数重要类数错分,导致最后的结果不理想。数据集中的多数类数据往往存在着大量重复数据信息和噪声数据,这些多余的数据使得以总体精度最优化为目标的分类器的边界向着少数类数据方向进行偏移,使得分类错误大大增加,进而造成巨大的损失。

最常见的欠采样就是简单随机欠采样,即在多数类样本中随机地挑选一部分样本,并与原始的少数类样本形成基本上平衡的数据集。这种方法操作简单,弊端也很明显,即通过随机方式选取的样本并不能代表多数类样本这个整体,不可避免地损失了许多有用信息,特别是关键信息去掉会严重降低类别判定结果的准确性。所以,前人在此基础上做出了多种改进,如支持向量机的基础上提出了 FN(Furthest Neighbor based Under-sampling)欠采样(赵自翔等,2012)、基于数据密度分布的欠采样方法 US-DD(罗计根等,2019)以及在经过 K-Means、K-Modes 方法聚类后的多数类样本基础上的采样聚类欠采样策略(林舒杨等,2011)。本书采用的欠采样方法为聚类欠采样策略,具体步骤如下。

(1)随机初始化为 m 个聚类中心,分别为 $C_i(1,2,\cdots,m)$。

(2)对于样本 $x_i(i=0,1,2,\cdots,n-1)$,当数据集为离散型时利用式(6-1)计算它到每个聚类中心的距离,将划分到距离最小的簇,若数据集为连续型利用式(6-2)。

$$d(x,y) = \sum_{i=0}^{m} \delta(x_i, y_i) \tag{6-1}$$

$$d(x,y) = \sqrt{\sum_{i=0}^{m}(x_i, y_i)} \tag{6-2}$$

(3)待样本 D 中样本全部划分完成之后,重新确定簇中心,向量 C_i 中的每一个分量都更新为簇 i 中的众数(数据集为离散型)或平均数(数据集为连续性)。

(4)重复(2)和(3)步骤,直到总距离(各个簇中样本与各自簇中心距离之和)不再降低,返回最后的聚类结果。

6.1.3 欠采样-随机森林模型

据研究表明,随机森林算法在高纬度数据中的分类及回归分析的准确性较高,在数据不平衡的问题上具有一定的解决能力。若随机森林算法中影响因子间的独立性较差,其分类结果可能较不理想。本书选用融合欠采样技术和欠采样-随机森林模型,通过聚类欠采样技术,从非矿单元中抽取出能涵盖非矿单元所有信息的样本数据,使得参与模型训练的样本尽可能地平衡。该模型的计算步骤如下。

输入:冈底斯成矿带西段数据集 D_1/D_2,随机森林树棵数 S_1/S_2;输出:样本测试结果 $y1\_pred/y2\_pred$。

步骤1:通过欠采样技术生成平衡的训练数据子集。

(1)划分非成矿单元 $A(a_1,a_2,a_3,\cdots,a_n)$ 和成矿单元 $B(b_1,b_2,b_3,\cdots,b_n)$,成矿单元总数为 k。

(2)非成矿单元共聚成 K 簇$\{K_1,K_2,K_3,\cdots,K_k\}$。

(3)循环 i,构建 S 棵决策树:从 k 个簇$\{K_1,K_2,K_3,\cdots,K_k\}$各自又放回随机抽取一个样本,形成具有 k 个样本的数据集$(k_1,k_2,k_3,\cdots,k_k)$,剩下 k 个簇未被抽中的样本为 OOB_1。

(4)将成矿单元 $B(b_1,b_2,b_3,\cdots,b_k)$ 和数据集$(k_1,k_2,k_3,\cdots,k_k)$混合并乱序打乱,使整个平衡样本集的样本数为 $k+n$ 个$(b_1,b_2,b_3,\cdots,b_n,k_1,k_2,k_3,\cdots,k_k)$。

步骤2:利用数据子集生成一棵不剪枝的树 $Tree_i$。

(1)对平衡样本集$(b_1,b_2,b_3,\cdots,b_n,k_1,k_2,k_3,\cdots,k_k)$采用 Bootstrape 抽样方法一共抽取 $2k$ 次,抽中的样本为单棵决策树训练集 $train\_data_i$,未抽中的为单颗决策树的 OOB_2,所形成的单棵决策树的袋外数据 $OOB_i = OOB_1 + OOB_2$。

(2)随机抽取训练集 $train\_data_i$ 的特征子集,完成第 i 棵 $Tree_i$ 的构建。

步骤3:计算该棵决策树的预测结果。

(1)定义两个临时空间变量 $y\_pred = [\ ]$ 和 $result = [\ ]$。

(2)循环遍历所有样本,并且遍历所有决策树的随机森林。如果样本 i 不在袋外数据 OOB_j 中,则利用该棵决策树测试该条样本,得到预测结果 $result_i$。

步骤4:遍历随机森林中所有的决策树之后得到 result 集合,采用投票的方式得到样本 i 的预测结果 $y-pred_i$。

依据研究区内斑岩-浅成低温热液型的矿床组合、找矿标志类型、预测要素等,同时在确定模型参数时,需要通过多次对比确定如下参数。

(1)n_estimators:为随机森林中预测器的迭代次数或者预测器的个数。一般来说,数值太小,容易造成欠拟合,数值太大又会增加计算负担,并且当 n_estimators 达到一定的数值之后,模型的提升会非常有限。因此,选择一个合适的值非常重要。本书选择的是 20。

(2)Max_depth:为决策树的最大深度。一般来说,树越深越能捕捉到信息,但是树太深又会造成过拟合。因此,要选择一个合适的深度,本书选择的是 10。

(3)Min_samples_leaf:为叶子节点样本数的最小值。如果某叶子的样本个数小于该值,则该叶子的节点就不能产生。目的是避免决策树过于庞大,同样也为了避免过拟合。叶子节点的数目可以根据具体的数据进行选择。本书选择的是 5。

(4)Min_impurity_split:为节点划分最小不纯度。同样是限制树生长的一个指标,如果节点的不纯度小于阈值,该节点将不会再生成子节点。默认是 1e−7,本书不对默认值进行修改。

6.1.4 预测模型的评价指标

随机森林分类模型的精度评价主要依据混淆矩阵(confusion matrix)以及 ROC(receiver operating characteristic)曲线的相关信息。

混淆矩阵主要对分类问题的预测结果进行总结并做出精度评价,其关键是通过分析预测正确样本量以及预测错误样本量,来了解分类器的误差,并反映出误差类型。本书中有两类情况,即成矿单元(positive)和非成矿单元(negative),如表6-1所示。混淆矩阵的列用来表示类的预测结果,行用来表示类的实际类别。其中,TP(ture positive)表示成矿单元中被划分正确的单元数,即真正类;TN(true negative)表示非成矿单元中被划分正确的单元数,即真负类;FP(false positive)表示成矿单元中被错误划分的单元数,即假正类;FN(false negative)表示负类样本中被划分错误的样本数,即假负类。

表6-1 找矿预测分类结果混淆矩阵

已知分类情况	模型分类结果	
	成矿单元	非成矿单元
成矿单元	TP	FN
非成矿单元	FP	TN

由混淆矩阵产生一些衍生指标,如找矿预测精确率(precision)、找矿预测灵敏度(sensitivity)、F测度(F-measure)和几何均值(G-mean)。

找矿预测精确率又称为查准率,是指模型中预测结果为成矿且实际成矿的样本总数在所有预测结果成矿样本总数中的占比,其计算公式如式(6-3)所示。分类器的精确度越高,其找矿预测结果越准确,即非成矿单元错分为成矿单元的错分越少。

找矿预测灵敏度又称为查全率,是指模型能够正确划分出成矿单元的比例,其计算公式如式(6-4)所示。灵敏度较高的分类器表明其在分类过程中很少将成矿单元误分为非成矿单元。

在不平衡数据评价标准中,常将F测度作为一个综合性的评价标准,其计算公式如式(6-5)所示。β为系数,取值通常为1。可知,只有准确率和灵敏度值均比较高时,F-measure的值也会较高。

几何均值(G-mean)也是用于衡量分类性能的评价指标,由Kubat和Matwin在1997年提出。其计算公式如式(6-6)所示,等于两个子衡量标准找矿预测灵敏度(Sensitivity)和非成矿单元的灵敏度乘积的开方即Specificity=TN/(TN+FP)。只有当两个子衡量标准的数值同时比较大时,G-mean才会比较高,因此可以说G-means能更加全面地评价分类器的性能。

$$成矿预测精确率(Precision) = \frac{TP}{TP+FP} \qquad (6-3)$$

$$成矿预测灵敏度(Sensitivity) = \frac{TP}{TP+FN} \qquad (6-4)$$

$$F测度(F-mean) = \frac{(1+\beta^2) \times Precision \times Sensitivity}{Precision + \beta^2 Sensitivity} \qquad (6-5)$$

$$几何均值(G-mean) = (Sensitivity \times Specificity)^{1/2} = \left(\frac{TP}{TP+FN} \times \frac{TN}{TN+FP}\right)^{1/2} \qquad (6-6)$$

ROC曲线(receiver operating characteristic curve)由Bradley于1997年提出,由多数类的误判率和少数类的灵敏度形成坐标点[FP/(FP+TN),TP/(TP+FN)]的轨迹。通过设置分类器参数中的不同阈值,可以得到多个不同的坐标点,将这些坐标点连接起来得到一条ROC曲线。ROC曲线越接近纵向正半轴,则说明该分类器的分类性能越好。一般来说,一个自然分类器的ROC曲线就是在图像的对角线。

受试者工作特征曲线下面积(the area under the ROC curve,简称AUC),即ROC曲线下面积,常作为评价分类器性能的指标,其取值范围在0.5~1之间。当多数类的误判率和少数类的灵敏度都较高时,AUC的取值才高。当AUC取值越大,即ROC曲线越靠近纵向正半轴、AUC值越接近1时,表明模型分类器的分类效果越好;反之,分类器分类性能比较差(图6-2)。

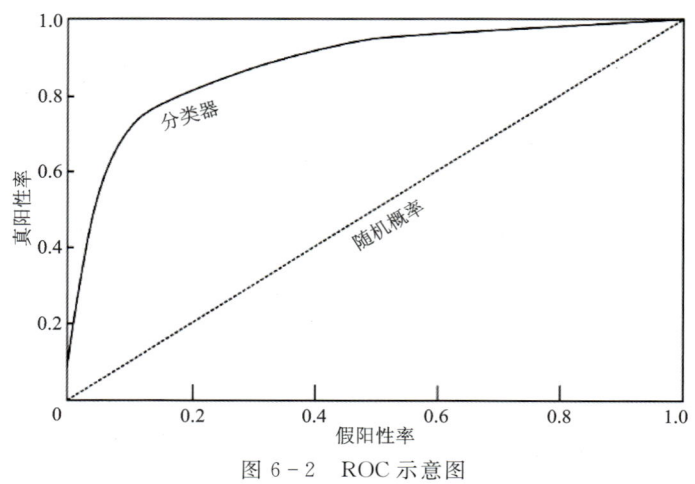

图 6-2 ROC 示意图

6.2 找矿预测结果与评价

将成矿理论研究、计算机技术与地理信息系统(GIS)三者结合起来,用于找矿预测。在预测区内建立了1:50万比例尺的地质、化探、卫星重力、航磁、遥感和矿产地等多元信息数据库,在成矿规律研究建立成矿模型和预测模型的基础上,进行了多元找矿预测信息计算。冈底斯西段斑岩型矿床、浅成低温热液型矿床和矽卡岩型矿床常在时空上常相依出现,构成一套完整的斑岩-浅成低温热液-矽卡岩成矿系统。本次研究重点开展了斑岩型铜矿床,并兼浅成低温热液型和矽卡岩型铜金多金属矿床预测评价工作。

本次找矿预测工作在冈底斯成矿带西段矿集区1:50万多源信息数据库建设的基础上,通过研究成矿规律、典型矿床成矿模型,基于随机森林模型,结合地层、地球物理、地球化学以及遥感预测标志圈定研究区内的找矿远景区,定量给出各标志的重要性程度,进而开展定位预测。工作流程如下。

(1)收集冈底斯成矿带西段矿集区相关的地质、物探、化探、遥感资料,建立待预测区完整的随机森林模型空间信息数据库和属性库。

(2)对收集到的化探数据运用地球化学场法重新进行异常信息提取。

(3)采用网格法进行预测单元划分,确定合理的预测单元。

(4)根据典型矿床研究成果,建立已知矿床的预测找矿模型,进行地质标志因素的选择和预测变量的初次预置。

(5)在随机森林算法中,根据已知矿床特征和地质因素标志建立模型单元。

(6)根据模型单元,运用预测得出成矿远景区。

(7)运用 ROC 以及 AUC 评价模型是否精确。

(8)运用随机森林回归算法,分析影响因子的重要性,对模型加以改进。

6.2.1 预测指标选取

冈底斯西段斑岩型矿床和浅成低温热液型矿床在时空上常相依出现,且常构成一套斑岩-浅成低温热液系统。本次研究重点开展了斑岩型铜矿床及浅成低温热液型铜金多金属矿床的预测评价工作。前文已分析,晚三叠世—中侏罗世、晚白垩世、古新世和渐新世—中新世等中酸性岩浆活动是本区斑岩型、浅成低温热液型矿床形成的主控因素;区域卫星重力异常的小波分解结果揭示了冈底斯西段浅、中、深部的地质构造特征,成矿带的各矿点受到深大断裂的控制,不同深度的重力异常高值区对应深部岩浆的上侵通道;Cu-Pb-Zn-Ag 元素组合为本区斑岩型铜矿主要成矿元素分区,Au-Sn 元素组合为本区斑岩型铜矿主要伴生元素分区,同时代表了金矿的近矿元素组合;遥感线-线、线-环复合交切的构造高频区是斑岩型铜矿化集中区的构造标志,羟基+铁染组合异常的高值区是重要的成矿有利区段。因此,通过上述信息可构建冈底斯成矿带西段斑岩型、浅成低温热液型矿床找矿预测的基础变量(表6-2)。

表6-2 冈底斯成矿带西段找矿预测基础变量

地质变量	遥感变量	航磁变量	卫星重力变量	化探变量	
				单元素对数等值图	因子
(1)拉萨地块南缘三叠纪—侏罗纪中酸性斑岩体; (2)拉萨地块南缘古新世中酸性斑岩体; (3)拉萨地块南缘渐新世—中新世斑岩体; (4)拉萨地块北缘晚白垩世中酸性斑岩体	(1)线形构造交点密度高值区; (2)线环构造交点密度高值区; (3)羟基-铁染综合密度高值区	(1)航磁小波1阶细节; (2)航磁小波2阶细节; (3)航磁小波3阶细节; (4)航磁小波4阶细节	(1)卫星重力小波1阶细节; (2)卫星重力小波2阶细节; (3)卫星重力小波3阶细节; (4)卫星重力小波4阶细节	Au、Cu、Mo	f_2、f_3和f_5

6.2.2 模型预测

本次找矿预测工作将成矿理论研究、计算机技术与地理信息系统(GIS)三者结合起来进行找矿预测,并在预测区内建立了1:50万比例尺的地质、化探、卫星重力、航磁、遥感和矿产地等多元信息数据库。在此基础上,通过研究成矿规律、典型矿床成矿模型,基于随机森林模型,结合地层、地球物理、地球化学以及遥感预测标志圈定研究区内的找矿远景区,定量给出各标志的重要性程度,进而开展定位预测。具体工作流程如下。

(1)收集冈底斯成矿带西段矿集区相关的地质、物探、化探、遥感资料,建立待预测区完整的随机森林模型空间信息数据库和属性库。

(2)对收集到的化探数据运用地球化学场法重新进行异常信息提取。

(3)采用网格法进行预测单元划分,确定合理的预测单元。

(4)根据典型矿床研究成果,建立已知矿床的预测找矿模型,进行地质标志因素的选择和预测变量的初次预置。

(5)在随机森林算法中,根据已知矿床特征和地质因素标志建立模型单元。

(6)根据模型单元,运行预测得出成矿远景区。

(7)运用 ROC 以及 AUC 评价模型的精确率。

(8)运用随机森林回归算法,分析影响因子的重要性,对模型加以改进。

结合冈底斯成矿带西段矿床的分布特征和预测数据集的特点,在尽可能地区别开矿床和不过多插值拟合预测数据的情况下,本书选取 3.5km×3.5km 作为预测单元格标准,共划分出 10 378 个单元格,其中含矿单元格有 326 个。通过遥感地质解译修正后的 1:50 万地质图,构建各地层和蚀变带的出露区及断裂缓冲区。1:50 万航磁数据通过小波多尺度分解,构建了航磁小波 1~4 阶细节 4 个变量,并通过二线性内插法重采样至 3.5km×3.5km 网格。重力数据选用 Balmino 等于 2012 年提出的 WGM2012 global mode,经过小波多尺度分解后的卫星重力 1~5 阶细节,4 个变量,并通过二线性内插法重采样至 3.5km×3.5km 网格。从 1:20 万水系沉积物的 39 个元素测量数据中提取了各个单元格的对数值和3个因子分量,并通过二线性内插法重采样至3.5km×3.5km网格。重采样后的重力、磁法、化探、遥感变量保留了原始数据的空间分布特征。

对构建的冈底斯成矿带西段矿集区的数据进行标准化,稀疏数据根据最大值的绝对值进行标准化,其他数据依据原始数据的均值(mean)和标准差(standard deviation)进行标准化;之后,再将标准化后的数据集导入欠采样随机森林进行预测。在欠采样所构建的训练子集中,本书设定的成矿单元和非成矿单元的比例为1∶1(图6-3)。同时为了对比分析,本书在冈底斯成矿带西段矿集区的标准化数据集的基础上应用了随机森林模型、欠采样逻辑回归(US-Logistic Regression)、欠采样支持向量机(US-Support Vector Classifier)、欠采样K最近邻(US-k Nearest Neighbor,简称US-KNN)进行对比。

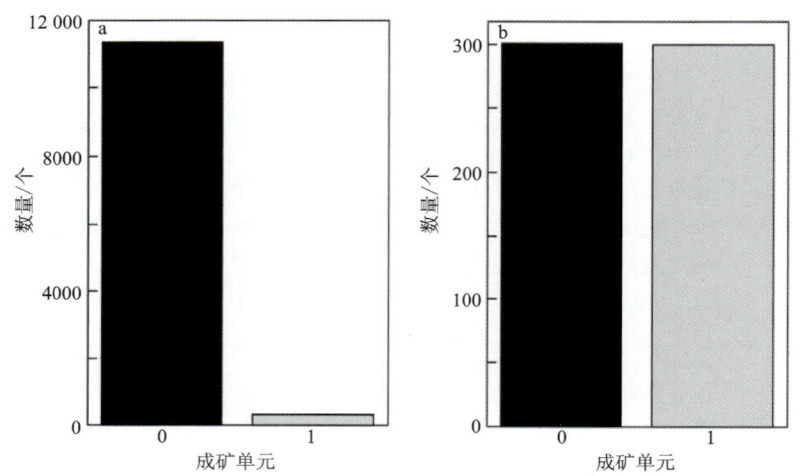

图6-3　冈底斯成矿带西段数据集(a)和训练子集单元成矿单元数量(b)对比图

模型的调参,使用的GridSearchCV模块系统地遍历多种参数组合,通过交叉验证确定最佳效果参数。结果显示,欠采样随机森林的最佳参数为n_estimators=300,Max_depth=3,Min_samples_leaf=10,Min_impurity_split=60。各预测模型的计算结果评估表(表6-3)和ROC曲线图(图6-4)显示,在极度不平衡的高维情况下,欠采样随机森林模型的预测结果的可靠性明显优于结合经典欠采样的决策树、逻辑回归、SVC和KNN。

表6-3　冈底斯成矿带西段矿集区预测模型结果评估表

指标	TP	TN	FP	FN	Precision	Sensitivity	F-measure	G-mean
欠采样随机森林	304	9843	209	22	0.593	0.933	0.725	0.743
经典欠采样决策树	303	9257	695	22	0.304	0.932	0.458	0.532
经典欠采样逻辑回归	237	9272	780	88	0.233	0.729	0.353	0.412
经典欠采样SVC	74	9837	215	252	0.256	0.227	0.241	0.241
经典欠采样KNN	126	9412	640	200	0.164	0.387	0.231	0.252

6.2.3　后验概率

一般算法中,利用投票的方式确定单元是否为成矿单元,这还不能满足对找矿预测分级的要求,还要求对后验概率进行分析。后验概率是信息理论的基本概念之一,在一个通信系统中,在收到某个消息之后,接收端所了解到的该消息发送的概率称为后验概率。这里将欠采样-随机森林的预测结果中单元可能为成矿单元作为其后验概率(图6-5)。

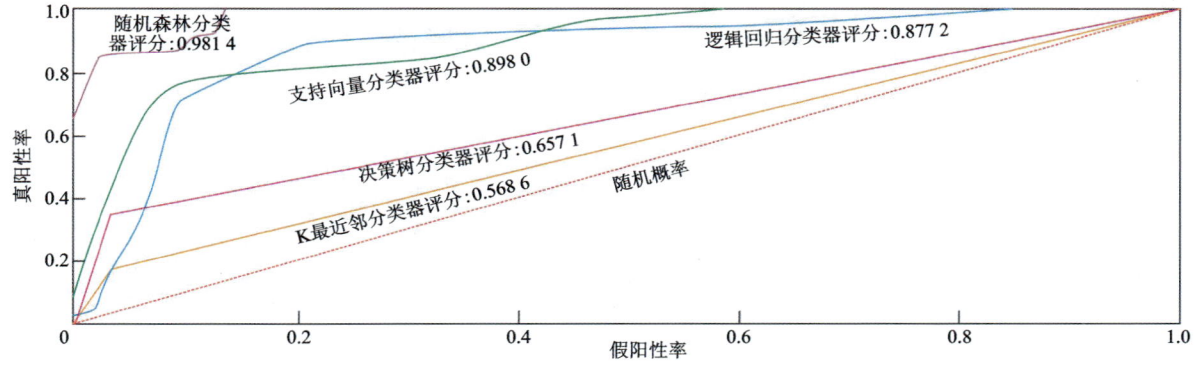

图 6-4 冈底斯成矿带西段预测数据集在不同模型下的 ROC 曲线

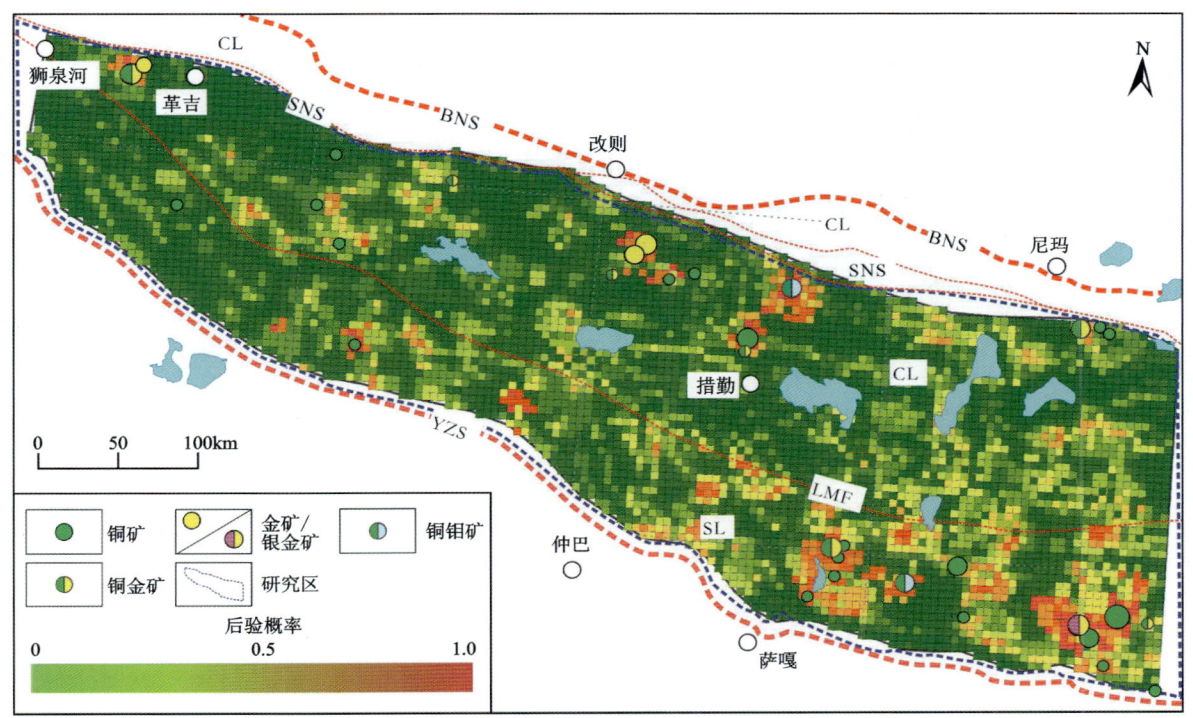

图 6-5 冈底斯成矿带西段后验概率等值图

BNS. 班公湖-怒江缝合带；NL. 北拉萨地块；SNS. 狮泉河-纳木错缝合带；CL. 中拉萨地块；LMF. 洛巴堆-米拉山断裂带；
SL. 南拉萨地块；YZS. 印度河-雅鲁藏布缝合带

已知矿点均位于模型预测的后验概率相对高值区,这反证了后验概率的可靠性。将后验概率和已知矿点进行综合分析(图 6-6),单元格的后验概率呈现偏峰分布。同时已知矿床、矿点对应的后验概率较高,且近似呈正态分布(图 6-6),这反证了后验概率高值对找矿具有启示作用,显示了其可靠性。这里结合后验概率、矿床分布和矿床规模,将后验概率大于 0.584 的单元格作为圈定找矿靶区的最低标准,也即三级预测区的下限。同时,结合成矿单元后验概率的分布规律,将其均值和均值+1 倍方差作为二级预测区、一级预测区的下限,即一级预测区(成矿有利度极高)的后验概率大于 0.721,二级预测区(成矿有利度较高)的后验概率为 0.663～0.721,三级预测区(成矿有利度中等)的后验概率为 0.584～0.663。

南拉萨地块的斑岩-浅成低温热液型铜金多金属矿床的主要预测结果与目前已发现的斑岩-浅成低温热液型矿床较为吻合。目前已发现的朱诺、罗布真、红山、达若、鲁尔玛等矿床(点)均位于计算出的成矿有利度较高的地区;同时,在冈仁波齐到萨嘎一带的找矿有利度也较高,具有一定的找矿潜力。中拉萨地块北部已发现的斑岩-矽卡岩型铜钼矿床和浅成低温热液型金矿床与计算出的成矿有利区域也十分吻合,成矿有利分析显示,尕尔穷、昂拉仁错、拔拉扎、当惹雍措北等地区具有较大的找矿潜力(图 6-7)。

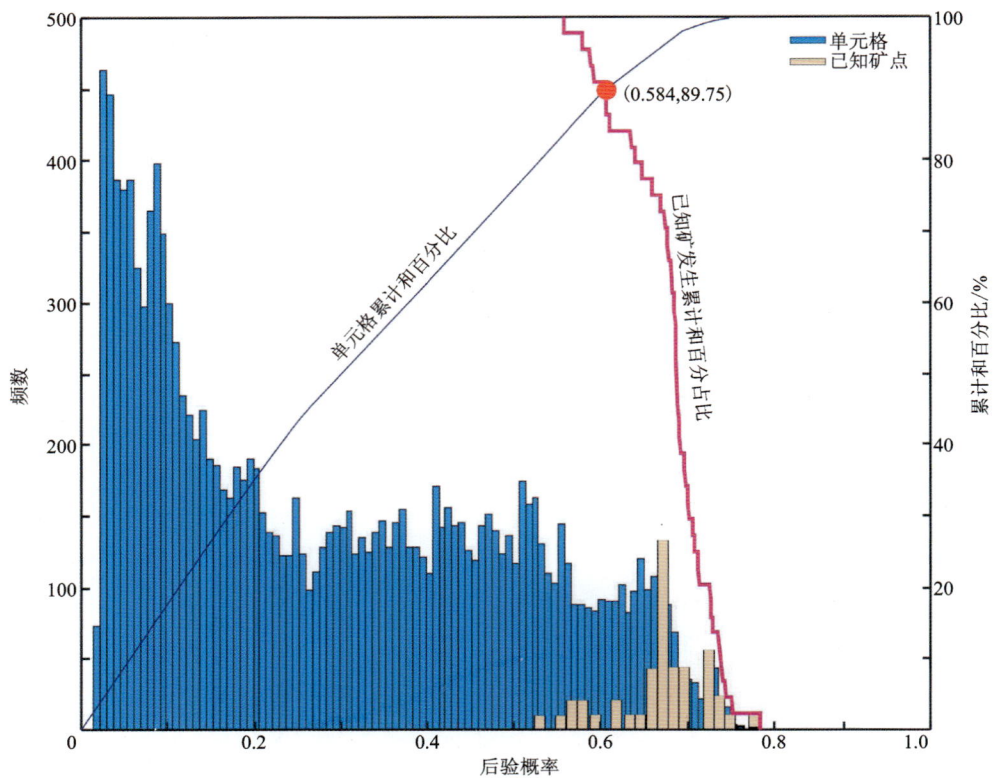

图6-6 冈底斯成矿带西段矿集区单元格与已知矿点后验概率对比图

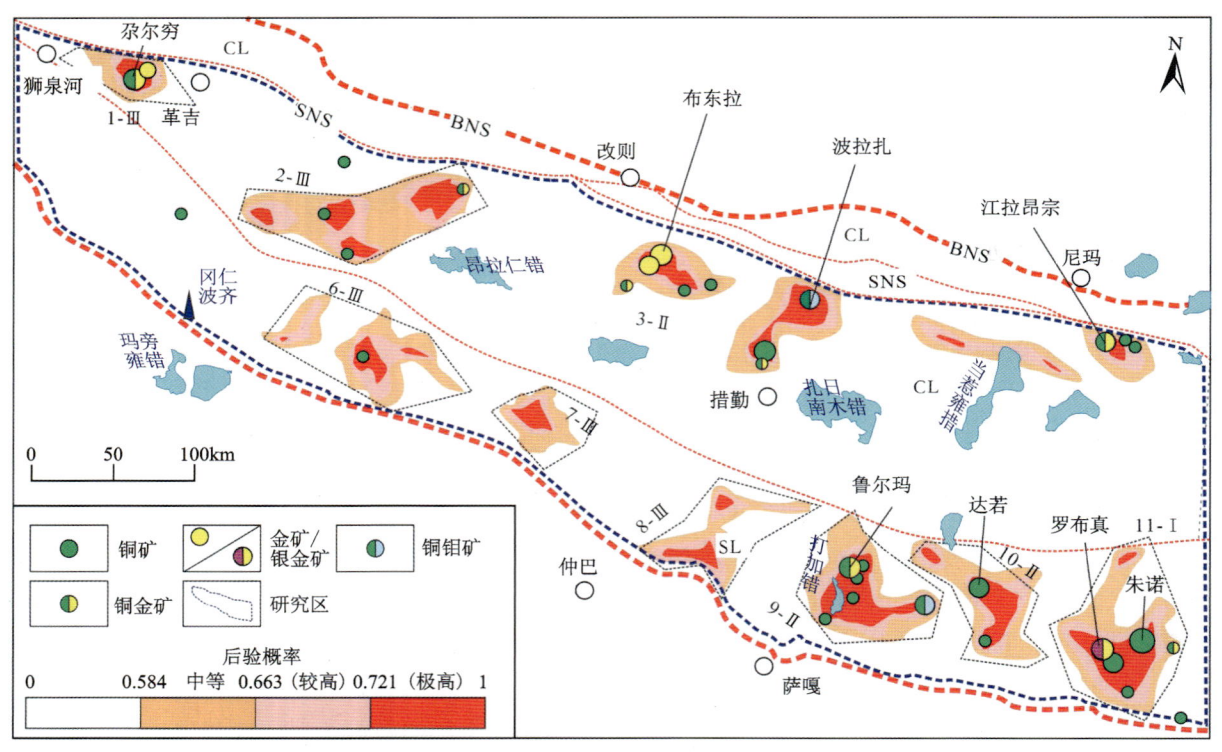

图6-7 冈底斯西段有斑岩系统有关的铜多金属矿找矿预测图

BNS.班公湖-怒江缝合带;NL.北拉萨地块;SNS.狮泉河-纳木错缝合带;CL.中拉萨地块;LMF.洛巴堆-米拉山断裂带;SL.南拉萨地块;YZS.印度河-雅鲁藏布缝合带

6.3 远景区圈定与优选

矿床属于一定的大地构造演化过程中形成的特殊地质体。因此,矿产资源的形成与特定的大地构造时空演化阶段、成矿地质作用过程及控矿构造系统具有密不可分的关系。矿床的定位不仅取决于体系与环境之间、体系内部各要素之间、外部控矿环境之间的耦合程度,而且取决于定位系统时空结构随时间变化的控矿要素主次层次、地球化学场、能量场和应力场的转换制约。因此,地质体物理-化学条件或岩性-岩相的转换区带是成矿作用发生和矿体定位的最有利部位(叶天竺,2013;朱裕生等,2013;肖克炎等,2013)。

在后验概率分级的基础上,将预测区内集中的区块进行圈定。根据冈底斯成矿带西段晚古生代以来大地构造演化的时空结构、区域构造-岩浆-沉积作用差异、区域成矿的特点和近年来的资源评价进展,以及化探异常、物探异常、遥感异常、成矿有利度,结合研究区目前的研究现状以及已知矿床点的类型、数量、代表性、规律等信息,对找矿靶区进行优选,并将找矿远景区划分为Ⅰ、Ⅱ、Ⅲ三级。其中,远景区划分标准详见表6-4。

表6-4 找矿靶区分级依据

远景区	分级依据
Ⅰ级找矿远景区	成矿条件很有利,有大中型以上斑岩型矿床分布,直接找矿信息强,矿床埋深处于目前经济技术条件可开采范围
Ⅱ级找矿远景区	成矿条件有利,有一定的斑岩型矿床点的分布,或者存在与斑岩型矿床相关的小型以上浅成低温热液型和矽卡岩型矿床,直接找矿信息较强,有一定的找矿潜力,已知矿床点埋深处于目前经济技术条件可开采范围
Ⅲ级找矿远景区	地质工作程度低,成矿条件有利,有一定的斑岩型或化探异常分布,具有一定的找矿潜力

冈底斯成矿带西段矿集区共圈定找矿远景区11个(图6-7):Ⅰ级成矿远景区2个,Ⅱ级成矿远景区3个,Ⅲ级成矿远景区6个,各个成矿远景区特征信息如表6-5所示。

6.4 下一步找矿方向

冈底斯成矿带西段地质调查的工作程度明显不及东段,其矿产资源潜力急需摸清。通过对冈底斯成矿带西段已发现的矿床特征总结分析,初步确定铜、铁、铅锌、金银为优势矿种,矽卡岩型矿床、浅成低温热液型矿床和斑岩型矿床为主攻矿床类型。

6.4.1 斑岩型铜矿床勘查

西藏冈底斯斑岩型铜矿带一般东起工布江达县,西至昂仁县,东西长约600km。该成矿带以新生地壳为特征,但昂仁县以西地区却存在古老基底(张立雪等,2013)。拉萨地块南部古新世—始新世岩浆岩都是下地壳加水熔融所形成的(Hou et al.,2015)。然而,受大陆俯冲带热构造和向陆壳俯冲角度与深度的限制,昂仁县以西的古新世—始新世岩浆岩比以东同期岩浆岩具有相对较低的锆石Ce^{4+}/Ce^{3+}值

表 6-5 冈底斯西段成矿远景区特征表

远景区	级别	名称	主要地层	主要侵入岩	主要构造
1-Ⅲ	Ⅲ级	尕尔穷	则弄群、郎山组、捷嘎组、多爱组等侏罗系—白垩系沉积岩	晚白垩世正长花岗岩、花岗闪长岩、斜长花岗岩等	区内近东西向断裂构造非常发育
2-Ⅲ	Ⅲ级	昂拉仁错西	昂杰组、下拉组、郎山组、多尼组、典中组、年波组、帕那组等古近系火山岩沉积岩	早白垩世花岗闪长岩、二长花岗岩、晚白垩世花岗斑岩等	位于区域的近东西向、近南北向断裂的交会地区
3-Ⅱ	Ⅱ级	布东拉	则弄群、郎山组、多尼组等侏罗系—白垩系沉积岩	晚白垩世花岗闪长岩、二长花岗岩、花岗斑岩等	近东西向断裂构造非常发育
4-Ⅰ	Ⅰ级	拔拉扎	昂杰组、下拉组、则弄群、郎山组、多尼组等石炭系—白垩系沉积岩	晚白垩世花岗闪长岩、正长花岗岩、黑云母花岗岩等	近东西向断裂构造非常发育
5-Ⅲ	Ⅲ级	江拉昂宗	查果罗玛组、永珠组、拉嘎组、昂杰组、下拉组、则弄群等泥盆系—白垩系沉积岩	晚白垩世二长花岗岩、正长花岗岩、石英二长斑岩、花岗斑岩等	区内多组近东西向构造和近南北向构造的交会地区
6-Ⅲ	Ⅲ级	阿果错	拉嘎组、昂杰组、多尼组、典中组、年波组、帕那组等古近系火山岩	白垩纪花岗闪长岩、二长花岗岩等	位于区域性的近东西向、近南北向断裂的交会
7-Ⅲ	Ⅲ级	者布日错	典中组等古近系火山岩		位于区域性的近东西向、近南北向断裂的交会
8-Ⅲ	Ⅲ级	杰萨错	典中组等古近系火山岩	晚白垩世二长花岗岩、花岗斑岩、始新世二长花岗岩等	位于区域性的近东西向、近南北向断裂的交会
9-Ⅱ	Ⅱ级	打加错	拉嘎组、昂杰组、下拉组等石炭系—二叠系沉积岩、年波组、帕那组等古近系火山岩	中三叠世辉长岩、辉绿岩、闪长岩、晚三叠世二长花岗岩、石英二长斑岩、始新世花岗闪长岩、石英闪长岩等	区内多组近东西向断裂构造和近南北向构造交会
10-Ⅱ	Ⅱ级	达若	拉嘎组、昂杰组、下拉组、帕那组等古近系火山岩	始新世花岗闪长岩、二长花岗岩、中新世二长花岗岩等	区内多组近东西向断裂构造和近南北向构造交会
11-Ⅰ	Ⅰ级	罗布真	拉嘎组、昂杰组、下拉组等石炭系—二叠系沉积岩、典中组、年波组、帕那组等古近系火山岩	始新世花岗闪长岩、二长花岗岩、花岗斑岩、花岗斑岩等	区内多组近东西向断裂构造和近南北向构造交会

(Yang et al.,2016a,2016b；Wang et al.,2018)，且岩浆上升过程中缺乏开放的地幔窗，致使其规模较小。因此，昂仁县东西两侧地壳组成和岩浆岩化学性质、规模的差异致使"昂仁县以西是否存在斑岩型铜矿床"这一问题存在争议。近年来，在昂仁县以西相继发现拔拉扎、鲁尔玛、达若等斑岩型矿床，以及与斑岩型有关的夏坞隐爆角砾岩型铅锌银矿床，表明昂仁县以西的地区仍然存在巨大的斑岩型矿床找矿潜力。通过对现有斑岩型矿床的分析，昂仁县以西的斑岩型矿床评价工作仍面临着两个问题。

第一个问题是冈底斯成矿带东、西两段斑岩型成矿作用是否存在差异？众所周知，冈底斯成矿带东段斑岩型铜矿床形成于始新世和渐新世末—中新世，其成矿与印度-亚洲大陆碰撞及碰撞过程的伸展作用有关（侯增谦等，2006a，2006b）。冈底斯成矿带西段除以朱诺斑岩型铜矿床为代表的渐新世末—中新世成矿期外，还存在晚三叠世、中侏罗世、晚白垩世及古新世等多个成矿期。鲁尔玛斑岩型铜矿床和雄村斑岩型铜矿床分别形成于晚三叠世和中侏罗世，其成矿背景为雅鲁藏布特提斯洋北向俯冲（Tang et al.，2021b）；晚白垩世的拔拉扎铜钼矿床形成于拉萨-羌塘地块的碰撞环境（余红霞等，2011）；而古新世达若铜矿床则与印度-亚洲大陆碰撞有关。从成矿物质来源看，雄村斑岩型铜金矿床成矿物质主要来源于地幔，有很少的地壳物质加入；朱诺斑岩型铜矿床成矿物质来源虽与东段的甲玛、驱龙等斑岩型矿床相同，表现出成矿物质来源于下地壳的岩浆、有较少的幔源成分混染的特征，但却明显存在古老拉萨地体参与的印迹，显示了区域上的独特性（Huang et al.，2017）。由此可见，冈底斯成矿带东、西两段斑岩型矿床的成矿过程和成矿背景存在一定的差异，这将导致西段的斑岩型铜矿成矿条件和矿化形式不完全同于东段，因此仅凭东段斑岩型矿床的勘查经验很难在西段斑岩型矿床勘查中有所突破。

第二个问题是冈底斯成矿带西段斑岩型矿床埋藏深度和剥蚀程度问题。朱诺铜矿床成矿深度为2.3~2.9km，而驱龙成矿深度为3~3.6km，说明冈底斯成矿带西段斑岩型矿床成矿深度比东段略浅，有利于矿床发现。但是，青藏高原隆升却存在差异剥蚀。冈底斯成矿带东段地表的火山岩高度剥蚀，大部分斑岩型矿床出露地表（唐菊兴等，2012）。如果冈底斯成矿带西段斑岩型矿床同东段一样伏于火山岩之下，那么西段大量的未剥蚀的火山岩将导致斑岩型矿床很难被发现。

因此，在冈底斯成矿带西段寻找斑岩型矿床不仅要关注始新世和渐新世末—中新世的岩浆活动，同时也要关注晚三叠世、中侏罗世、晚白垩世和古新世的斑岩体；南北向构造和近东西向构造交会部位仍然是冈底斯成矿带西段寻找斑岩型铜矿床最有利位置。因为多组构造的交会部位有利于岩浆侵位和成矿，且多期次构造活动易于将深部的斑岩型矿床抬升至地表而被发现。同时多组构造交会部位可明确地表矽卡岩型矿化、浅成低温热液型矿化与深部斑岩型矿化的时空关系，特别关注覆盖在斑岩型铜矿床之上的火山岩异常。

6.4.2 浅成低温热液型矿床勘查

前已述及，冈底斯成矿带西段存在中侏罗世、晚白垩世、晚白垩世—古新世和渐新世末—中新世等多期浅成低温热液成矿作用。其中，以纳如松多、斯弄多为代表的晚白垩世—古新世浅成低温热液成矿事件规模最大。纳如松多和斯弄多等矿床受区域性断裂的控制，产于南北向断裂与火山机构的交会部位，受控于隐爆角砾岩筒矿等火山机构，其成矿作用与林子宗群典中组火山岩有关（纪现华等，2014；刘英超等，2015；唐菊兴等，2016；丁帅等，2017）。林子宗群典中组火山岩源区受控于冈底斯地壳基底，是俯冲和再循环的大陆地壳物质与地幔岩混合作用的产物，冈底斯成矿带西段典中组火山岩混染了较多古老地壳物质，有利于形成铅锌银矿床。由此可见，冈底斯成矿带西段谢通门县—革吉县南大面积出露林子宗群火山岩，具有寻找浅成低温热液型矿床的物质基础，而区域性断裂与火山机构的复合部位是成矿最有利的地段。这也得到了地球化学测量成果的支持，在西藏谢通门展咱木部、春哲地区，以及昂仁县打加错地区等林子宗群火山岩地区都出现了不同规模的Pb、Zn、Ag等元素异常（杜保峰等，2018）。此外，拉萨地块中部和南部则弄群、桑日群等火山岩建造中也发现了热液型金、银铅锌矿点，表明则弄群和桑日群中也具有寻找与火山岩-次火山岩相关的热液型矿床的前景。

斑岩型矿床与浅成低温热液型矿床在时空上常相伴出现,构成一套完整的斑岩-浅成低温热液成矿系统。在朱诺整装勘查区内发现的罗布真金银矿床和红山铜矿床在时空演化上具有明显的一致性,二者受控于同一构造-岩浆作用,形成以渐新世末二长花岗斑岩为核心,自中心向外逐渐为斑岩铜矿床、浅成低温热液型金银矿床的斑岩-浅成低温热液型成矿系统(Sun et al.,2017);雄村斑岩型铜金矿床和外围火山机构控制的洞嘎金矿床构成中侏罗世斑岩-浅成低温热液型成矿系统(唐菊兴等,2014)。因此,寻找与斑岩型矿床成矿系统有关的浅成低温热液型矿床是下一步勘查的重要方向。

7 结 论

本书以"冈底斯成矿带西段斑岩型铜矿成矿规律研究与找矿预测研究"为主题,以新发现的鲁尔玛、拔拉扎、达若、罗布真和红山等铜多金属矿为研究对象,从典型矿床研究的角度对各矿床的矿床特征、蚀变分带、成矿流体、成矿时代、成矿系列开展了详细的研究工作,总结了典型矿床成因机制、成矿规律、成矿系列;从找矿勘查的尺度,对找矿标志、地球物理、地球化学、遥感综合解译开展了系统的总结归纳,构建了地质-物探-化探-遥感综合找矿模型;最后,利用随机森林算法及综合找矿模型对研究区开展了找矿预测,完成了远景区圈定。

7.1 主要研究成果及创新认识

1. 对冈底斯成矿带西段的主要典型矿床开展研究,探讨和总结了各典型矿床的矿床特征、成因类型

鲁尔玛晚三叠世斑岩型铜(金)矿:位于研究区南部的南拉萨地块,为冈底斯成矿带西段新发现的典型斑岩型铜矿点。发现斑岩型铜矿体1条(赋存于晚三叠世石英二长斑岩体中)、热液脉状金(铜)矿体1条(赋存于构造破碎带中)和热液脉状铜矿体1条。围岩蚀变以含矿斑岩为中心,具有钾硅酸盐化、黄铁绢英岩化和青磐岩化等典型的斑岩型矿床蚀变分带特征。矿床热液脉体从早到晚依次为:石英-钾长石脉(A脉)、石英-金属硫化物脉(B脉)、石英-绿帘石-碳酸盐矿物脉(D脉),流体研究显示其成矿流体属高温高盐度$H_2O-NaCl$体系,为典型的岩浆高温热液成矿流体,成因类型为斑岩型。

拔拉扎晚白垩世斑岩-矽卡岩型铜钼矿床:位于成矿带北部的中拉萨地块,矿体主要赋存于晚白垩世黑云母花岗斑岩中,少量赋存于花岗斑岩与灰岩接触带中(矽卡岩型矿体)。围岩蚀变以斑岩体为中心,发育典型的斑岩矿化蚀变分带、钾硅酸盐化带、黄铁绢英岩化带,并在斑岩体与外围碳酸盐接触带发育矽卡岩化带,为斑岩型成矿作用的结果。

达若古新世斑岩型铜多金属矿床:位于成矿带南部的南拉萨地块带中,铜矿体赋存于古新世花岗斑岩和古新统典中组角砾凝灰岩中。地质特征显示,铜矿体的形成与中新世花岗斑岩密切相关。

红山-罗布真渐新世—中新世斑岩-浅成低温热液成矿系统:位于成矿带南部的南拉萨地块带中。红山斑岩型铜矿床含矿斑岩为渐新世花岗斑岩,发育典型的斑岩型矿化蚀变特征;罗布真浅成低温热液型金(银)矿床产于斑岩体远端次级构造裂隙中,地质特征显示,其热源、成矿物质源区均为前述的红山渐新世花岗斑岩。两个矿床相距约2km,构成一个斑岩-浅成低温热液成矿系统。

2. 总结冈底斯成矿带西段斑岩-浅成低温热液矿床的时空分布规律和成矿作用

鲁尔玛矿区成矿岩体锆石年代学研究显示其成矿作用发生在晚三叠世(约213Ma),该研究成果成功将冈底斯成矿带斑岩型矿床成矿作用时间提前到晚三叠世,并将冈底斯斑岩型铜矿带向西延伸近200km;拔拉扎矿区成矿岩体锆石年代学研究显示其成矿作用发生在晚白垩世(约90Ma);达若矿区成矿岩体锆石年代学研究显示其成矿时间为古新世(约60Ma),为成矿带首例古新世斑岩型铜矿成矿作用；红山-罗布真矿集区成矿岩体锆石年代学研究显示其形成时代为渐新世末—中新世（25～12Ma），为成矿带首例斑岩-浅成低温热液成矿系统。

基于矿床地质背景，对应上述成矿时代，将冈底斯成矿带西段内斑岩成矿作用划分为4个矿化集中期：①位于研究区南部，南拉萨地块带内，为与晚三叠世与雅鲁藏布特提斯洋北向俯冲有关的斑岩型铜金多金属成矿作用；②位于研究区北部，中拉萨地块北部，为与晚白垩世与羌塘-拉萨地块碰撞有关的斑岩型铜钼多金属成矿作用；③位于研究区南部，南拉萨地块内，为与古新世与印度-欧亚大陆碰撞有关的斑岩型铜铅锌成矿作用；④位于研究区南部，南拉萨地块内，为与渐新世—中新世与印度-欧亚大陆碰撞后伸展有关的斑岩型铜金多金属成矿作用。

3. 建立典型矿床成矿模式及综合找矿模型，并运用综合找矿模型对冈底斯成矿带西段进行了找矿预测，圈定了一批具有找矿价值的成矿远景区

结合各研究区地球物理、地球化学、遥感综合信息，总结该类矿床的找矿标志包括：孔雀石、蓝铜矿和铜蓝等含铜硫化物风化物，钾硅酸盐化、黄铁绢英岩化、青磐岩化和角岩化等蚀变组合；Au、Ag、Cu、Pb、Zn、W、Mo等组合异常；与侵入斑岩体相关的等轴状重力、磁法异常体，精细尺度上的正磁异常外围的正负异常过渡带，高阻低极化异常体等，对成矿带西段各典型矿床分别建立矿床成矿模式图，构建了综合找矿模型。并运用综合找矿模型，结合随机森林算法开展了研究区找矿预测，圈定斑岩型铜多金属矿找矿远景区11个，即2个Ⅰ级远景区，3个Ⅱ级远景区，6个Ⅲ级远景区。其中，罗布真、打加错、达若、拔拉扎、尕尔穷和布东拉等远景区找矿潜力较大，有望发现新的矿床（点），为冈底斯成矿带找矿勘查打开了新的视野。

7.2 存在的问题和展望

一直以来，学者们公认的冈底斯斑岩型铜矿带东起工布江达县东，西至昂仁县西，东西纵横600km。成矿带主体物质组成为新生地壳，但成矿带以昂仁县为界，昂仁县以西地区物质组成差异很大，为古老基底，故以昂仁县为界，两侧物质差异衍生出争议点"昂仁县以西是否存在东段类似的斑岩铜矿床"。近年随着矿调工作的全面开展，昂仁县以西地区矿调成果显著，先后发现了鲁尔玛、拔拉扎、达若等斑岩型铜（金）矿床，并发现大量与斑岩有关的隐爆角砾岩型Pb-Zn-Ag矿，这一系列新发现显示冈底斯斑岩型铜矿带西段仍存在巨大的斑岩成矿系统有色金属找矿潜力。通过对冈底斯斑岩型铜矿带西段已发现斑岩矿床的研究分析，成矿带西段斑岩矿床评价工作仍有两个重大问题亟待解决。

1. 冈底斯成矿带东西段斑岩成矿作用的成矿地质背景和成矿作用过程都存在何种差异？

学者普遍认为，昂仁县以东的冈底斯成矿带，斑岩型铜矿床成矿时间基本集中于始新世和中新世，成矿作用过程受控于印度大陆与亚洲大陆的碰撞及碰撞后的伸展作用。冈底斯成矿带昂仁县以西地区不仅存在渐新世末—中新世成矿的朱诺斑岩铜矿，还存在成矿作用在晚三叠世、晚白垩世以及古新世等多个时期的矿床。年代学研究表明，鲁尔玛成矿作用发生于晚三叠世，成矿受雅鲁藏布特提斯洋北向俯冲控制；拔拉扎铜钼矿床成矿作用发生在晚白垩世，其成矿作用受拉萨-羌塘地块的碰撞控制；达若铜矿床成矿作用发生于古新世，其成矿作用受印度-亚洲大陆碰撞控制。系统的成矿物质来源研究显示，朱诺斑岩铜矿床的成矿物质源区以下地壳为主，混有少量幔源物质，与东段的甲玛、驱龙等斑岩矿床成矿物质源区具有相似性，但朱诺矿区物源还存在古老拉萨地体的印迹，显示出其在区域上的特殊性。

综上所述，冈底斯成矿带东、西段斑岩成矿作用的成矿地质背景和成矿作用过程都存在一定的差异，因此成矿带东段斑岩型矿床研究和勘查的经验很难完全应用于西段斑岩型矿床勘查与研究。

2. 冈底斯成矿带西段斑岩型矿床是否埋深大于东段斑岩型矿床,难以勘查?

典型矿床研究显示,朱诺铜矿成矿作用深度为2.3~2.9km,驱龙铜矿成矿深度为3~3.6km。这说明冈底斯成矿带西段斑岩成矿深度比东段稍浅,有利于矿床的勘查发现。但青藏高原存在差异剥蚀,成矿带西段地表剥蚀程度低,大量火山岩覆盖在斑岩体之上,增加了西段斑岩型矿床的发现和评价难度。

冈底斯成矿带西段斑岩型矿床的找矿勘查工作仍任重道远。一是勘查找矿过程中,不仅需要高度重视始新世、渐新世末、中新世时期的岩浆岩,也不可忽视晚三叠世、中侏罗世、晚白垩世和古新世的斑岩体;二是关注成矿有利部位,特别是东西向主构造线与南北向构造线交会部位。因为多期次构造运动不仅为岩浆侵位和成矿提供了有利的空间位置,也能抬升深部斑岩体至地表;三是系统看待斑岩型成矿作用,明确斑岩型矿化、矽卡岩型矿化以及浅成低温热液型矿化等成矿类型之间的空间联系。

参考文献

蔡惠慧,朱伟,李孜轩,等,2019.基于深度学习的钨钼找矿靶区预测方法研究[J].地球信息科学学报,21(6):928-936.

陈进,毛先成,刘占坤,等,2020.基于随机森林算法的大尹格庄金矿床三维成矿预测[J].大地构造与成矿学,44(2):231-241.

陈松永,杨经绥,罗立强,等,2007.西藏拉萨地块MORB型榴辉岩的岩石地球化学特征[J].地质通报,26(10):1327-1339.

陈衍景,倪培,范洪瑞,等,2007.不同类型热液金矿系统的流体包裹体特征[J].岩石学报,23(9):2085-2107.

成秋明,2006.非线性成矿预测理论:多重分形奇异性-广义自相似性-分形谱系模型与方法[J].地球科学——中国地质大学学报,31(3):337-348.

代晶晶,曲晓明,辛洪波,2010.基于ASTER遥感数据的西藏多龙矿集区示矿信息的提取[J].地质通报,9(5):752-759.

丁帅,陈毓川,唐菊兴,等,2017.林子宗群火山岩与成矿关系:以斯弄多浅成低温热液型矿床为例[J].矿床地质,36(5):1074-1092.

董宇超,解超明,范建军,等,2019.西藏松多地区榴辉岩的原岩属性探讨及其地质意义[J].地球科学,44(7):2234-2248.

杜保峰,杨长青,柴建玉,等,2018.西藏春哲地区铁多金属矿成矿规律及远景预测[J].地质科技情报,37(3):140-147.

段梦龙,解超明,范建军,等,2019.青藏高原松多中三叠世洋壳的识别及其对松多古特提斯洋演化的制约[J].地球科学,44(7):2249-2264.

段志明,李光明,王保弟,等,2015.西藏中冈底斯成矿带查个勒铅锌矿床含矿斑岩年代学及其地质意义[J].吉林大学学报(地球科学版),5(6):1667-1690.

方匡南,吴见彬,朱建平,等,2011.随机森林方法研究综述[J].统计与信息论坛,26(3):32-38.

费凡,杨竹森,刘英超,等,2015.西藏措勤隆格尔铁矿岩体成岩时代及其地质意义[J].岩石矿物学杂志,34(4):568-580.

高锐,吴功建,1995.青藏高原亚东-格尔木地学断面地球物理综合解释模型与现今地球动力学过程[J].长春地质学院学报,25(3):241-250.

高顺宝,2015.西藏冈底斯西段铜铁多金属成矿作用与找矿方向[D].武汉:中国地质大学(武汉).

高顺宝,郑有业,田立明,等,2012.西藏查个勒铜铅锌矿成岩成矿时代及意义[J].地球科学——中国地质大学学报,37(3):507-514.

耿全如,李文昌,王立全,等,2021.特提斯中西段古生代洋陆格局与构造演化[J].沉积与特提斯地质,41(2):297-315.

耿全如,潘桂棠,王立全,等,2011.班公湖-怒江带、羌塘地块特提斯演化与成矿地质背景[J].地质通报,30(8):1261-1274.

韩吟文,马振东,2003.地球化学[M].北京:地质出版社.

何阳阳,温春齐,刘显凡,2016.西藏多不杂铜矿床硫铅同位素地球化学示踪[J].岩石矿物学杂志,35(5):855-862.

侯增谦,2004.斑岩Cu-Mo-Au矿床:新认识与新进展[J].地学前缘,11(1):131-144.

侯增谦,高永丰,孟祥金,等,2004.西藏冈底斯中新世斑岩铜矿带:埃达克质斑岩成因与构造控制[J].岩石学报,20(2):239-248.

侯增谦,孟祥金,曲晓明,等,2005.西藏冈底斯斑岩铜矿带埃达克质斑岩含矿性:源岩相变及深部过程约束[J].矿床地质,24(2):108-121.

侯增谦,莫宣学,杨志明,等,2006a.青藏高原碰撞造山带成矿作用:构造背景、时空分布和主要类型[J].中国地质,33(2):340-351.

侯增谦,潘小菲,杨志明,等,2007.初论大陆环境斑岩铜矿[J].现代地质,21(2):332-351.

侯增谦,杨志明,2009.中国大陆环境斑岩型矿床:基本地质特征、岩浆热液系统和成矿概念模型[J].地质学报,83(12):1779-1817.

侯增谦,杨志明,王瑞,等,2020.再论中国大陆斑岩Cu-Mo-Au矿床成矿作用[J].地学前缘,27(2):20-44.

侯增谦,杨竹森,徐文艺,等,2006b.青藏高原碰撞造山带:Ⅰ.主碰撞造山成矿作用[J].矿床地质,25(4):337-358.

侯增谦,郑远川,杨志明,等,2012.大陆碰撞成矿作用:Ⅰ.冈底斯新生代斑岩成矿系统[J].矿床地质,31(4):647-670.

黄发明,叶舟,姚池,等,2020.滑坡易发性预测不确定性:环境因子不同属性区间划分和不同数据驱动模型的影响[J].地球科学,45(12):4535-4549.

黄瀚霄,李光明,陈华安,等,2013.西藏色布塔铜钼矿床中辉钼矿Re-Os定年及其成矿意义[J].地质学报,87(2):240-244.

黄瀚霄,李光明,刘洪,等,2018.冈底斯成矿带西段首次发现低硫化型浅成低温热液型矿床:罗布真金银多金属矿床[J].中国地质,45(3):628-629.

黄瀚霄,李光明,曾庆高,等,2012.西藏查个勒铅锌矿床成矿时代研究及地质意义[J].中国地质,39(3):750-759.

黄瀚霄,张林奎,刘洪,等,2019.西藏冈底斯成矿带西段矿床类型、成矿作用和找矿方向[J].地球科学,44(6):1876-1887.

黄勇,丁俊,李光明,等,2015.西藏朱诺斑岩铜-钼-金矿区侵入岩锆石U-Pb年龄、Hf同位素组成及其成矿意义[J].地质学报,89(1):99-108.

黄勇,丁俊,唐菊兴,等,2011.西藏雄村铜金矿床Ⅰ号矿体成矿构造背景与成矿物质来源探讨[J].成都理工大学学报(自然科学版),8(3):306-312.

黄勇,唐菊兴,丁俊,等,2013.西藏雄村斑岩铜矿床辉钼矿Re-Os同位素体系[J].中国地质,40(1):302-311.

纪现华,孟祥金,杨竹森,等,2014.西藏纳如松多隐爆角砾岩型铅锌矿床绢云母Ar-Ar定年及其地质意义[J].地质与勘探,50(2):281-290.

季梦遥,袁磊,2017.不平衡数据的随机平衡采样bagging算法分类研究[J].贵州大学学报(自然科学版),34(6):54-58.

江思宏,聂凤军,张义,等,2004.浅成低温热液型金矿床研究最新进展[J].地学前缘,11(2):401-411.

郎兴海,郭文铂,王旭辉,等,2019.西藏雄村矿集区含矿斑岩成因及构造意义:来自年代学及地球化学的约束[J].岩石学报,35(7):2105-2123.

雷鸣,陈建林,许继峰,等,2015.拉萨地体中北部尔尔穷晚白垩世早期高镁闪长玢岩地球化学特征指示:加厚下地壳的拆沉?[J].地质通报,34(2/3):337-346.

黎心远,陈伟,曲晓明,等,2018.西藏申扎县雄梅铜矿床的硫、铅同位素特征及其成矿意义[J].矿床地质,37(3):643-655.

李苍柏,肖克炎,李楠,等,2020.支持向量机、随机森林和人工神经网络机器学习算法在地球化学异常信息提取中的对比研究[J].地球学报,41(2):309-319.

李奋其,刘伟,王保弟,等,2012.拉萨地块内部古特提斯洋早—中三叠世仍在俯冲:来自火山岩和高压变质岩的证据[J].岩石矿物学杂志,31(2):119-132.

李光明,潘桂棠,王高明,等,2004.西藏冈底斯成矿带矿产资源远景评价与展望[J].成都理工大学学报(自然科学版),31(1):22-27.

李光明,王高明,高大发,等,2002.西藏拉萨地块南缘构造格架与成矿系统[J].沉积与特提斯地质,22(2):1-7.

李光明,张林奎,吴建阳,等,2020.青藏高原南部洋板块地质重建及科学意义[J].沉积与特提斯地质,40(1):1-14.

李光明,张林奎,张志,等,2021.青藏高原南部的主要战略性矿产:勘查进展、资源潜力与找矿方向[J].沉积与特提斯地质,41(2):351-360.

李洪梁,李光明,刘洪,等,2019.拉萨地体西段达若地区古新世花岗斑岩成因:锆石U-Pb年代学、岩石地球化学和Sr-Nd-Pb-Hf同位素的约束[J].地球科学,44(7):2275-2294.

李金祥,秦克章,李光明,等,2001.冈底斯东段羌堆铜钼矿床年代学、矽卡岩石榴石成分及其意义[J].地质与勘探,47(1):11-19.

李森,孙祥,郑有业,等,2015.西藏冈底斯朱诺斑岩型铜矿床流体包裹体特征[J].岩石学报,31(5):1335-1347.

李伟林,2014.冈底斯成矿带矽卡岩型矿床重磁异常特征研究[D].成都:成都理工大学.

梁银平,朱杰,次邛,等,2010.青藏高原冈底斯带中部朱诺地区林子宗群火山岩锆石U-Pb年龄和地球化学特征[J].地球科学——中国地质大学学报,35(2):211-223.

林舒杨,李翠华,江弋,等,2011.不平衡数据的降采样方法研究[J].计算机研究与发展,48(S3):47-53.

刘洪,黄瀚霄,李光明,等,2015.因子分析在藏北商旭金矿床地球化学勘查中的应用[J].中国地质,42(4):1126-1136.

刘洪,黄瀚霄,张林奎,等,2021.冈底斯西段打加错地区鲁尔玛晚三叠世斑岩型铜(金)矿点的地质特征及发现意义[J].沉积与特提斯地质,41(6):569-581.

刘洪,李光明,黄瀚霄,等,2019a.西藏冈底斯成矿带发现晚三叠世斑岩型铜矿[J].中国地质,46(5):1238-1240.

刘洪,李光明,黄瀚霄,等,2019b.冈底斯成矿带西段鲁尔玛斑岩型铜(金)矿床的成矿物质来源研究[J].矿床地质,38(4):631-643.

刘洪,李光明,张智林,等,2014a.西藏改则县木如地区岩屑地球化学分析[J].金属矿山,43(11):105-108.

刘洪,吕新彪,李春诚,等,2013.河南罗山金城金矿床成矿条件与深部找矿前景分析[J].地质与勘探,49(2):265-273.

刘洪,吕新彪,袁迁,等,2014b.河南信阳高梁店铁铜矿床娄子湾矿段地质特征与找矿方向[J].矿物学报,34(3):337-342.

刘洪,夏祥标,黄瀚霄,等,2019c.西藏冈底斯成矿带西段学修玛尔幅水系沉积物地球化学统计分析与找矿前景[J].桂林理工大学学报(自然科学版),39(5):847-855.

刘洪,张林奎,黄瀚霄,等,2019d.冈底斯西段鲁尔玛斑岩型铜(金)矿成矿流体性质及演化[J].地球科学,44(6):1935-1956.

刘洪,张林奎,黄瀚霄,等,2019e.西藏冈底斯西段鲁尔玛晚三叠世二长闪长岩的成因[J].地球科学,44(7):2339-2352.

刘洪,张林奎,黄瀚霄,等,2020.冈底斯西段罗布真浅成低温热液型银金矿的成矿流体演化:来自流体包裹体、H-O同位素的证据[J].地学前缘,27(4):50-65.

刘燕君,1991.遥感找矿的原理和方法[M].北京:冶金工业出版社.

刘英超,纪现华,侯增谦,等,2015.一个与岩浆作用有关的独立铅锌成矿系统的建立:以西藏纳如松多铅锌矿床为例[J].岩石矿物学杂志,34(4):539-556.

卢焕章,范宏瑞,倪培,2004.流体包裹体[M].北京:科学出版社.

吕梦鸿,刘洪,黄瀚霄,等,2019.水系沉积物地球化学勘查在西藏松多幅的找矿应用[J].地质调查与研究,42(2):143-53.

罗计根,杜建强,聂斌,等,2019.融合GINI指数的ID3改进算法[J].南昌大学学报(工科版),41(1):80-84.

孟祥金,侯增谦,李振清,2006.西藏驱龙斑岩铜矿S、Pb同位素组成:对含矿斑岩与成矿物质来源的指示[J].地质学报,80(4):554-560.

莫宣学,2011.岩浆作用与青藏高原演化[J].高校地质学报,17(3):351-367.

倪培,迟哲,潘君屹,2020.斑岩型和浅成低温热液型矿床成矿流体与找矿预测研究:以华南若干典型矿床为例[J].地学前缘,27(2):60-78.

欧阳海涛,孙祥,郑有业,等,2015.西藏冈底斯罗布真铅锌矿床成矿流体特征[J].地质与勘探,51(5):816-827.

欧阳渊,2020.西藏冈底斯成矿带西段斑岩型铜矿成矿规律与成矿预测研究[D].成都:成都理工大学.

欧阳渊,刘洪,黄瀚霄,等,2016a.藏北商旭—达则地区水系沉积物地球化学多元统计分析与找矿方向[J].矿物学报,36(4):586-594.

欧阳渊,赵银兵,倪忠云,等,2016b.西藏江拉昂宗地区遥感异常提取与应用[J].遥感信息,31(5):90-95.

潘桂棠,莫宣学,侯增谦,等,2006.冈底斯造山带的时空结构及演化[J].岩石学报,22(3):521-533.

潘桂棠,王立全,耿全如,等,2020.班公湖-双湖-怒江-昌宁-孟连对接带时空结构:特提斯大洋地质及演化问题[J].沉积与特提斯地质,40(3):1-19.

潘桂棠,王立全,李兴振,等,2001.青藏高原区域构造格局及其多岛弧盆系的空间配置[J].沉积与特提斯地质,21(3):1-26.

彭建华,赵希良,何俊,等,2014,西藏冈底斯西部地区印支期闪长岩的特征及其地质意义[J].沉积与特提斯地质,34(1):102-107.

秦克章,李光明,赵俊兴,等,2008.西藏首例独立钼矿:冈底斯沙让大型斑岩钼矿的发现及其意义[J].中国地质,35(6):1101-1112.

秦耀祖,吴伟成,谢丽凤,等,2021.基于机器学习的找矿预测模型在湖南岳溪锑矿田的应用[J].东华理工大学学报(自然科学版),44(1):28-40.

曲晓明,辛洪波,徐文艺,2007.西藏雄村特大型铜金矿床容矿火山岩的成因及其对成矿的贡献[J].地质学报,81(7):964-971.

芮宗瑶,侯增谦,李光明,等,2006.冈底斯斑岩铜矿成矿模式[J].地质论评,52(4):459-466.

宋绍玮,刘泽,朱弟成,等,2014.西藏打加错晚三叠世岩浆活动的锆石U-Pb年代学和Hf同位素[J].岩石学报,30(10):3100-3112.

宋扬,唐菊兴,曲晓明,等,2014.西藏班公湖-怒江成矿带研究进展及一些新认识[J].地球科学进展,29(7):795-809.

孙祥,杨子荣,徐大地,2008.基于模糊神经网络的义县萤石找矿预测[J].地质找矿论丛,23(2):149-152.

唐菊兴,丁帅,孟展,等,2016.西藏林子宗群火山岩中首次发现低硫化型浅成低温热液型矿床:以斯弄多银多金属矿为例[J].地球学报,37(4):461-470.

唐菊兴,多吉,刘鸿飞,等,2012.冈底斯成矿带东段矿床成矿系列及找矿突破的关键问题研究[J].地球学报,33(4):393-410.

唐菊兴,王勤,杨超,等,2014.青藏高原两个斑岩-浅成低温热液矿床成矿亚系列及其"缺位找矿"之实践[J].矿床地质,33(6):1151-1170.

唐菊兴,张丽,李志军,等,2006.西藏玉龙铜矿床——鼻状构造圈闭控制的特大型矿床[J].矿床地质,25(6):652-662.

万丽,王庆飞,高帮飞,2006.找矿预测中的非线性数学方法[J].地质找矿论丛,21(1):45-48.

王登红,2000.卡林型金矿找矿新进展及其意义[J].地质地球化学,28(1):92-96.

王定成,方廷建,唐毅,等,2003.支持向量机回归理论与控制的综述[J].模式识别与人工智能,16(2):192-197.

王世称,2000.综合信息矿产预测理论与方法[M].北京:科学出版社.

王世称,许亚光,侯惠群,1992.综合信息成矿系列预测的基本思路与方法[J].中国地质,19(10):12-14.

王世称,杨毅恒,李景朝,等,1999.综合信息矿产资源预测中的定性数据分析方法[M].长春:吉林大学出版社.

吴火星,付斌,高任,等,2020.九江城门山铜矿新发现矿体特征分析及找矿潜力预测[J].东华理工大学学报(自然科学版),43(2):115-120.

吴兴源,王青,朱弟成,等,2013.拉萨地体南缘早石炭世花岗岩类的起源及其对松多特提斯洋开启的意义[J].岩石学报,29(11):60-74.

吴越,张均,胡鹏,等,2010.剩余异常分量因子得分法在西秦岭凤-太矿集区西段化探找矿靶区优选中的应用[J].物探与化探,34(3):340-343.

西藏自治区地质调查院,2011.西藏自治区铜矿成矿规律及矿产预测评价研究报告[R].拉萨:西藏自治区地质调查院.

西藏自治区区域地质调查大队,2019.西藏多普玛地区1:5万区域地质调查[R].拉萨:西藏自治区区域地质调查大队.

向杰,陈建平,肖克炎,等,2019.基于机器学习的三维矿产定量预测:以四川拉拉铜矿为例[J].地质通报,38(12):2010-2021.

肖克炎,娄德波,孙莉,等,2013.全国重要矿产资源潜力评价一些基本预测理论方法的进展[J].吉林大学学报(地球科学版),43(4):1073-1082.

解超明,段梦龙,于云鹏,等,2019a.西藏松多地区早侏罗世变质辉长岩的成因及其构造意义[J].岩石学报,35(10):3065-3082.

解超明,宋宇航,王明,等,2019b.冈底斯中部松多岩组形成时代及物源:来自碎屑锆石 U-Pb 年代学证据[J].地球科学,44(7):2224-2233.

闫国强,王欣欣,黄勇,等,2018.西藏山南努日超大型钨多金属矿床岩浆演化对区域成矿作用指示[J].地质学报,92(10):2138-2154.

杨武年,朱章森,1997.遥感信息场分层解析与构造应力场定量研究[J].地质学报,71(1):86-96.

杨永胜,吴春明,吕新彪,2015.低硫化型与高硫化型浅成低温热液金矿蚀变特征与成矿关系的对比研究[J].地质与勘探,51(4):655-669.

杨志明,侯增谦,江迎飞,等,2011.西藏驱龙矿区早侏罗世斑岩的 Sr-Nd-Pb 及锆石 Hf 同位素研究[J].岩石学报,27(7):2003-2010.

叶天竺,2013.矿床模型综合地质信息预测技术方法理论框架[J].吉林大学学报(地球科学版),43

(4):1053-1072.

于云鹏,2020.藏南松多地区二叠纪—侏罗纪岩浆作用及构造意义[D].长春:吉林大学.

余红霞,陈建林,许继峰,等,2011.拉萨地块中北部晚白垩世(约90Ma)拔拉扎含矿斑岩地球化学特征及其成因[J].岩石学报,27(7):2011-2022.

翟裕生,1999.论成矿系统[J].地学前缘,6(1):13-28.

张立雪,王青,朱弟成,等,2013.拉萨地体锆石Hf同位素填图:对地壳性质和成矿潜力的约束[J].岩石学报,29(11):3681-3688.

张明华,乔计花,雷受旻,2015.重力数据在我国区域成矿预测中的作用[C]//中国地球物理学会,全国岩石学与地球动力学研讨会组委会,中国地质学会构造地质学与地球动力学专业委员会,中国地质学会区域地质与成矿专业委员会.2015中国地球科学联合学术年会论文集(二十八)——专题64应用地球物理学前沿、专题65地球生物学.中国地质调查局发展研究中心,青岛海洋地质研究所:3.

张省举,董义国,2006.青藏高原中东部1:100万区域重力调查及成果[J].物探与化探,31(5):22-26.

张士红,肖克炎,2020.基于随机森林的四川省会理地区"拉拉式"铜矿找矿预测[J].地质与勘探,56(2):239-252.

张野,李明超,韩帅,等,2020.基于金矿规格单元数据的机器学习方法在成矿建模分析中的应用[J].大地构造与成矿学,44(2):183-191.

张雨轩,解超明,于云鹏,等,2018.早侏罗世雅鲁藏布特提斯洋俯冲作用:来自松多高镁闪长岩锆石U-Pb定年及Hf同位素的制约[J].地质通报,37(8):1387-1399.

张玉君,曾朝铭,陈薇,2003.ETM+(TM)蚀变遥感异常提取方法研究与应用-方法选择和技术流程[J].国土资源遥感,15(2):44-50.

张元厚,毛景文,李宗彦,2009.岩浆热液系统中矿床类型、特征及其在勘探中的应用[J].地质学报,83(3):399-425.

张振杰,成秋明,杨玥,等,2021.机器学习与成矿预测:以闽西南铁多金属矿预测为例[J].地学前缘,28(3):281-215.

赵鹏大,2007.成矿定量预测与深部找矿[J].地学前缘,14(5):1-10.

赵鹏大,池顺都,1991.初论地质异常[J].地球科学——中国地质大学学报,16(3):241-248.

赵少卿,魏俊浩,高翔,等,2012.因子分析在地球化学分区中的应用:以内蒙古石板井地区1:5万岩屑地球化学测量数据为例[J].地质科技情报,31(2):27-34.

赵文津,赵逊,蒋忠惕,等,2006.西藏羌塘盆地的深部结构特征与含油气远景评价[J].中国地质,33(1):1-13.

赵晓燕,杨竹森,刘英超,等,2013.西藏夏垅铅锌银矿床绢云母$^{40}Ar/^{39}Ar$年龄及其地质意义[J].矿床地质,32(5):963-971.

赵亚云,刘晓峰,刘远超,等,2018.西藏次玛班硕地区由球米斑岩体锆石U-Pb年龄、地球化学特征[J].地球科学,43(12):4551-4565.

赵英时,2003.遥感应用分析原理与方法[M].北京:科学出版社.

赵元洪,陈岚,何侃,等,1995.矿产资源遥感预测[J].浙江大学学报(自然科学版),1995,29(2):244-248.

赵自翔,王广亮,李晓东,2012.基于支持向量机的不平衡数据分类的改进欠采样方法[J].中山大学学报(自然科学版),51(6):10-16.

郑淑蕙,张知非,倪葆龄,等,1982.西藏地热水的氢氧稳定同位素研究[J].北京大学学报(自然科学版)(1):99-106.

郑有业,高顺宝,张大全,等,2006.西藏朱诺斑岩铜矿床发现的重大意义及启示[J].地学前缘,13

(4):233-239.

郑有业,张刚阳,许荣科,等,2007.西藏冈底斯朱诺斑岩铜矿床成岩成矿时代约束[J].科学通报,52(21):2542-2548.

中国地质调查局成都地质调查中心,2019a.西藏鲁尔玛地区1:5万矿产地质调查报告[R].成都:中国地质调查局成都地质调查中心.

中国地质调查局成都地质调查中心,2019b.冈底斯-喜马拉雅铜矿资源基地调查成果报告[R].成都:中国地质调查局成都地质调查中心.

朱弟成,潘桂棠,王立全,等,2008.西藏冈底斯带中生代岩浆岩的时空分布和相关问题的讨论[J].地质通报,27(9):1535-1550.

朱弟成,赵志丹,牛耀龄,等,2012.拉萨地体的起源和古生代构造演化[J].高校地质学报,18(1):1-15.

朱裕生,2006.矿产预测理论——区域成矿学向矿产勘查延伸的理论体系[J].地质学报,80(10):1518-1527.

朱裕生,肖克炎,丁鹏飞,等,1997.找矿预测方法[M].北京:地质出版社.

朱裕生,肖克炎,马玉波,等,2013.中国成矿区带划分的历史与现状[J].地质学刊,37(3):349-357.

ANDREOLETTI G,LANATA C M,TRUPIN L,et al.,2021. Transcriptomic analysis of immune cells in a multi-ethnic cohort of systemic lupus erythematosus patients identifies ethnicity- and disease-specific expression signatures[J]. Communications Biology,488:4838.

BAILEY J C,1981. Geochemical criteria for a refined tectonic discrimination of orogenic andesites[J]. Chemical Geology,32(1/4):139-154.

BAXTER A T,AITCHISON J C,ALI J R,et al.,2016. Detrital chrome spinel evidence for a Neotethyan Intra-Oceanic Island arc collision with India in the Paleocene[J]. Journal of Asian Earth Sciences,128:90-104.

BELL K,1990. Carbonatites:genesis and evolution[M]. London:Unwin Hyman:301-359.

BISCHOFF J L,1991. Densities of liquids and vapors in boiling NaCl-H_2O solutions:a PVTX summary from 300-500℃[J]. American Journal of Science,291(4):309-338.

CAO H W,HUANG Y,LI G M,et al.,2018. Late Triassic sedimentary records in the Northern Tethyan Himalaya:tectonic link with Greater India[J]. Geoscience Frontiers,9(1):273-291.

CHAUSSIDON M,LORAND J P,1990. Sulphur isotope composition of orogenic spinel lherzolite massifs from ariege (north-eastern pyrenees,france):an ion microprobe study[J]. Geochimica et Cosmochimica Acta,54(10):2835-2846.

CHUNG S L,CHU M F,JI J Q,et al.,2009. The nature and timing of crustal thickening in Southern Tibet:geochemical and zircon Hf isotopic constraints from postcollisional adakites[J]. Tectonophysics,477(1/2):36-48.

COOKE D,2001. Epithermal Au-Ag-Te mineralization,Acupan,Baguio District,Philippines:numerical simulations of mineral deposition[J]. Economic Geology,96(1):109-131.

CORBETT G,2002. Epithermal gold for explorationists[J]. AIG Journal-Applied Geoscientific Practice and Research in Australia,4:1-26.

CUTLER D R,EDWARDS T C J,BEARD K H,et al.,2007. Random forests for classification in ecology[J]. Ecology,88(11):2783-2792.

DAI J,WANG C,LI Y,2012. Relicts of the Early Cretaceous seamounts in the central-western Yarlung Zangbo Suture Zone,southern Tibet[J]. Journal of Asian Earth Sciences,53:25-37.

DAI Z W,HUANG H X,LI G M,et al.,2020. Formation of Late Cretaceoushigh-Mg granitoid porphyry in central Lhasa,Tibet:implications for crustal thickening prior to India – Asia collision[J]. Geological Journal,55(10):1 – 22.

EMMONS W H,1918. Principles of economic geology[M]. New York:McGraw – Hill Book Company,Inc.

GOLDFARB R J,GROVES D I,GARDOLL S,2001. Orogenic gold and geologic time:a global synthesis[J]. ORE Geology Reviews,18(1):1 – 75.

GRIMES C B,JOHN B E,KELEMEN P B,2007. Trace element chemistry of zircons from oceanic crust:a method for distinguishing detrital zircon provenance[J]. Geology,35:643 – 646.

GRIMES C B,WOODEN J L,CHEADLE M J,et al.,2015 "Fingerprinting" tectono – magmatic provenance using trace elements in igneous zircon [J]. Contributions to Mineralogy and Petrology,170 (5):1 – 26.

GU L,ZHENG Y,TANG X,et al.,2007. Copper,gold and silver enrichment in ore mylonites within massive sulphide orebodies at Hongtoushan VHMS deposit,NE China[J]. ORE Geology Reviews,30 (1):1 – 29.

HALL D L,STERNER S M,BONDAR R J,1988. Freezing point depression of $NaCl – KCl – H_2O$ solutions[J]. Economic Geology,83(1):197 – 202.

HARDEEP S R,NARESH K,PRABHA G,2022. Machine learning – based modeling to predict inhibitors of acetylcholinesterase[J]. Molecular Diversity,26(1):331 – 340.

HARRIS N B W,PEARCE J A,TINDLE A G,1986. Geochemical characteristics of collision – zone magmatism[M]//COWARD M P,RIES A C. Collision Tectonics. London:Geological Society of London Special Publications,19(1):67 – 81.

HEALD P,FOLEY N,KHAYBA D O,1987. Comparative anatomy of volcanic – hosted epithermal deposits:acid – sulfate and adularia – sericite types[J]. Economic Geology,82(1):1 – 26.

HEDENQUIST J W,ARRIBAS A,REYNOLDS T J,1998. Evolution of an intrusion – centered Hydrothermal System:far southeast – lepanto porphyry and epithermal Cu – Au deposits,Philippines [J]. Economic Geology,93(4):373 – 404.

HEDENQUIST J,ARRIBAS A,AOKI M,et al.,2017. Zonation of sulfate and sulfide minerals and isotopic composition in the far southeast Porphyry and lepanto epithermal Cu – Au deposits, Philippines[J]. Resource Geology,67(2):174 – 196.

HEDENQUIST J,JEFFREY A A,URIEN – GONZALES E,2000. Exploration for epithermal gold deposits[J]. Society of Economic Geologists:Reviews in Economic Geology,13:245 – 277.

HOLLISTER V F,1978. Geology of the porphyry copper deposits of the Western Hemisphere [M]. New York:Society of Mining Engineers (AIME).

HOU Z Q,COOK,N J,2009. Metallogenesis of the Tibetan collisional orogen:a review and introduction to the special issue[J]. Ore Geology Reviews,36:2 – 24.

HOU Z Q,DUAN L F,LU Y,et al.,2015. Lithospheric architecture of the Lhasa Terrane and its control on ore deposits in the Himalayan – Tibetan Orogen[J]. Economic Geology,110:1541 – 1575.

HU Y B,LIU J Q,LING M X,et al.,2015. The formation of Qulong adakites and their relationship with porphyry copper deposit:geochemical constraints[J]. Lithos,220:60 – 80.

HUANG H X,LI G M,LIU H,et al.,2019. Zircon U – Pb,molybdenite Re – Os and quartz vein Rb – Sr geochronology of the Luobuzhen Au – Ag and Hongshan Cu Deposits,Tibet,China: implications for the Oligocene – Miocene Porphyry – Epithermal Metallogenic System[J]. Minerals,9 (8):476 – 491.

HUANG Y,DING J,TANG J X,et al.,2012. Genetic mineralogy of andalusite in Xiongcun porphyry copper-gold deposit,Tibet[J]. Acta Geoscientica Sinica,33:510-518.

HUANG Y,LI G M,DING J,et al.,2017. Origin of the newly discovered Zhunuo porphyry Cu-Mo-Au deposit in the western part of the Gangdese porphyry copper belt in the southern Tibetan plateau,SW China[J]. ACTA Geologica Sinica (English Edition),91(1):109-134.

ISABELLA R M,AITCHISON J C,AILEEN M D,et al.,2002. The Zedong Terrane:a Late Jurassic intra-oceanic magmatic arc within the Yarlung-Tsangpo suture zone,southeastern Tibet[J]. Chemical Geology,187(3):267-277.

KULLERUD G,1953. The FeS-ZnS system,a geological thermometer[J]. Norsk Geologisk Tidsskrift,32(2/4):61-147.

LANG X H,DENG Y L,WANG X H,et al.,2020. Reduced fluids in porphyry copper-gold systems reflect the occurrence of the wall-rock thermogenic process:an example from the No. 1 deposit in the Xiongcun district,Tibet,China[J]. Ore Geology Reviews,118:103-212.

LANGROODI A K,VAHDATIKHAKI F,DOREE A,2021. Activity recognition of construction equipment using fractional random forest[J]. Automation in Construction,122:103465.

LEO B,2001. Random forests[J]. Machine Learning,45(1):5-32.

LI C B,XIAO K Y,LI N,et al.,2020. Comparative study of support vector machine,random forest and artificial neural network machine learning algorithms ingeochemical anomaly information extraction[J]. Acta Geoscientia Sinica,41(2):309-319.

LI Z Y,DING L,LIPPERT P C,et al.,2016. Paleomagnetic constraints on the Mesozoic Drift of the Lhasa Terrane (Tibet) from Gondwana to Eurasia[J]. Geology,44(9):727-730.

LIU H,HUANG H X,LI G M,et al.,2023. Subduction-related Late Triassic Luerma porphyry copper deposit,western Gangdese,Tibet,China:evidence from geology,geochemistry,and geochronology[J]. Ore Geology Reviews,154:105253.

LIU H,LI G M,HUANG H X,et al.,2018. Petrogenesis of Late Cretaceous Jiangla'angzong I-Type granite in central Lhasa Terrane,Tibet,China:constraints from whole-rock geochemistry,zircon U-Pb geochronology,and Sr-Nd-Pb-Hf Isotopes[J]. Acta Geologica Sinica (English Edition),92(4):1396-1414.

LIU H,LI Y G,LI W C,et al.,2022. Petrogenesis of the Late Cretaceous Budongla Mg-rich monzodiorite pluton in the central Lhasa subterrane,Tibet,China:wholerock geochemistry,zircon U-Pb dating,and zircon Lu-Hf isotopes[J]. Frontiers in Earth Science,10:927695.

LOWELL J D,GUILBERT J M,1970. Lateral and vertical alteration-mineralization zoning in porphyry ore deposit[J]. Economic Geology,65(4):373-408.

LYONS T W,GELLATLY A M,MCGOLDRICK P J,et al.,2006. Proterozoic sedimentary exhalative (SEDEX) deposits and links to evolving global ocean chemistry[J]. Memoir of the Geological Society of America,198:169-184.

MAINERI C,BENVENUTI M,COSTAGLIOLA P,et al.,2002. Sericitic alteration at the La Crocetta Deposit (Elba Island,Italy):interplay between magmatism,tectonics and hydrothermal activity[J]. Mineralium Deposita,38(1):67-86.

MAO J W,PIRAJNO F,LEHMANN B,et al.,2014. Distribution of porphyry deposits in the eurasian continent and their corresponding,tectonic settings[J]. Journal of Asian Earth Sciences,79(2):576-584.

MENG Y K,DONG H W,CONG Y,et al.,2016. The early-stage evolution of the Neo-Tethys

Ocean:evidence from granitoids in the middle Gangdese Batholith, Southern Tibet[J]. Journal of Geodynamics,94-95:34-49.

MILANOVIC S,MARKOVIC N,PAMUCAR D,et al.,2020. Forest fire probability mapping in eastern Serbia:logistic Regression versus random forest method[J]. Forests,12(1):1-15.

MO X X,NIU Y L,DONG G C,et al.,2008. Contribution of syncollisional felsic magmatism to continental crust growth:a case study of the Paleogene Linzizong volcanic succession in southern Tibet[J]. Chemical Geology,250(1):49-67.

NAEINI E Z,PRINDLE K,2018. Machine learning and learning from machines[J]. The Leading Edge,37(12):886-893.

OHMOTO H,1972. Systematics of sulfur and carbon isotopesinhydrothermal ore deposits[J]. Economic Geology,67(5):551-578.

OUYANG Y,YANG W N,HUANG H X,et al.,2017. Metallogenic dynamics background of Ga'erqiong Cu-Au deposit in Tibet,China[J]. Earth Sciences Research Journal,21(2):51-65.

PEARCE J A,1982. Trace element characteristics of lavas from destructive plate boundaries[M]//THORPE R S. Orogenic andesites and related rocks. Chichester,England:John Wiley and Sons:525-548.

PEARCE J A,1983. Role of the sub-continental lithosphere in magma genesis at active continental margins[M]//HAWKESWORTH C J,NORRY M J. Continental basalts and mantle xenoliths. Nantwich,Cheshire:Shiva Publications:230-249.

PEARCE J A,2008. Geochemical fingerprinting of oceanic basalts with applications to ophiolite classification and the search for Archean oceanic crust[J]. Lithos,100(1/4):14-48.

PEARCE J A,CANN J R,1973. Tectonic setting of basic volcanic rocks determined using trace element analyses[J]. Earth and Planetary Science Letters,19(2):290-300.

PEARCE J A,PEATE D W,1995. Tectonic implications of the composition of volcanic arc magmas[J]. Annual Review of Earth and Planetary Sciences,23(1):251-285.

PICHAVANT M,MONTEL J M,RICHARD L R,1992. Apatite solubility in peraluminous liquids:experimental data and an extension of the Harrison-Watson Model[J]. Geochimica et Cosmochimica Acta,56:3855-3861.

PRASAD A M,IVERSON L R,LIAW A,2006. Newer classification and regression tree techniques:bagging and random forests for ecological prediction[J]. Ecosystems,9(2):181-199.

RYE R O,1993. The evolution of magmatic fluids in the epithermal environment:the stable isotope perspective[J]. Economic Geology,88(3):733-752.

SILLITOE R H,1972. A plate tectonic model for the origin of porphyry copper deposits[J]. Economic Geology,67(2):184-197.

SILLITOE R H,2010. Porphyry copper systems[J]. Economic Geology,105:3-41.

SILLITOE R H,HEDENQUIST J,2003. Linkages between volcanotectonic settings,ore-fluid compositions,and epithermal precious-metal deposits[M]. Society of Economic geologists and Geochemical Society:Special Publication,10:1-29.

SUN J L,BAI Z J,ZHONG H,et al.,2024. Sulfide saturation in reduced magmas during generation of the Gangdese juvenile lower crust:Implications for porphyry Cu-Au mineralization in the Gangdese Belt,Tibet[J]. Miner Deposita 59:1387-1405.

SUN X,ZHENG Y Y,LI M,et al.,2017. Genesis of Luobuzhen Pb-Zn veins:implications for porphyry Cu systems and exploration targeting at Luobuzhen-Dongshibu in Western Gangdese belt, southern Tibet[J]. Ore Geology Reviews,82(11):252-267.

TAFTI R,MORTENSEN J K,LANG J R,et al.,2009. Jurassic U-Pb and Re-Os ages for the newly discovered Xietongmen Cu-Au porphyry district, Tibet, PRC: implications for metallogenic epochs in the Southern Gangdese Belt[J]. Economic Geology,104(1):127-136.

TANG J X,YANG H H,SONG Y,et al.,2021a. The copper polymetallic deposits and resource potential in the Tibet Plateau[J]. China Geology,4:1-16.

TANG Y,LIU Y P,WANG P,et al.,2021b. A new understanding, of Demala Group complex in Chayu area, southeastern Qinghai-Tibet Plateau: evidence from zircon U-Pb and mica $^{40}Ar/^{39}Ar$ dating[J]. China Geology,4:77-94.

TAYLOR B E,1986. Magmatic volatiles: isotope variation of C, H and S reviews in mineralogy [J]. Mineralogical Society of America,16:185-226.

WAN C H,LEE L H,RAJKUMAR R,et al.,2012. A hybrid text classification approach with low dependency on parameter by integrating K-nearest neighbor and support vector machine[J]. Expert Systems with Applications,39(15):11880-11888.

WANG Q,ZHU D C,ZHAO Z D,et al.,2014. Origin of the ca90 Ma magnesia-rich volcanic rocks in SW Nyima, central Tibet: products of lithospheric delamination beneath the Lhasa-QiangTang Collision Zone[J]. Lithos,198-199(3):24-27.

WANG R,COLLINS W J,WEINBERG R F,et al.,2016. Xenoliths in ultrapotassic volcanic rocks in the Lhasa block: direct evidence for crust-mantle mixing and metamorphism in the deep crust[J]. Contributions to Mineralogy and Petrology,171(7):62.

WANG R,RICHARDS J P,ZHOU L M,et al.,2015. The role of Indian and Tibetan lithosphere in spatial distribution of Cenozoic magmatism and porphyry Cu-Mo deposits in the Gangdese belt, southern Tibet[J]. Earth-Science Reviews,150:68-94.

WANG R,WEINBERG R F,COLLINS W J,et al.,2018. Origin of post-collisional magmas and fromation of porphyry Cu deposits in southern Tibet[J]. Earth-Science Reviews,181:122-143.

WANNG X,LANG X,TURLIN F et al.,2024. Copper behavior in arc-back-arc systems: insights into the porphyry Cu metallogeny of the Gangdese belt, southern Tibet[J]. Miner Deposita 59:133-154.

WATSON E B,HARRISON T M,1983. Zircon saturation revisited: temperature and composition effects in a variety of crustal magma types[J]. Earth and Planetary Science Letters,64:295-304.

WILLIAMS P J,BARTON M D,FONTBOTE L,et al.,2005. Iron oxide-copper-gold deposits: geology, space-time distribution and possible modes of origin[J]. Economic Geology,100:371-405.

XU J F,CASTILLO P R,2004. Geochemical and Nd-Pb isotopic characteristics of the Tethyan asthenosphere: implications for the origin of the Indian Ocean Mantle Domain[J]. Tectonophysics,393(1/4):9-27.

XU Z Q,DILEK Y,CAO H,et al.,2015. Paleo-Tethyan evolution of Tibet as recorded in the East Cimmerides and West Cathaysides[J]. Journal of Asian Earth Sciences,105:320-337.

YANG Z M,GOLDFARB R,CHANG Z,2016a. Generation of postcollisional porphyry copper deposits in Southern Tibet Triggered by subduction of the Indian Continental Plate[J]. Society of Economic Geologists,19:279-300.

YANG Z M,HOU Z Z,CHANG Z S,et al.,2016b. Cospatial Eocene and Miocene granitoids from the Jiru Cu Deposit in Tibet: petrogenesis and implications for the formation of collisional and postcollisional porphyry Cu systems in continental collision zones[J]. Lithos,245(3):243-257.

YANG Z M,LU Y J,HOU Z Q,et al.,2015. High-Mg diorite from Qulong in Southern Tibet: implications for the genesis of adakite-like intrusions and associated porphyry Cu deposits in collisional orogens[J]. Journal of Petrology,56(2):227-254.

ZADEH M H,TANGESTANI M H,ROLDAN F V,et al.,2014. Spectral characteristics of minerals in alteration zones associated with porphyry copper deposits in the middle part of Kerman copper belt,SE Iran[J]. Ore Geology Reviews,62(6):191-198.

ZENG Y C,CHEN J L,XU J F,et al.,2017. Origin of Miocene Cu-bearing porphyries in the Zhunuo region of the southern Lhasa subterrane:constraints from geochronology and geochemistry [J]. Gondwana Research,41:51-64.

ZHANG S Q,MAHONEY J J,MO X X,et al.,2005. Evidence for a widespread Tethyan upper mantle with Indian-Ocean-Type isotopic characteristics[J]. Journal of Petrology,46(4):829-858.

ZHAO J X,QIN K Z,LI G M,et al.,2014. Collision-related genesis of the sharang porphyry molybdenum deposit,tibet:evidence from zircon U-Pb ages,Re-Os ages and Lu-Hf isotopes[J]. Ore Geology Reviews,56(56):312-326.

ZHENG W B,TANG J X,ZHONG K H,et al.,2016. Geology of the Jiama porphyry copper-polymetallic system,Lhasa Region,China[J]. Ore Geology Reviews,74:151-169.

ZHENG Y Y,ZHANG G Y,XU R K,et al.,2007. Geochronologic constraints on magmatic intrusions and mineralization of the Zhunuo porphyry copper deposit in Gangdese,Tibet[J]. Chinese Science Bulletin,52(22):3139-3147.